詳解演習ライブラリ＝6

詳解演習 確率統計

前園　宜彦＝著

サイエンス社

サイエンス社のホームページのご案内
http://www.saiensu.co.jp
ご意見・ご要望は　rikei@saiensu.co.jp　まで.

まえがき

　高校までの教育では確率・統計は脇役的存在で，特に統計は大学入試に出題されることがほとんど無いために，多くの学生は大学入学後に習得に苦労しているのが現状である．しかしデータを扱う分野では文系，理系を問わず統計を使う必要があり，統計手法を理解しないと適切な解析ができずデータに基づいて主張することができない．特に医学における新薬や新しい治療法の有効性の検証，遺伝子解析，金融工学等の分野で統計の役割は非常に高くなっている．このように統計の重要性が増していることから，文部科学省の学習指導要領の改訂では高校の数学で統計の一部が必修化されるとともに，関連する科目が強化されることになっている．

　近年，情報量規準や汎用性のあるリサンプリング法など新しい統計手法が開発され，実用化されている．これらの手法はコンピュータの発達に伴い，データを入れれば何らかの結果が返ってくる状況になっている．しかし手法の背景にある理論を理解していないと適切な解析はできない．逆に統計手法の有用性とその限界を知って適用すれば，有意義な成果が期待できる．

　本書は自習のみでも確率・統計の基本が理解できるような演習書を目指して執筆されたものである．これまで出版されている演習書は数学的に高度なものが多く，数学を十分学習する時間の無い学生にとってはとっつきにくいものになっているように思われる．そこで本書は細かな分布論は避けて，確率変数，確率分布，期待値，分散などの基本的な概念が理解できるように前半を構成した．後半では統計的推測の基本となる統計的推定，統計的仮説検定および相関分析・回帰分析について，理論的な性質を理解し具体的に処理する能力を身に付けることができるように工夫した．

　具体的には重要な事柄を説明した後に，関連する例題を1つ与え詳しく解答し，いくつかの練習問題を配置している．各問題にはヒントが付けられており，統計に関する理解が深まるように構成した．これらの問題を解くことにより確率・統計の基本を身に付け，データに基づいた客観的な主張ができるようになれば幸いである．なお，各項目の詳しい説明は，拙著「概説確率統計［第2版］」

（サイエンス社）を参照されたい．

　最後に本書の執筆を勧めて下さり，出版に際し大変お世話になったサイエンス社田島伸彦氏と鈴木綾子氏に感謝の気持ちを表したい．

　2010年10月

前園宜彦

目　　次

第1章　確　　率　　2
- 1.1　確　　率 2
- 1.2　条件付き確率と事象の独立 9
- 1.3　順列と組合せ 14
- 1.4　ベイズの定理 17

第2章　確率変数とその分布　　20
- 2.1　離散型確率変数 20
- 2.2　連続型確率変数 24
- 2.3　分布関数 32
- 2.4　多次元分布 35
- 2.5　確率変数の独立 39
- 2.6　正規分布に関連した分布 44
- 2.7　その他の分布 49

第3章　期待値と分散　　52
- 3.1　期　待　値 52
- 3.2　分　　散 60
- 3.3　中心極限定理 66

第4章　統計的推定　　68
- 4.1　点　推　定 68
- 4.2　区　間　推　定 82
- 4.3　母平均の差の区間推定 88
- 4.4　比率の推定 94
- 4.5　片側信頼区間 96

第5章 統計的仮説検定　　98

5.1 母平均の検定 98
5.2 母分散の検定 104
5.3 母平均の差の検定 (2 標本) 106
5.4 等分散の検定 (2 標本) 113
5.5 種々の検定 116
5.6 検定の性質 122
5.7 分散分析 125

第6章 相関および回帰分析　　132

6.1 相関分析 132
6.2 回帰分析 138
6.3 重回帰分析 142

問題の解答　　145

第 1 章 145
第 2 章 154
第 3 章 166
第 4 章 174
第 5 章 186
第 6 章 197

付　表　　202

参　考　書　　212

索　引　　213

詳解演習 確率統計

第1章
確　　　率

1.1　確　　　率

　確率が考えられる集合を**事象**という．対象とする事象全体を Ω（ギリシャ文字のオメガ）で表し**全事象**と呼び，その部分集合である事象を $A, B, \cdots$ で表す．またその確率を $P(A), P(B), \cdots$ とする．次の用語を使う．

> **試行**：偶然に左右されると考えられる実験や観測
> **根元事象** ω（Ω の小文字）：これ以上分けることが無意味な事象
> **和事象** $A \cup B$：集合論の和集合で，A または B に含まれる根元事象の全体
> **積事象** $A \cap B$：集合論の積集合で，A かつ B に含まれる根元事象の全体
> **余事象** A^c：集合論の補集合で，A に含まれない根元事象の全体
> **全事象** Ω：対象とする全体．すなわち根元事象全体
> **空事象** $\emptyset$：根元事象がなにも含まれていない事象で，集合論の空集合に対応する
> **排反事象**：$A \cap B = \emptyset$ のとき A, B は排反であるという

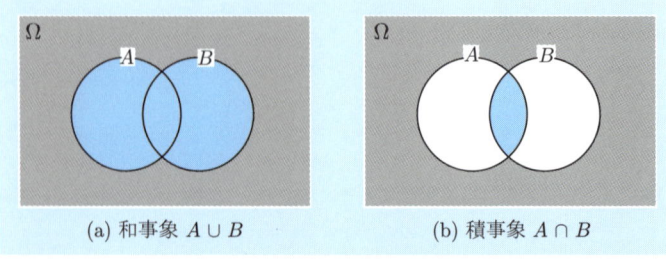

図 **1.1**　和事象 (a) と積事象 (b)

例題 1.1　　　　　　　　　　　　　　　　　　　　　　　根元事象

大小 2 個のサイコロを投げる試行を考える．このとき根元事象を作成せよ．また事象 A を大の方の目が 1，事象 B を小の方の目が 3，事象 C を目の和が 5 になる事象とする．このとき事象 A, B, C を根元事象の集合として求めよ．

[解答] (大きいサイコロの目, 小さいサイコロの目) とすると根元事象は
$$\omega_{ij} = (i, j) \quad (i = 1, 2, \cdots, 6;\ j = 1, 2, \cdots, 6)$$
の 36 個となる．A を大の方の目が 1，B を小の方の目が 3，C を目の和が 5 である事象とする．このとき
$$A = \{\omega_{11}, \omega_{12}, \omega_{13}, \omega_{14}, \omega_{15}, \omega_{16}\},$$
$$B = \{\omega_{13}, \omega_{23}, \omega_{33}, \omega_{43}, \omega_{53}, \omega_{63}\},$$
$$C = \{\omega_{14}, \omega_{23}, \omega_{32}, \omega_{41}\}$$
となる．

問題

1.1 ジョーカーを除いたトランプのカードを 1 枚引く試行を考える．事象 A を絵札を引く，事象 B をハートのカードを引くとする．このとき事象 $A \cap B$，$A^c \cap B$ は何を表すか答えよ．

ヒント　A^c は絵札以外を引く事象である．

1.2 サイコロを 1 個投げる試行を考える．事象 A を偶数の目が出る，事象 B を奇数の目が出る，事象 C を 3 以下の目が出るとする．このとき，次の事象は何を表すか答えよ．
$$A \cap C, \quad B \cup C, \quad A \cap C^c, \quad A \cap B$$

ヒント　C^c は 4 以上の目が出る事象となる．

◆ **事象の演算**　事象 $A_1, A_2, \cdots, A_n$ に対して
$$\bigcup_{i=1}^{n} A_i = A_1 \cup A_2 \cup \cdots \cup A_n$$
$$\bigcap_{i=1}^{n} A_i = A_1 \cap A_2 \cap \cdots \cap A_n$$
の記号を使う．

　和事象，積事象，余事象についての演算は集合についてのものとまったく同じである．したがって次の例題 1.2 のような性質が成り立つ．

例題 1.2　　　　　　　　　　　　　　　　　　　　　　　　　　事象の演算

事象について次のことが成り立つことを示せ．

(1) $\left(\bigcup_{i=1}^{n} A_i\right)^c = \bigcap_{i=1}^{n} A_i^c$　　（ド・モルガンの法則）

(2) $B \cap \left(\bigcup_{i=1}^{n} A_i\right) = \bigcup_{i=1}^{n} (B \cap A_i)$　　（分配法則）

[解　答]　(1) $\omega \in \left(\bigcup_{i=1}^{n} A_i\right)^c$ は $\bigcup_{i=1}^{n} A_i$ の余事象であるから，ω はどの A_i にも属さない根元事象である．したがってすべての i について $\omega \in A_i^c$ であるから
$$\omega \in \bigcap_{i=1}^{n} A_i^c$$
が成り立つ．逆に $\omega \in \bigcap_{i=1}^{n} A_i^c$ とすると，ω はどの A_i にも属さない根元事象である．よって ω は $\bigcup_{i=1}^{n} A_i$ に含まれない．すなわち
$$\omega \in \left(\bigcup_{i=1}^{n} A_i\right)^c$$
となり命題が成り立つ．

　(2) $\omega \in B \cap \left(\bigcup_{i=1}^{n} A_i\right)$ とすると，$\omega \in B$ かつ $\omega \in A_i$ となる i がある．したがってこの i に対して
$$\omega \in B \cap A_i$$

となる．よって
$$\omega \in \bigcup_{i=1}^{n}(B \cap A_i)$$
となる．逆に $\omega \in \bigcup_{i=1}^{n}(B \cap A_i)$ とすると，$\omega \in B \cap A_i$ となる i が存在する．したがってこの i に対して $\omega \in B$ かつ $\omega \in A_i$ となる．よって
$$\omega \in B \cap \left(\bigcup_{i=1}^{n} A_i\right)$$
となり命題が成り立つ．

▬▬▬▬ 問 題 ▬▬▬▬

2.1 事象について次のことが成り立つことを $n=2$ の場合に示せ．

(1) $\left(\bigcap_{i=1}^{n} A_i\right)^c = \bigcup_{i=1}^{n} A_i^c$ （ド・モルガンの法則）

(2) $B \cup \left(\bigcap_{i=1}^{n} A_i\right) = \bigcap_{i=1}^{n}(B \cup A_i)$ （分配法則）

ヒント 例題 1.2 と同様にして示す．

2.2 事象について次のことが成り立つことを示せ．

(1) $A = (A \cap B) \cup (A \cap B^c)$

ヒント $A = A \cap \Omega$，$B \cup B^c = \Omega$ である．

(2) $A \cup B = (A \cap B) \cup (A \cap B^c) \cup (A^c \cap B)$

ヒント $B = (B \cap A) \cup (B \cap A^c)$ を使う．

◆ **確率の基本性質**　　事象 A が起こる確率を $P(A)$ と表す.

(1) 任意の事象 A に対して $0 \leqq P(A) \leqq 1$
(2) 全事象 Ω に対して $P(\Omega) = 1$,
空事象 $\emptyset$ に対して $P(\emptyset) = 0$
(3) A, B が排反な事象 $(A \cap B = \emptyset)$ のとき
$$P(A \cup B) = P(A) + P(B)$$

定理 1.1　確率について次の性質が成り立つ.
(1) 事象 A, B に対して
$$A \subset B \quad \text{ならば} \quad P(A) \leqq P(B)$$
(2) 互いに（3つ以上のときは「互いに」を使う）排反な事象 $A_1, A_2, \cdots, A_n$, すなわち $A_i \cap A_j = \emptyset \ (i \neq j)$ に対して
$$P\left(\bigcup_{i=1}^{n} A_i\right) = \sum_{i=1}^{n} P(A_i) \tag{1.1}$$
(3) 事象 A, B に対して（証明は問題 3.1）
$$P(A \cup B) = P(A) + P(B) - P(A \cap B) \tag{1.2}$$
(4) 事象 $A_1, A_2, \cdots, A_n$ に対して
$$P\left(\bigcup_{i=1}^{n} A_i\right) \leq \sum_{i=1}^{n} P(A_i) \tag{1.3}$$
(5) 余事象 A^c に対して
$$P(A^c) = 1 - P(A) \tag{1.4}$$

例題 1.3 ──────────────────── 和事象の確率 ─

事象 A, B, C に対して

$$P(A \cup B \cup C) = P(A) + P(B) + P(C) - P(A \cap B)$$
$$- P(A \cap C) - P(B \cap C) + P(A \cap B \cap C)$$

が成り立つことを示せ．

[**解　答**]　$E = B \cup C$ とおくと，2 つの和事象についての確率の基本性質 (3) と定理 1.1 の式 (1.2) から

$$P(A \cup B \cup C) = P(A \cup E)$$
$$= P(A) + P(E) - P(A \cap E)$$

である．ここで 例題 1.2 の分配法則より

$$A \cap E = A \cap (B \cup C)$$
$$= (A \cap B) \cup (A \cap C)$$

で $(A \cap B) \cap (A \cap C) = A \cap B \cap C$ だから

$$P(A \cap E) = P(A \cap B) + P(A \cap C) - P(A \cap B \cap C)$$

となる．また

$$P(E) = P(B) + P(C) - P(B \cap C)$$

より等式が成り立つ．

問題

3.1 事象 A, B に対して
$$P(A \cup B) = P(A) + P(B) - P(A \cap B)$$
が成り立つことを示せ（定理 1.1 の式 (1.2)）．

ヒント $P(A) = P(A \cap B) + P(A \cap B^c)$ と 問題 2.2 の (2) を使う．

3.2 事象 A, B に対して，次の不等式を示せ．
$$P(A \cap B) \leqq P(A) \leqq P(A \cup B) \leqq P(A) + P(B).$$

ヒント 事象の包含関係および 定理 1.1 の式 (1.2) を使う．

3.3 $P(A^c) = 0.4, P(B) = 0.3, P(A \cap B) = 0.2$ のとき $P(A \cup B)$ を求めよ．

ヒント 定理 1.1 の式 (1.2) を使う．

3.4 事象 A, B は排反であり，$P(A) = 0.4, P(A \cup B) = 0.6$ のとき，$P(B)$ を求めよ．

ヒント 確率の基本性質 (3) を使う．

3.5 $P(A) = \dfrac{3}{4}, P(B^c) = \dfrac{2}{3}$ のとき，事象 A と B は排反となりえるか．

ヒント 確率はどんな事象に対しても 1 以下である．

3.6 事象 $A_1, A_2, \cdots, A_n$ に対して，次の不等式を示せ．
$$P\left(\bigcap_{i=1}^{n} A_i\right) \geqq 1 - \sum_{i=1}^{n} P(A_i^c)$$

ヒント 式 (1.4) の余事象の確率と 問題 2.1 のド・モルガンの法則を使う．

3.7 大小 2 個のサイコロを投げる試行を考える．このとき大小のサイコロの目の和が 3, 5, 7 になる確率をそれぞれ求めよ．

ヒント $6 \times 6 = 36$ 通りの中で条件を満たす確率を数える．

3.8 次の問に答えよ．

(1) 硬貨を無作為に 5 回投げたとき表の出る回数が 4 回以下の確率を求めよ．

ヒント A を 5 回とも表が出る事象とすると求める事象は A^c．

(2) サイコロを何回か投げて，少なくとも 1 回 5 の目が出る確率を 0.99 以上にしたい．最低何回投げればよいか．

ヒント n 回とも 5 以外の目が出る事象を A とすると求める事象は A^c である．

1.2 条件付き確率と事象の独立

事象 A, B に対して，事象 A が起こったときの事象 B の起こる**条件付き確率**を $P(A) > 0$ のとき

$$P_A(B) = \frac{P(A \cap B)}{P(A)} \tag{1.5}$$

と定義する．

> **定理 1.2** $P_A(\cdot)$ は確率の基本性質 (1), (2), (3) を満足する．
> （証明は 問題 4.1）

式 (1.5) を変形すると

$$P(A \cap B) = P(A) P_A(B) \quad \text{(乗法定理)} \tag{1.6}$$

式 (1.6) は 3 つ以上の事象についても，次のように拡張される．

> **定理 1.3** n 個の事象 $A_1, A_2, \cdots, A_n$ に対して，$P(A_1 \cap A_2 \cap \cdots \cap A_{n-1}) > 0$ のとき
> $$P\left(\bigcap_{i=1}^{n} A_i\right) = P(A_1) P_{A_1}(A_2) P_{A_1 \cap A_2}(A_3) \cdots P_{A_1 \cap A_2 \cap \cdots \cap A_{n-1}}(A_n) \tag{1.7}$$

2 つの事象 A, B に対して

$$P(A \cap B) = P(A) P(B)$$

が成り立つとき事象 A, B は**独立**であるという．3 つ以上の事象についても同様に定義される．すなわち事象 $A_1, A_2, \cdots, A_n$ が互いに独立であるとは，$A_1, A_2, \cdots, A_n$ の中からの任意の k 個の組合せ $A_{i_1}, A_{i_2}, \cdots, A_{i_k}$ に対して

$$P\left(\bigcap_{j=1}^{k} A_{i_j}\right) = P(A_{i_1}) P(A_{i_2}) \cdots P(A_{i_k})$$

が成り立つことである．事象の独立性については次の性質が成り立つ．

> **定理 1.4** 事象 A, B が独立ならば
> (1) 事象 A, B^c は独立
> (2) 事象 A^c, B^c は独立（証明は 例題 1.4）

例題 1.4 — 事象の独立性

事象 A と B が独立であれば, A^c と B^c とは独立であることを示せ.

[解　答] 問題 2.2 の (1) で A を A^c とおくと $A^c = (A^c \cap B) \cup (A^c \cap B^c)$ で

$$(A^c \cap B) \cap (A^c \cap B^c) = A^c \cap (B \cap B^c) = A^c \cap \varnothing$$
$$= \varnothing$$

だから確率の基本性質 (3) より

$$P(A^c) = P(A^c \cap B) + P(A^c \cap B^c)$$

となる. よって

$$P(A^c \cap B^c) = P(A^c) - P(A^c \cap B)$$

である. 同様に $B = (A \cap B) \cup (A^c \cap B)$ だから

$$P(A^c \cap B) = P(B) - P(A \cap B)$$

となる. したがって余事象の確率を使うと, A, B は独立だから

$$\begin{aligned}
P(A^c \cap B^c) &= \{1 - P(A)\} - \{P(B) - P(A \cap B)\} \\
&= \{1 - P(A)\} - \{P(B) - P(A)P(B)\} \\
&= \{1 - P(A)\} - P(B)\{1 - P(A)\} \\
&= \{1 - P(A)\}\{1 - P(B)\} \\
&= P(A^c)P(B^c)
\end{aligned}$$

が成り立つ. よって A^c と B^c は独立となる.

問　題

4.1 条件付き確率 $P_A(\cdot)$ は確率の基本性質 (1), (2), (3) を満たすことを示せ.
　ヒント 条件付き確率の定義にしたがって式 (1.5) の分子を変形する.

4.2 $P(A) = 0.2$, $P(B) = 0.3$, $P(A \cup B) = 0.4$ のとき $P_A(B)$ を求めよ.
　ヒント 和事象に対する定理 1.1 の等式 (1.2) を使う.

4.3 2 つの事象 A, B に対して, $P(A) > 0$ ならば

$$P_A(B) \geqq 1 - \frac{P(B^c)}{P(A)}$$

が成り立つことを示せ.
　ヒント 条件付き確率の定義式 (1.5) の分子に関する不等式を導く.

4.4 白球2個,黒球4個を入れたつぼから順に2個の球を無作為に取り出すとする.
(1) 最初に取り出した球を元に戻さずに次の球を取り出す(非復元抽出)試行を考える.最初が白球である事象を A,次が黒球である事象を B とする.このとき確率 $P(A \cap B)$ を求め,事象が独立かどうか検証せよ.
(2) 最初に取り出した球を元に戻して次の球を取り出す(復元抽出)試行を考える.最初が白球である事象を A,次が黒球である事象を B とする.このとき確率 $P(A \cap B)$ を求め,事象が独立かどうか検証せよ.
ヒント 互いの起こる確率に影響を与えないとき独立となる.

4.5 5本のくじがあり,2本が当たりくじとする.A, B, C の3人がこの順にくじを引くとき,A, B, C ともくじに当たる確率は $\dfrac{2}{5}$ であることを示せ.
ヒント 定理 1.3 の乗法定理の式 (1.7) を利用する.

4.6 2個のサイコロを投げて一方の目が5であったとき,2つの目の積が20となる確率を求めよ.
ヒント 2個のサイコロは区別して考える.事象 E を一方の目が5,事象 F を一方の目が4として F が起こったときの条件付き確率を求める.

4.7 $P(A) > 0, P(B) > 0$ とする.事象 A, B が排反ならば独立であるといえるか.また独立ならば排反といえるか.
ヒント $P(A) > 0, P(B) > 0$ の下で,排反と独立の定義式が同時に成り立つか調べる.

4.8 $P(A) = 0$ のとき,どの事象 B についても A と B は独立となることを示せ.
ヒント $A \cap B \subset A$ に注意する.

4.9 全事象 $\Omega = \{\omega_1, \omega_2, \omega_3, \omega_4\}$ に対して,$P(\omega_i) = \dfrac{1}{4}$ $(i = 1, 2, 3, 4)$ とする.また $A = \{\omega_1, \omega_2\}$, $B = \{\omega_1, \omega_3\}$, $C = \{\omega_1, \omega_4\}$ とおく.このとき A と B, A と C, B と C はそれぞれの組合せに対して独立となるが,A, B, C は互いに独立ではないことを示せ.
ヒント 積事象 $A \cap B$ などの確率を求めて独立性を調べる.

4.10 次の条件が成り立つとき A と B は独立であることを示せ.
(1) $P_A(B) + P_{A^c}(B^c) = 1$
(2) $P_A(B) = P_{A^c}(B)$
ヒント 等式を変形して $P(A \cap B) = P(A)P(B)$ が成り立つこと導く.

◆ 独立な事象の確率
独立な事象については，確率を比較的簡単に求めることができる．

例題 1.5 ─────────── 独立な事象の確率

3つの事象 A, B, C は互いに独立であるとする．また，それらの事象の確率は各々 $P(A) = a, P(B) = b, P(C) = c$ とするとき，次の事象の確率を求めよ．
 (1) $A \cap B^c$ (2) $A \cup B$ (3) $A \cup B \cup C$
 (4) $(A \cup B) \cap C$ (5) $(A \cap B) \cup C$

[解答] (1) $A = (A \cap B) \cup (A \cap B^c)$ で $(A \cap B) \cap (A \cap B^c) = \emptyset$ だから $P(A) = P(A \cap B) + P(A \cap B^c)$ となる．また A, B は独立であるから
$$P(A \cap B^c) = P(A) - P(A \cap B) = P(A) - P(A)P(B)$$
$$= P(A)\{1 - P(B)\} = a(1 - b)$$

(2) 和事象に対する等式 (1.2) と A, B の独立性より $P(A \cap B) = P(A)P(B)$ だから
$$P(A \cup B) = P(A) + P(B) - P(A \cap B) = P(A) + P(B) - P(A)P(B) = a + b - ab$$

(3) 和事象に対する等式 (1.2) と A, B, C の独立性より
$$P(A \cup B \cup C)$$
$$= P(A) + P(B) + P(C) - P(A \cap B) - P(B \cap C) - P(A \cap C)$$
$$+ P(A \cap B \cap C)$$
$$= P(A) + P(B) + P(C) - P(A)P(B) - P(B)P(C) - P(A)P(C)$$
$$+ P(A)P(B)P(C)$$
$$= a + b + c - ab - bc - ac + abc$$

(4) 分配法則より $(A \cup B) \cap C = (A \cap C) \cup (B \cap C)$ であるから和事象に対する等式 (1.2) より
$$P\big((A \cup B) \cap C\big) = P\big((A \cap C) \cup (B \cap C)\big)$$
$$= P(A \cap C) + P(B \cap C) - P\big((A \cap C) \cap (B \cap C)\big)$$
$$= P(A \cap C) + P(B \cap C) - P(A \cap B \cap C)$$
$$= P(A)P(C) + P(B)P(C) - P(A)P(B)P(C)$$
$$= ac + bc - abc$$

(5) 和事象に対する等式 (1.2) より
$$P\big((A \cap B) \cup C\big) = P(A \cap B) + P(C) - P(A \cap B \cap C)$$
$$= P(A)P(B) + P(C) - P(A)P(B)P(C)$$
$$= ab + c - abc$$

問題

5.1 $P(A) = 0.3$, $P(A \cup B) = 0.5$ であるとする．このとき，次の各々の場合における $P(B)$ を求めよ．
  (1) A, B が排反である場合．
  (2) A, B が独立である場合．
  (3) $P_B(A) = 0.4$ となるとき．
  [ヒント] 和事象に対する定理 1.1 の等式 (1.2) を使う．

5.2 $P(A) = 0.6$, $P(B^c) = 0.7$, $P(A \cap B) = 0.18$ のとき A と B は独立かどうか判定せよ．また A と B^c は独立か判定せよ．
  [ヒント] $P(B)$ を求めて独立の条件を調べる．

5.3 $P(A) = 0.4$, $P(B) = 0.5$, $P_A(B) = 0.3$ のとき，次の確率を求めよ．
  (1) $P(A \cap B)$ (2) $P(A \cup B)$
  (3) $P_B(A)$ (4) $P_A(B^c)$
  [ヒント] 定理 1.1 の等式 (1.2) および $P(A) = P(A \cap B) + P(A \cap B^c)$ を使う．

5.4 白球が 3 個と赤球が 2 個入ったつぼ A と白球が 2 個と赤球が 4 個入ったつぼ B がある．1 つのサイコロを振って 1 または 2 の目が出たときに，つぼ A から 1 個の球を取り出し，3 以上の目が出たときには，つぼ B から 1 個の球を取り出す試行を考える．このとき白球を取り出す確率を求めよ．
  [ヒント] 乗法定理の式 (1.7) を使う．

5.5 ジョーカーを除いた 52 枚のトランプのカードを 1 枚引く試行を考える．A をハートを引く事象，B をエースを引く事象，C をハートの絵札を引く事象とする．このとき A と B は独立であることを示せ．また A と C はどうか．
  [ヒント] $A \cap B$ および $A \cap C$ を求める．

5.6 $P(A) = 0.6$, $P(B) = 0.5$, $P(A \cap B) = 0.3$ のとき次の等式が成り立つことを示せ．
  (1) $P_B(A) = P(A)$, $P_{B^c}(A) = P(A)$
  (2) $P_A(B) = P(B)$, $P_{A^c}(B) = P(B)$
  [ヒント] 条件付き確率の定義通り求める．

1.3 順列と組合せ

異なる n 個の要素からなる集合から，r $(1 \leqq r \leqq n)$ 個の要素を取り出して一列に並べる場合の数（**順列**）は

$$n(n-1)(n-2)\cdots(n-r+1)$$

である．これを記号 ${}_n\mathrm{P}_r$ で表し，順列の個数という．特に $r = n$ のとき

$$_n\mathrm{P}_n = n(n-1)(n-2)\cdots 3\cdot 2\cdot 1$$

を n の階乗といい $n!$ で表す．この階乗を使うと

$$_n\mathrm{P}_r = \frac{n!}{(n-r)!}$$

となる．また $0! = 1$ と約束する．

n 個から r 個を選び出す**組合せ**の個数を ${}_n\mathrm{C}_r$ で表すと

$$_n\mathrm{C}_r = \frac{{}_n\mathrm{P}_r}{r!} = \frac{n!}{r!\,(n-r)!}$$

である．$0!$ の定義から

$$_n\mathrm{C}_0 = {}_n\mathrm{C}_n = 1$$

となる．

定理 1.5（**二項定理**）二項の n 次の展開式において次の等式が成り立つ．

$$(x+y)^n = \sum_{k=0}^{n} {}_n\mathrm{C}_k x^k y^{n-k} \tag{1.8}$$

例題 1.6 — 組合せの公式

次の等式を示せ.
(1) $_{n+1}C_r = {_nC_r} + {_nC_{r-1}}$ $(1 \leqq r \leqq n)$
(2) $_mC_0\, _nC_r + {_mC_1}\, _nC_{r-1} + \cdots + {_mC_r}\, _nC_0 = {_{m+n}C_r}$ $(0 \leqq r \leqq m+n)$
(3) $_nC_0^2 + {_nC_1^2} + \cdots + {_nC_n^2} = {_{2n}C_n}$

[解　答]　(1)　組合せの定義より
$$_nC_r + {_nC_{r-1}} = \frac{n!}{r!\,(n-r)!} + \frac{n!}{(r-1)!\,(n+1-r)!}$$
$$= \frac{(n+1-r) \times n! + r \times n!}{r!\,(n+1-r)!}$$
$$= \frac{(n+1)!}{r!\,(n+1-r)!}$$
$$= {_{n+1}C_r}$$

(2) $(x+1)^m(x+1)^n = (x+1)^{m+n}$ であることに注意する．二項定理 (1.8) より
$$(x+1)^m = \sum_{k=0}^{m} {_mC_k} x^k, \quad (x+1)^n = \sum_{l=0}^{n} {_nC_l} x^l$$
$$(x+1)^{m+n} = \sum_{r=0}^{m+n} {_{m+n}C_r} x^r.$$
$(x+1)^m(x+1)^n$ について2つの展開をかけると，x^r の係数は $k+l=r$ となる $_mC_k\, _nC_l$ のすべての和である．すなわち
$$_mC_0\, _nC_r + {_mC_1}\, _nC_{r-1} + \cdots + {_mC_r}\, _nC_0$$
となる．他方 $(x+1)^{m+n}$ の二項展開における x^r の係数は $_{m+n}C_r$ だから等式が成り立つ．

(3) (2) の等式で，$m=n, r=n$ とすると右辺は $_{2n}C_n$ である．また左辺は
$$_nC_0\, _nC_n + {_nC_1}\, _nC_{n-1} + \cdots + {_nC_n}\, _nC_0$$
となる．ここで $_nC_k = {_nC_{n-k}}$ であるから，等式が成り立つ．

問題

6.1 $(x+y)^5$ の展開式において x^2y^3 の係数を求めよ．

　ヒント　二項定理 (1.8) を使う．

6.2 次の等式を証明せよ．

(1) $1 + {}_nC_1 + {}_nC_2 + \cdots + {}_nC_n = 2^n$

　ヒント　二項定理 (1.8) を $x = y = 1$ として適用する．

(2) $1 - {}_nC_1 + {}_nC_2 - \cdots + (-1)^n {}_nC_n = 0$

　ヒント　二項定理 (1.8) を $x = 1,\ y = -1$ として適用する．

(3) ${}_nC_1 - 2\,{}_nC_2 + 3\,{}_nC_3 - \cdots + (-1)^{n-1} n\,{}_nC_n = 0$

　ヒント　各項を階乗で表し，n でくくり前問 (2) を使う．

6.3 12人の学生を4人ずつ3つのグループに分ける方法は何通りあるか．

　ヒント　最初に4人選び，残りの8人から4人選ぶ組合せ．

6.4 8人が一列に並ぶとき，次の並び方は何通りあるか．

(1) 特定の2人 A, B が隣合せになる並び方．

(2) A, B の間にちょうど3人が入る並び方．

　ヒント　AB を一緒にして1つと考える．

6.5 箱の中に5個の白球と8個の黒球が入っている．この中から4個の球を無作為に取り出すとき，白球が2個である確率を求めよ．

　ヒント　組合せの公式を使って求める．

6.6 袋の中に同じ大きさの球が，赤3個，白4個，黒5個入っている．無作為に2個同時に取り出す．このとき，取り出した球が2個とも黒である確率と，赤と白である確率を求めよ．

　ヒント　組合せの公式を使って求める．

1.4 ベイズの定理

条件付き確率を使った確率の計算で，条件付きを入れ替えなければならないときがある．このときに役に立つのがベイズの定理である．

> **定理 1.6** $A_1, A_2, \cdots, A_n$ を互いに排反 $(A_i \cap A_j = \emptyset,\ i \neq j)$ な事象で，
> $$\bigcup_{i=1}^{n} A_i = \Omega$$
> とする．
> (1) $P(A_i) > 0\ (i = 1, 2, \cdots, n)$ のとき任意の事象 B に対して
> $$P(B) = \sum_{i=1}^{n} P(A_i) P_{A_i}(B)$$
> が成り立つ．
> (2) （ベイズの定理）$P(A_i) > 0\ (i = 1, 2, \cdots, n)$ のとき任意の事象 $B\,(P(B) > 0)$ に対して
> $$P_B(A_i) = \frac{P(A_i) P_{A_i}(B)}{\sum_{j=1}^{n} P(A_j) P_{A_j}(B)} \qquad (i = 1, 2, \cdots, n) \tag{1.9}$$
> が成り立つ．

ベイズ統計

母数を確率変数と考え，その分布に合理的と思われる事前分布を想定して推測を行う**ベイズ統計**と呼ばれる手法がある．母数を確率変数と見なすことに抵抗が強く，これまでは傍流の位置づけであった．しかし従来の手法では解析できない超高次元データに対して，事前の情報をうまく母数の確率分布として取り込み，解析する事例が増えている．

例題 1.7 ― 条件付きの入れ替え

ある工場で 3 台の機械 A, B, C で同じ製品を作っている．A, B, C の機械でそれぞれ全体の製品の 20%, 30%, 50% を生産している．また，A, B, C の各機械からは，3%, 2%, 1% の不良品がでることが，経験的に分かっている．このとき，次の問に答えよ．

(1) 製品全体の中から 1 個を取り出したとき，それが不良品である確率を求めよ．

(2) 製品全体の中から 1 個を取り出し，それが不良品であることが分かったとき，その製品が機械 A によって生産されたものである確率はいくらか．同様に，機械 B, C で生産されたものである確率を求めよ．

［解　答］　(1) A, B, C をそれぞれ取り出した製品が機械 A, B, C で生産された事象とする．また E を取り出した製品が不良品である事象とする．このとき題意より

$$P(A) = 0.2, \quad P(B) = 0.3, \quad P(C) = 0.5,$$
$$P_A(E) = 0.03, \quad P_B(E) = 0.02, \quad P_C(E) = 0.01$$

である．製品は機械 A, B, C のどれかで生産されたものであるから，全事象 $\Omega = A \cup B \cup C$ となる．よって

$$E = E \cap \Omega = E \cap (A \cup B \cup C)$$
$$= (E \cap A) \cup (E \cap B) \cup (E \cap C)$$

となる．A, B, C は互いに排反だから $E \cap A, E \cap B, E \cap C$ は互いに排反となる．したがって

$$P(E) = P(E \cap A) + P(E \cap B) + P(E \cap C)$$

である．ここで乗法定理 (1.6) から

$$P(E \cap A) = P(A)P_A(E) = 0.2 \times 0.03 = 0.006$$

同様に $P(E \cap B) = 0.3 \times 0.02 = 0.006$, $P(E \cap C) = 0.5 \times 0.01 = 0.005$ となる．したがって $P(E) = 0.006 + 0.006 + 0.005 = 0.017$ が得られる．

(2) 求める確率は $P_E(A)$ であるから，ベイズの定理 (1.9) より

$$P_E(A) = \frac{P(A)P_A(E)}{P(A)P_A(E) + P(B)P_B(E) + P(C)P_C(E)}$$
$$= \frac{0.006}{0.017} = \frac{6}{17}$$

となる．同様にして

$$P_E(B) = \frac{0.006}{0.017} = \frac{6}{17}, \quad P_E(C) = \frac{0.005}{0.017} = \frac{5}{17}$$

が得られる．

問題

7.1 A と B の箱があり，A の箱の中には赤球 4 個と白球 3 個が入っている．また B の箱には赤球 4 個と白球 5 個が入っている．サイコロを振って 1 または 2 の目が出たら A の箱から 1 個取り出し，3 以上の目が出たら B の箱から 1 個取り出す試行を考える．いま取り出した球が白球であったとする．この白球が A から取り出したものである確率を求めよ．

ヒント E をサイコロを振って 1 または 2 の目が出る事象，F を取り出した球が白球である事象とする．その上で $P(E), P_E(F)$ 等を求めベイズの定理 (1.9) を使う．

7.2 体質 A をもった母親の子どもの 85% が体質 A をもち，体質 A をもたない母親の子どもの 60% が体質 A をもつ．また体質 A をもつ母親は 70% いる．いま検査で子どもが体質 A をもつことが分かった．この子どもの母親が体質 A をもつ確率を求めよ．

ヒント E を母親が体質 A をもつ事象，F を子どもが体質 A をもつ事象とする．その上で $P(E), P_E(F)$ 等を求めベイズの定理 (1.9) を使う．

7.3 A, B の 2 つのつぼがあり，A には赤球 2 個，白球 3 個，黒球 5 個が入っている．B には赤球 5 個，白球 3 個，黒球 2 個が入っている．いま A から 1 個の球を取り出して B に入れ，次に B から 1 個の球を取り出したところ黒球であった．はじめに A から取り出した球が黒球である確率を求めよ．

ヒント E_1, E_2, E_3 を A から取り出した球がそれぞれ，赤球，白球，黒球の事象とする．また，F を B から取り出した球が黒球である事象とする．その上でベイズの定理 (1.9) を使い $P_F(E_3)$ を求める．

第2章
確率変数とその分布

2.1 離散型確率変数

X のとりうる値に対して確率が対応する変数を**確率変数**と呼ぶ．確率変数のとりうる値とその確率を一緒にして**確率分布**（あるいは単に**分布**）という．すなわち

$$P(X = x_k) = p_k \quad (k = 1, 2, \cdots, n)$$

である．これを表にまとめると

表 2.1 離散型確率分布

X の値	x_1	x_2	$\cdots$	x_n	計
確率	p_1	p_2	$\cdots$	p_n	1

となる．このとき

$$p_1 + p_2 + \cdots + p_n = \sum_{k=1}^{n} p_k = 1 \quad (p_1 \geqq 0, \ p_2 \geqq 0, \ \cdots, \ p_n \geqq 0)$$

である．確率変数は大文字で表し，とりうる値を小文字で表すことが多い．とりうる値がとびとびの高々可算個のとき，**離散型確率変数**と呼ぶ．

離散型一様分布 とりうる値がすべて同じ確率となる分布

$$P(X = k) = \frac{1}{n} \quad (k = 1, 2, \cdots, n)$$

を離散型一様分布と呼ぶ．

二項分布 $B(n, p)$ ある試行の結果，起こる事象 A を考える．A の起こる確率を $P(A) = p \ (0 < p < 1)$ とし，この試行を独立に n 回繰り返す．このとき n 回のうち A の起こった回数を X とすると

2.1 離散型確率変数

$$P(X = k) = {}_n\mathrm{C}_k p^k (1-p)^{n-k} \quad (k = 0, 1, \cdots, n) \qquad (2.1)$$

となる．この分布を**二項分布**と呼び，$B(n, p)$ と表す．

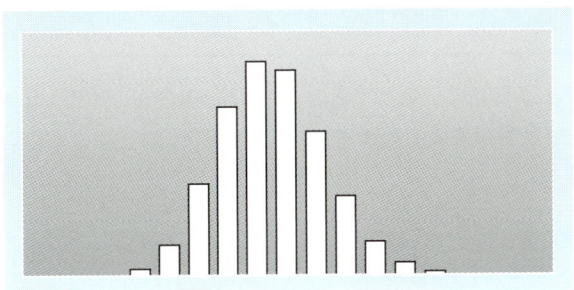

図 **2.1** 二項分布 $B(15, 0.3)$

ポアソン分布 $Po(\lambda)$ まれにしか起こらないことが，単位時間当たり何件起こったかの確率に当てはまるのがポアソン分布である．その確率は

$$P(X = k) = e^{-\lambda} \frac{\lambda^k}{k!} \quad (k = 0, 1, 2, \cdots)$$

で与えられる．ここで λ は $\lambda > 0$ の定数，e は自然対数の底で $e = 2.718\cdots$ である．この分布を**ポアソン分布**と呼び，$Po(\lambda)$ と表す．

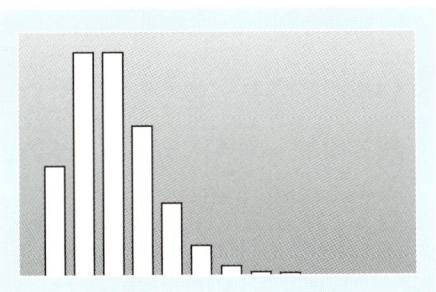

図 **2.2** ポアソン分布 $Po(2.0)$

二項分布 $B(n, p)$ において

$$np = \lambda \text{（一定）}$$

として $n \to \infty$ とすると，ポアソン分布に近づくことが知られている．

┌─ 例題 2.1 ──────────────────────────────── 不良品の個数
不良率が 1% である製造ラインから 200 個の製品を無作為に抽出して不良品かどうかを調べた．200 個の中に 3 個以上不良品が含まれる確率を求めよ．またポアソン分布での近似を使って確率を求めよ．
└──┘

[解 答] X を不良品の個数とすると，X は二項分布 $B(200, 0.01)$ にしたがう．よって式 (1.4) の余事象の確率を使うと，求める確率は

$P(X \geqq 3)$
$= 1 - P(X < 3)$
$= 1 - \{P(X=0) + P(X=1) + P(X=2)\}$
$= 1 - \{{}_{200}C_0 \times 0.01^0 \times (1-0.01)^{200} + {}_{200}C_1 \times 0.01^1 \times (1-0.01)^{199}$
$\quad + {}_{200}C_2 \times 0.01^2 \times (1-0.01)^{198}\}$
$= 1 - (0.134 + 0.271 + 0.271)$
$= 1 - 0.676$
$= 0.324$

不良率が 0.01 と小さいからポアソン分布で近似することができる．X は $B(200, 0.01)$ にしたがうから，近似的に

$$\lambda = 200 \times 0.01 = 2.0$$

のポアソン分布 $Po(2.0)$ にしたがう．よって $e = 2.718\cdots$ を用いると

$$P(X=0) \approx e^{-2}\frac{2^0}{0!} = e^{-2} = 0.135$$
$$P(X=1) \approx e^{-2}\frac{2^1}{1!} = 2e^{-2} = 0.271$$
$$P(X=2) \approx e^{-2}\frac{2^2}{2!} = 2e^{-2} = 0.271$$

以上より不良品が 3 個以上ある確率の近似は

$$P(X \geqq 3) \approx 1 - (0.135 + 0.271 + 0.271)$$
$$= 0.323$$

となる．

問題

1.1 サイコロを投げた目を X とするとき，確率変数 $Y = |X-3|$ の確率分布を求めよ．

[ヒント] 同じ値をとる確率をまとめる．たとえば $X=2$ と $X=4$ のときは同じ $Y=1$ の値をとる．

1.2 サイコロを 2 回投げて，大きい目のほうから小さい目のほうを引いた数を X とおく．確率変数 X の分布を求めよ．ただし同じ目のときは $X=0$ とする．

[ヒント] サイコロを A, B として 36 通りを考え，それぞれの確率を求める．

1.3 次が確率分布となるように定数 c を定め，$P(X > 2)$ を求めよ．

(1) $P(X=k) = \dfrac{ck}{4} \quad (k=1,2,3,4)$.

[ヒント] すべての確率の和は 1 である．

(2) $P(X=k) = c\left(\dfrac{1}{4}\right)^{k-1} \quad (k=1,2,3,\cdots)$.

[ヒント] 無限等比級数の和の公式を利用する．

1.4 4 個のサイコロを同時に投げるとき，4 個とも 1 の目である確率を求めよ．またちょうど 2 個が 1 の目である確率も求めよ．

[ヒント] 4 個のサイコロを区別して，各組合せを考える．

1.5 X を二項分布 $B(5, 0.2)$ にしたがう確率変数とするとき，次の確率を求めよ．

(1) $P(X=2)$
(2) $P(1 \leq X \leq 3)$
(3) $P(X \neq 3)$

[ヒント] 二項分布の確率 (2.1) を使って求める．(3) は余事象の確率 (1.4) を使う．

1.6 300 人の児童がいる小学校で，児童の中に 1 月 1 日生まれの人が 1 人もいない確率とポアソン分布での近似確率を求めよ．ただし 1 年は 365 日とする．

[ヒント] 二項分布 $B\left(300, \dfrac{1}{365}\right)$ を使って求める．

2.2 連続型確率変数

人の身長や缶入り飲料の内容量のように,連続的な値をとる変量 X に対して確率を考える.この場合にはそれぞれの値ではなく,ある区間に入る確率として定式化される.このような X を**連続型確率変数**と呼ぶ.すなわち,定数 $a, b\ (a \leqq b)$ に対して,$a \leqq X \leqq b$ となる確率が

$$P(a \leqq X \leqq b) = \int_a^b f(x)\,dx$$

で与えられる.ただし $f(x)$ は**確率密度関数**(または単に**密度関数**)と呼ばれ

$$f(x) \geqq 0 \quad (-\infty < x < \infty), \qquad \int_{-\infty}^{\infty} f(x)\,dx = 1 \tag{2.2}$$

を満たす.

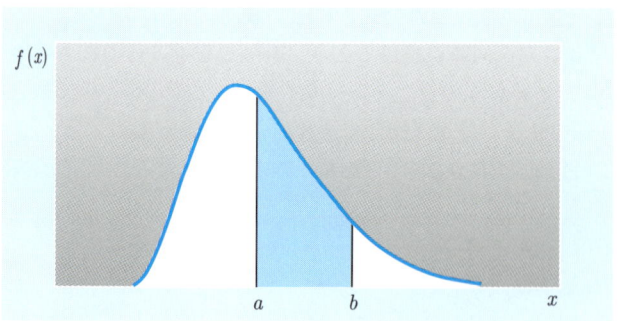

図 2.3 連続型分布

連続型一様分布 $U(a,b)$　　確率密度関数が

$$f(x) = \begin{cases} \dfrac{1}{b-a} & (a \leqq x \leqq b) \\ 0 & (その他) \end{cases}$$

で与えられる分布を**連続型一様分布**といい $U(a,b)$ で表す.ここで $a < b$ は定数である.

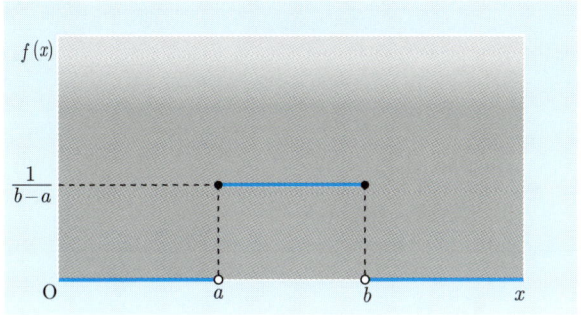

図 2.4 一様分布

指数分布　確率密度関数が

$$f(x) = \begin{cases} \dfrac{1}{\alpha} e^{-(1/\alpha)x} & (x \geqq 0) \\ 0 & (その他) \end{cases}$$

で与えられる分布を**指数分布**と呼ぶ．ここで $\alpha > 0$ は定数である．この分布は製品が製造されたときから，壊れるまでの時間（寿命） X の分布としてよく利用される．

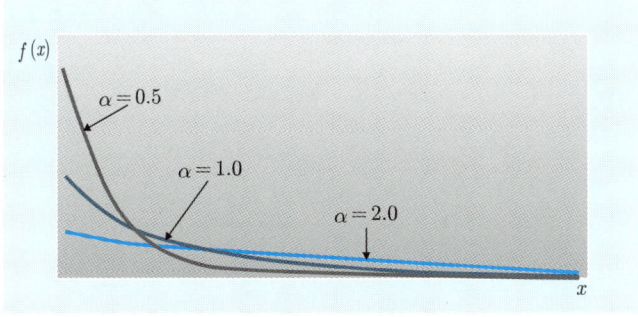

図 2.5 指数分布

例題 2.2 ――――――――――――――――――― 指数分布の無記憶性

X を指数分布にしたがう確率変数とする．$A = \{X \geqq t\}\ (t > 0)$ とおくとき，次の性質が成り立つことを示せ．

$$P_A(X \geqq x+t) = P(X \geqq x) \quad (x,\ t > 0)$$

これを指数分布の**無記憶性**という．

[解　答] $t > 0$ に対して

$$A \cap \{X \geqq x+t\} = \{X \geqq t\} \cap \{X \geqq x+t\}$$
$$= \{X \geqq x+t\}$$

であるから条件付き確率の定義 (1.5) より

$$P_A(X \geqq x+t) = \frac{P(X \geqq x+t)}{P(X \geqq t)}$$

ここで $c > 0$ とし，指数分布の式にあてはめると

$$P(X \geqq c) = \int_c^\infty \frac{1}{\alpha} e^{-(1/\alpha)x} dx$$
$$= \left[-e^{-(1/\alpha)x} \right]_c^\infty$$
$$= e^{-(c/\alpha)}$$

したがって

$$P_A(X \geqq x+t) = \frac{e^{-(x+t)/\alpha}}{e^{-(t/\alpha)}}$$
$$= e^{-(x/\alpha)}$$
$$= P(X \geqq x)$$

が成り立つ．

(補足) 無記憶性をもつのは連続型では指数分布だけである．離散型では幾何分布が無記憶性に近い性質をもつ．

問 題

2.1 X を一様分布 $U(0,2)$ にしたがう確率変数とするとき，次の確率を求めよ．
  (1) $P(X \leqq 1)$
  (2) $P(X \leqq 2.4)$

ヒント　対応する区間での確率密度関数の積分を求める．

2.2 次の関数が確率密度関数となるように定数 c を定め，(1) に対しては確率 $P(X > 2)$ を，また (2) に対しては確率 $P(0.5 < X \leqq 1)$ を求めよ．

(1)
$$f(x) = \begin{cases} cxe^{-x} & (0 < x < \infty) \\ 0 & (その他) \end{cases}$$

(2)
$$f(x) = \begin{cases} c|x| & (-1 < x < 2) \\ 0 & (その他) \end{cases}$$

ヒント　全区間での積分が 1 となることから c を決める．その後，対応する区間での積分を求める．

2.3 X を次の指数分布にしたがう確率変数とする．
$$f(x) = \begin{cases} 2e^{-2x} & (0 < x < \infty) \\ 0 & (その他) \end{cases}$$

このとき次の関係を満たす a, b を求めよ．
$$P(X < a) = 0.1, \quad P(X > b) = 0.1$$

ヒント　対応する区間での積分を求めて等式を導く．

2.4 確率密度関数
$$f(x) = \begin{cases} \dfrac{1}{2}e^{-x/2} & (0 < x < \infty) \\ 0 & (その他) \end{cases}$$

に対して，$P(X > a) = \dfrac{1}{2}$ を満たす a を求めよ．

ヒント　(a, ∞) の区間での積分を a を使って表し等式を導く．

2.5 X を一様分布 $U(-1, 1)$ にしたがう確率変数とするとき，確率変数 X^2 のしたがう分布の確率密度関数を求めよ．

ヒント　$x \geqq 0$ のとき $P(X^2 \leqq x) = P(-\sqrt{x} \leqq X \leqq \sqrt{x})$ を使う．

正規分布 $N(\mu, \sigma^2)$　　連続型の確率変数として最もよく利用されるのが以下の正規分布である．確率密度関数が

$$f(x) = \frac{1}{\sqrt{2\pi}\,\sigma} \exp\left\{-\frac{(x-\mu)^2}{2\sigma^2}\right\} \quad (-\infty < x < \infty) \tag{2.3}$$

で与えられる分布を平均 μ，分散 σ^2 の**正規分布**といい，$N(\mu, \sigma^2)$ で表す．ここで $-\infty < \mu < \infty$，$0 < \sigma^2 < \infty$ は定数で，$\sigma = \sqrt{\sigma^2}$，$\exp\{\cdot\} = e^{\{\cdot\}}$ である．特に $N(0,1)$ を**標準正規分布**と呼ぶ．X を正規分布 $N(\mu, \sigma^2)$ にしたがう確率変数とすると，$\dfrac{X-\mu}{\sigma}$ は標準正規分布 $N(0,1)$ にしたがう．ここで σ は σ^2 の正の平方根である．これを**標準化**と呼ぶ．

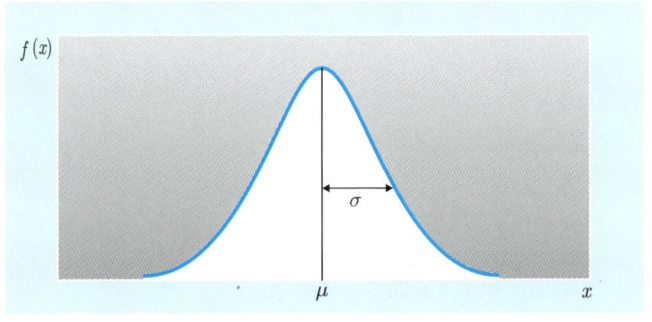

図 **2.6**　正規分布

補足　この正規分布は，連続的なデータに対する統計モデルで最初に仮定される分布であり，**中心極限定理**との関連でも重要な分布である．密度関数は少し複雑であるが，数学的には取り扱いやすいもので，和，差，積等の関連する分布も求まっている．これらの関連する分布は統計的推測において，基本となるものである．

2.2 連続型確率変数

―― 例題 2.3 ――――――――――――――――――― 標準正規分布の性質 ――

Z を標準正規分布 $N(0,1)$ にしたがう確率変数とすると

$$X = \sigma Z + \mu \quad (\sigma > 0)$$

は正規分布 $N(\mu, \sigma^2)$ にしたがうことを示せ．

［解　答］　確率変数 X の確率を考えると

$$\begin{aligned} P(a \leqq X \leqq b) &= P(a \leqq \sigma Z + \mu \leqq b) \\ &= P\left(\frac{a-\mu}{\sigma} \leqq Z \leqq \frac{b-\mu}{\sigma}\right) \\ &= \int_{(a-\mu)/\sigma}^{(b-\mu)/\sigma} \frac{1}{\sqrt{2\pi}} \exp\left(-\frac{z^2}{2}\right) dz \end{aligned}$$

となる．積分の変数変換 $x = \sigma z + \mu$ を考えると

$$z = \frac{a-\mu}{\sigma} \to x = a, \quad z = \frac{b-\mu}{\sigma} \to x = b$$

となり

$$\frac{dx}{dz} = \sigma$$

である．したがって

$$P(a \leqq X \leqq b) = \int_a^b \frac{1}{\sqrt{2\pi}\,\sigma} \exp\left\{-\frac{(x-\mu)^2}{2\sigma^2}\right\} dx$$

これは $N(\mu, \sigma^2)$ の密度関数 (2.3) であるから命題が成り立つ．

問題

3.1 X を正規分布 $N(3,4)$ にしたがう確率変数とするとき，次の確率を求めよ．
   (1) $P(X \geqq 3.5)$
   (2) $P(X \leqq 5)$
   (3) $P(0 \leqq X \leqq 4)$

   ヒント $\dfrac{X-3}{2}$ が $N(0,1)$ にしたがうことを利用して 付表1 を使う．

3.2 X を正規分布 $N(\mu, \sigma^2)$ にしたがう確率変数とするとき，次の確率を求めよ．
   (1) $P(\mu - \sigma \leqq X \leqq \mu + \sigma)$
   (2) $P(\mu - 2\sigma \leqq X \leqq \mu + 2\sigma)$

   ヒント $\mu - \sigma \leqq X \leqq \mu + \sigma$ は $-1 \leqq \dfrac{X-\mu}{\sigma} \leqq 1$ は同値である．

3.3 X を正規分布 $N(0, \sigma^2)$ にしたがう確率変数とするとき，次の等式が成り立つことを示せ．
   (1) $P(X \leqq -c) = P(X \geqq c)$
   (2) $P(X \leqq c) = 1 - P(X \leqq -c)$

   ヒント $N(0, \sigma^2)$ の密度関数は $x = 0$ について線対称であることを使う．

3.4 X が正規分布 $N(2,4)$ にしたがい，Y が正規分布 $N(3,9)$ にしたがう確率変数とするとき次の不等式が成り立つことを数値的に示せ．
   (1) $P(X - 2 \leqq -2) < P(Y - 3 \leqq -2)$
   (2) $P(X - 2 \leqq 2) > P(Y - 3 \leqq 2)$

   ヒント X, Y を標準化した $\dfrac{X-2}{2}, \dfrac{Y-3}{3}$ がどちらも標準正規分布にしたがうことを利用する．

3.5 X が正規分布 $N(\mu_1, \sigma_1^2)$ にしたがい，Y が正規分布 $N(\mu_2, \sigma_2^2)$ にしたがう確率変数とする．$\sigma_1^2 < \sigma_2^2$ のとき次の不等式が成り立つことを示せ．ただし $c > 0$ とする．
   (1) $P(X - \mu_1 \leqq -c) < P(Y - \mu_2 \leqq -c)$
   (2) $P(X - \mu_1 \leqq c) > P(Y - \mu_2 \leqq c)$

   ヒント $\sigma_1^2 < \sigma_2^2$ のとき
   $$-\dfrac{c}{\sigma_1} < -\dfrac{c}{\sigma_2}, \quad \dfrac{c}{\sigma_2} < \dfrac{c}{\sigma_1}$$
   であることと，標準化を使う．

2.2 連続型確率変数

3.6 X を正規分布 $N(\mu, \sigma^2)$ にしたがう確率変数で $a < b$ とするとき

$$P(|X - \mu| \leqq a) \leqq P(|X - \mu| \leqq b)$$

となることを示せ.

[ヒント] $\{X - \mu < -b\} \subset \{X - \mu < -a\}$, $\{X - \mu < a\} \subset \{X - \mu < b\}$ を使う.

3.7 X が正規分布 $N(2, 4)$ にしたがい, Y が正規分布 $N(3, 9)$ にしたがう確率変数とする. 次の不等式

$$P(|X - 2| \leqq 1) > P(|Y - 3| \leqq 1)$$

が成り立つことを数値的に示せ.

[ヒント] 標準化を利用する. Z を $N(0, 1)$ にしたがう確率変数とすると

$$P(|X - 2| \leqq 1) = P\left(\left|\frac{X - 2}{2}\right| \leqq \frac{1}{2}\right) = P\left(-\frac{1}{2} \leqq Z \leqq \frac{1}{2}\right)$$

が成り立つことを使う.

3.8 X が正規分布 $N(\mu_1, \sigma_1^2)$ にしたがい, Y が正規分布 $N(\mu_2, \sigma_2^2)$ にしたがう確率変数とする. $\sigma_1^2 < \sigma_2^2$ のとき次の不等式

$$P(|X - \mu_1| \leqq c) > P(|Y - \mu_2| \leqq c)$$

が成り立つことを示せ. ただし $c > 0$ とする.

[ヒント] 標準化 $\dfrac{X - \mu_1}{\sigma_1}$, $\dfrac{Y - \mu_2}{\sigma_2}$ と 問題 3.5 の解法と同様の議論を行う.

2.3 分布関数

X を確率変数とするとき,関数

$$F(x) = P(X \leqq x) \tag{2.4}$$

を X の**確率分布関数**(または単に**分布関数**)と呼ぶ. X が離散型のときは

$$F(x) = \sum_{k:x_k \leqq x} p_k \tag{2.4}'$$

となり,連続型のときは

$$F(x) = \int_{-\infty}^{x} f(t)\,dt \tag{2.4}''$$

となる.ここで $\sum_{k:x_k \leqq x}$ は $x_k \leqq x$ を満たす,すべての k についての和を表す.

分布関数は以下の性質を満たす.

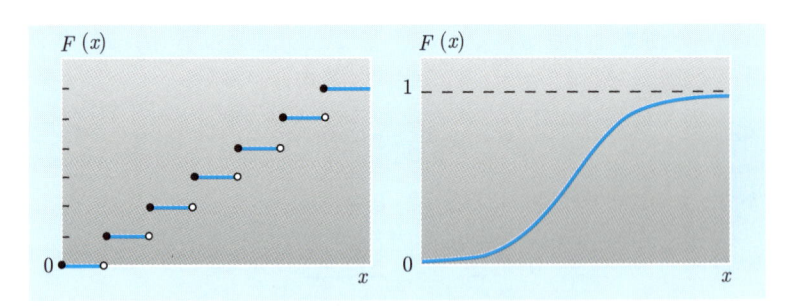

図 2.7 離散型分布関数と連続型分布関数

- $F(x)$ は x について(広義)単調増加関数である.すなわち $x_1 < x_2$ ならば $F(x_1) \leqq F(x_2)$
- $F(x)$ は右連続である.すなわち $\lim_{h \to +0} F(x+h) = F(x)$
- $\lim_{x \to -\infty} F(x) = 0$, $\lim_{x \to \infty} F(x) = 1$

また連続型分布のときは

- $F'(x) = f(x)$ (x は $f(x)$ の連続点)

2.3　分布関数

正規分布　Z が標準正規分布 $N(0,1)$ にしたがう確率変数とするとき，Z の分布関数は

$$\Phi(x) = P(Z \leqq x) = \int_{-\infty}^{x} \frac{1}{\sqrt{2\pi}} e^{-(t^2/2)} dt$$

とおくのが慣例となっている．このとき $\Phi(x)$ (Φ はギリシャ文字のファイの大文字) は初等関数では表せられないが，様々な方法で数値的に求められている．標準正規分布の**上側 α-点**を z_α とおく．すなわち

$$\alpha = P(Z \geqq z_\alpha) = 1 - \Phi(z_\alpha)$$

である．この z_α の値は 付表2 にまとめられている．また 付表1 では逆の関係である上側確率を求めている．

例題 2.4　　　　　　　　　　　　　　　　　　　　　　　　　　　　　**分布関数**

X を指数分布にしたがう確率変数とするとき，その分布関数を求めよ．

[**解　答**]　指数分布は連続型であるから式 (2.4)″ を使って，$x < 0$ のとき

$$F(x) = \int_{-\infty}^{x} f(t)dt = \int_{-\infty}^{x} 0 dt = 0$$

となる．$0 \leqq x$ のとき

$$\begin{aligned}
F(x) &= \int_{-\infty}^{x} f(t)dt \\
&= \int_{-\infty}^{0} 0 dt + \int_{0}^{x} \frac{1}{\alpha} e^{-(t/\alpha)} dt \\
&= 0 + \left[-e^{-(t/\alpha)} \right]_{0}^{x} = -e^{-(x/\alpha)} - (-e^0) \\
&= 1 - e^{-(x/\alpha)}
\end{aligned}$$

である．したがって

$$F(x) = \begin{cases} 0 & (x < 0) \\ 1 - e^{-(x/\alpha)} & (0 \leqq x) \end{cases}$$

問題

4.1 分布関数 (2.4) は広義単調増加関数であることを示せ.

　ヒント $x_1 < x_2$ に対して $\{X \leqq x_1\}$ と $\{X \leqq x_2\}$ の包含関係を調べる.

4.2 離散型確率変数 X が次の分布にしたがっているとき, X の分布関数 $F(x)$ を求めよ.

(1) $P(X = k) = \dfrac{1}{3}$ $(k = -1, 0, 1)$.

　ヒント $x < -1, -1 \leqq x < 0, \ 0 \leqq x < 1, \ 1 \leqq x$ に場合分けする.

(2) $P(X = k) = \dfrac{k}{15}$ $(k = 1, 2, 3, 4, 5)$.

　ヒント $x < 1, \ 1 \leqq x < 0, \ \cdots, \ 5 \leqq x$ に場合分けする.

4.3 X を密度関数 $f(x)$ をもつ確率変数とするとき, 次の問に答えよ.

(1) 任意の $x \in \mathbf{R}$ に対して $P(X = x) = 0$ となることを示せ.

(2) 密度関数の不定積分を $F(x)$ とするとき
$$P(a \leqq X \leqq b) = P(a < X < b) = F(b) - F(a) \quad ((a, b) \in \mathbf{R}^2)$$
となることを示せ.　ヒント 積分の性質を使う.

4.4 連続型確率変数 X が次の密度関数をもつとき, X の分布関数 $F(x)$ を求めよ.

(1) $f(x) = \begin{cases} 2x & (0 < x < 1) \\ 0 & (その他) \end{cases}$　(2) $f(x) = \begin{cases} \dfrac{1}{x^2} & (1 < x < \infty) \\ 0 & (その他) \end{cases}$

(3) $f(x) = \dfrac{1}{\pi(1 + x^2)}$ $(-\infty < x < \infty)$

　ヒント 不定積分を利用して求める. $\dfrac{1}{1 + x^2}$ の不定積分は $\tan^{-1} x$ である.

4.5 次の関数が連続型の分布関数となるように定数 c を定め, 確率密度関数を求めよ.
$$F(x) = \begin{cases} 0 & (x < 0) \\ cx^2 & (0 \leqq x < 1) \\ 1 & (1 \leqq x) \end{cases}$$

　ヒント $\lim_{x \to 1} F(x) = 1$ である.

4.6 $\phi(x)$ を標準正規分布 $N(0, 1)$ の確率密度関数とする. X を正規分布 $N(\mu, \sigma^2)$ にしたがう確率変数とするとき, X の分布の密度関数を $\phi(x), \mu, \sigma$ を使って表せ.

　ヒント 標準化 $\dfrac{X - \mu}{\sigma} \sim N(0, 1)$ を使う.

2.4 多次元分布

2つ以上の確率変数を同時に扱う多次元分布について述べておく.

◆ **離散型**　2つの確率変数 (X, Y) に対して

$$P(X = x_i, Y = y_j) = p_{ij} \quad (i = 1, 2, \cdots, m; j = 1, 2, \cdots, n)$$

を**同時分布**（または**多次元分布**）と呼ぶ. 確率変数 (X, Y) の同時分布は

表 2.2　離散型同時分布

$X \backslash Y$	y_1	y_2	$\cdots$	y_n	計
x_1	p_{11}	p_{12}	$\cdots$	p_{1n}	$p_{1\cdot}$
x_2	p_{21}	p_{22}	$\cdots$	p_{2n}	$p_{2\cdot}$
$\vdots$	$\vdots$	$\vdots$	$\ddots$	$\vdots$	$\vdots$
x_m	p_{m1}	p_{m2}	$\cdots$	p_{mn}	$p_{m\cdot}$
計	$p_{\cdot 1}$	$p_{\cdot 2}$	$\cdots$	$p_{\cdot n}$	1

と表せる. ここで $0 \leqq p_{ij} \leqq 1 \ (i = 1, 2, \cdots, m; j = 1, 2, \cdots, n)$ を満たし

$$p_{i\cdot} = \sum_{j=1}^{n} p_{ij} \quad (i = 1, 2, \cdots, m), \qquad p_{\cdot j} = \sum_{i=1}^{m} p_{ij} \quad (j = 1, 2, \cdots, n)$$

$$\sum_{i=1}^{m} \sum_{j=1}^{n} p_{ij} = \sum_{i=1}^{m} p_{i\cdot} = \sum_{j=1}^{n} p_{\cdot j} = 1$$

である. X の周辺分布は

表 2.3　X の周辺分布

X の値	x_1	x_2	$\cdots$	x_m	計
確率	$p_{1\cdot}$	$p_{2\cdot}$	$\cdots$	$p_{m\cdot}$	1

となる. Y の周辺分布も同様である.

多項分布　1回の試行で $A_1, A_2, \cdots, A_k$ の事象が考えられ

$$A_i \cap A_j = \varnothing \ (i \neq j), \quad \bigcup_{i=1}^{k} A_i = \Omega$$

であるとする. 各事象の起こる確率を $p_i = P(A_i) \ (i = 1, 2, \cdots, k)$ とおく. この

試行を独立に n 回繰り返し，X_i を n 回のうち A_i $(i=1,2,\cdots,k)$ の起こった回数とすると

$$P(X_1=x_1, X_2=x_2, \cdots, X_k=x_k) = \frac{n!}{x_1! x_2! \cdots x_k!} p_1^{x_1} p_2^{x_2} \cdots p_k^{x_k}$$

となる．ただし $x_i \geqq 0$ $(i=1,2,\cdots,k)$, $\sum_{i=1}^{k} x_i = n$, $\sum_{i=1}^{k} p_i = 1$ である．この分布を**多項分布**と呼ぶ．$k=2$ のときこれは二項分布である．

◆ **連続型**　2つの連続型確率変数 (X,Y) に対しては，$a_1 \leqq X \leqq b_1$, $a_2 \leqq Y \leqq b_2$ $(a_1 \leqq b_1, a_2 \leqq b_2)$ となる確率が

$$P(a_1 \leqq X \leqq b_1, a_2 \leqq Y \leqq b_2) = \iint_{[a_1,b_1]\times[a_2,b_2]} f(x,y)\,dxdy$$

$$= \int_{a_1}^{b_1} \int_{a_2}^{b_2} f(x,y)\,dxdy$$

で与えられる．ここで $f(x,y)$ は2変数関数で，(X,Y) の**同時確率密度関数**と呼ばれ

$$f(x,y) \geqq 0, \quad \iint_{\mathbf{R}^2} f(x,y)\,dxdy = 1$$

を満たす．X の周辺確率密度関数は

$$g(x) = \int_{-\infty}^{\infty} f(x,y)\,dy$$

で与えられる．また Y の周辺確率密度関数は

$$h(y) = \int_{-\infty}^{\infty} f(x,y)\,dx$$

となる．

2次元正規分布 $N_2(\mu_x, \mu_y, \sigma_x^2, \sigma_y^2, \rho)$　　(X,Y) の同時確率密度関数が

$$\begin{aligned} f(x,y) = & \frac{1}{2\pi\sqrt{1-\rho^2}\,\sigma_x \sigma_y} \\ & \times \exp\left[-\frac{1}{2(1-\rho^2)}\left\{\frac{(x-\mu_x)^2}{\sigma_x^2} - 2\rho\frac{(x-\mu_x)(y-\mu_y)}{\sigma_x \sigma_y} \right.\right. \\ & \left.\left. + \frac{(y-\mu_y)^2}{\sigma_y^2}\right\}\right] \end{aligned}$$

で与えられとき，この分布を**2次元正規分布** $N_2(\mu_x, \mu_y, \sigma_x^2, \sigma_y^2, \rho)$ と呼ぶ．X の周

2.4 多次元分布

辺確率密度関数は

$$g(x) = \frac{1}{\sqrt{2\pi}\,\sigma_x} \exp\left\{-\frac{(x-\mu_x)^2}{2\sigma_x^2}\right\}$$

となる．したがって X の周辺分布は正規分布 $N(\mu_x, \sigma_x^2)$ である．同様に Y の周辺分布は正規分布 $N(\mu_y, \sigma_y^2)$ である．

例題 2.5 ─────────────── 多項分布の周辺分布 ─

$X_1, X_2, \cdots, X_k$ が多項分布にしたがうとき，X_i の周辺分布は二項分布 $B(n, p_i)$ となることを示せ．

[解　答]　$k=3$ で $i=1$ の場合について示す．$X_3 = n - X_1 - X_2$ だから実際は 2 次元の分布になる．多項分布の定義より

$$P(X_1 = l, X_2 = m) = \frac{n!}{l!\,m!\,(n-l-m)!} p_1^l p_2^m (1-p_1-p_2)^{n-l-m}$$

となる．ただし $l, m = 0, 1, \cdots, n;\ l+m \leqq n$ である．l を止めると，$m = 0, 1, \cdots, n-l$ となるから

$$P(X_1 = l) = \sum_{m=0}^{n-l} \frac{n!}{l!\,m!(n-l-m)!} p_1^l p_2^m (1-p_1-p_2)^{n-l-m}$$

$$= \frac{n!}{l!\,(n-l)!} p_1^l \sum_{m=0}^{n-l} \frac{(n-l)!}{m!\,(n-l-m)!} p_2^m (1-p_1-p_2)^{n-l-m}$$

ここで和は $(1-p_1-p_2+p_2)^{n-l}$ の二項展開になっているから

$$P(X_1 = l) = \frac{n!}{l!\,(n-l)!} p_1^l\,(1-p_1)^{n-l}$$

すなわち X_1 は二項分布 $B(N, p_1)$ にしたがう．

問 題

5.1 つぼの中に 4 個の球が入っていて，1, 2, 3, 4 の番号が書いてある．このつぼから元に戻さずに 1 個ずつ 2 個取り出す試行を考える．最初に取り出した球の数字を X，2 番目に取り出した球の数字を Y とする．このとき X, Y の同時分布を求めよ．また X, Y の周辺分布も求めよ．

[ヒント] (X, Y) のとりうる値は ${}_4 P_2 = 12$ 通りで，すべて等確率である．

5.2 X, Y の同時確率密度関数が

$$f(x,y) = \begin{cases} 2 & (x, y \geqq 0,\ x+y \leqq 1) \\ 0 & (その他) \end{cases}$$

で与えられるとき，それぞれの周辺確率密度関数を求めよ．

[ヒント] $\{(x,y) \mid x, y \geqq 0,\ x+y \leqq 1\} = \{(x,y) \mid 0 \leqq x \leqq 1,\ 0 \leqq y \leqq 1-x\} = \{(x,y) \mid 0 \leqq y \leqq 1,\ 0 \leqq x \leqq 1-y\}$ である．

5.3 X, Y の同時確率密度関数が

$$f(x,y) = \begin{cases} ce^{-x-y} & (x \geqq 0,\ y \geqq 0) \\ 0 & (その他) \end{cases}$$

で与えられるとき，$c > 0$ の値を求めよ．また周辺確率密度関数を求めよ．

[ヒント] $\mathbf{R}^2$ での積分が 1 になることを使う．

5.4 X, Y は確率変数で $i = 1, 2, 3;\ a < b$ に対して

$$P(X = i, a \leqq Y \leqq b) = \frac{1}{3} \int_a^b f_i(y) dy$$

とする．ただし

$$f_i(y) = \begin{cases} \dfrac{1}{i} e^{-y/i} & (y \geqq 0) \\ 0 & (その他) \end{cases}$$

である．このとき X と Y の周辺分布を求めよ．

[ヒント] X の周辺分布は，各 i ごとに全区間での積分になる．また Y の周辺分布は i についての 3 個の和となる．

2.5 確率変数の独立

統計的推測においては確率変数の独立性が重要である．2つの確率変数 X と Y が**独立**であるとは，すべての定数 $a \leqq b, c \leqq d$ に対して

$$P(a \leqq X \leqq b, c \leqq Y \leqq d) = P(a \leqq X \leqq b)P(c \leqq Y \leqq d)$$

が成り立つときである．X, Y が離散型のときは

$$p_{ij} = p_{i\cdot}\, p_{\cdot j} \quad (i=1,2,\cdots,m;\ j=1,2,\cdots,n)$$

が成り立つとき，また連続型のときは，すべての $(x,y) \in \mathbf{R}^2$ に対して

$$f(x,y) = g(x)h(y)$$

が成り立つとき，X と Y は独立になる．

また，$u(x), v(y)$ を関数とすると，X と Y が独立のとき $u(X)$ と $v(Y)$ は独立な確率変数となる．

> **定理 2.1** (X,Y) が2次元正規分布 $N_2(\mu_x, \mu_y, \sigma_x^2, \sigma_y^2, \rho)$ にしたがうとき
> $$\rho = 0 \iff X \text{ と } Y \text{ は独立である}$$
> が成り立つ．

一般に $X_1, X_2, \cdots, X_n$ が互いに独立であるとは，離散型のときは

$$P(X_1 = x_1, X_2 = x_2, \cdots, X_n = x_n)$$
$$= P(X_1 = x_1)\, P(X_2 = x_2) \cdots P(X_n = x_n)$$

が成り立つことである．連続型のときは $f_{X_1, X_2, \cdots, X_n}(x_1, x_2, \cdots, x_n)$ を同時密度関数，$f_{X_i}(x_i)$ を X_i の周辺密度関数とすると

$$f_{X_1, X_2, \cdots, X_n}(x_1, x_2, \cdots, x_n) = f_{X_1}(x_1) f_{X_2}(x_2) \cdots f_{X_n}(x_n)$$

が成り立つとき，$X_1, X_2, \cdots, X_n$ は互いに独立になる．

◆ **ベルヌーイ試行と二項分布** 1回の試行で A が起こると1の値をとり，起こらないとき0の値をとる確率変数 X を考える．このような試行を**ベルヌーイ試行**と呼び，X の分布を**ベルヌーイ分布**と呼ぶ．A の起こる確率を $0 < p < 1$ とすると

$$P(X=1) = p, \qquad P(X=0) = 1-p \tag{2.5}$$

となる．

$X_1, X_2, \cdots, X_n$ を互いに独立で同じベルヌーイ分布にしたがう確率変数とすると $X_1 + X_2 + \cdots + X_n$ は二項分布 $B(n,p)$ にしたがう．

例題 2.6 ────────────────────────────── 確率変数の独立性の条件 ─

確率変数 X_1, X_2 を独立な確率変数で

$$P(X_1 = 1) = P(X_1 = -1) = P(X_2 = 1) = P(X_2 = -1) = \frac{1}{2}$$

とする.$X_3 = X_1 X_2$ で定義すると,X_1 と X_2,X_1 と X_3 および X_2 と X_3 は独立であるが,X_1, X_2, X_3 は互いに独立でないことを示せ.

[**解　答**]　問題の定義より $X_3 = X_1 X_2$ だから

$$P(X_3 = 1) = P(X_1 = 1, X_2 = 1) + P(X_1 = -1, X_2 = -1)$$

となる.X_1 と X_2 は独立だから

$$\begin{aligned} P(X_3 = 1) &= P(X_1 = 1)P(X_2 = 1) + P(X_1 = -1)P(X_2 = -1) \\ &= \frac{1}{4} + \frac{1}{4} = \frac{1}{2} \end{aligned}$$

同様に $P(X_3 = -1) = P(X_1 = 1, X_2 = -1) + P(X_1 = -1, X_2 = 1) = \dfrac{1}{2}$ となる.また

$$\begin{aligned} P(X_1 = 1, X_3 = 1) &= P(X_1 = 1, X_1 X_2 = 1) \\ &= P(X_1 = 1, X_2 = 1) \\ &= P(X_1 = 1)P(X_2 = 1) \\ &= \frac{1}{4} \\ &= P(X_1 = 1)P(X_3 = 1) \end{aligned}$$

他の組合せについても X_1, X_3 の同時確率がそれぞれの確率の積になることが示せる.したがって X_1 と X_3 は独立となる.同様にして X_2 と X_3 は独立であることが示せる.

他方

$$P(X_1 = 1, X_2 = 1, X_3 = 1) = P(X_1 = 1, X_2 = 1) = \frac{1}{4}$$
$$\neq \frac{1}{8} = P(X_1 = 1)P(X_2 = 1)P(X_3 = 1)$$

となり X_1, X_2, X_3 は互いに独立ではない.

2.5 確率変数の独立

▌▌▌▌▌▌▌▌▌▌ **問 題** ▌▌▌

6.1 サイコロを 1 個投げる試行を考える．X を奇数の目が出たとき 0，偶数の目が出たとき 1 の値をとる確率変数，Y を 2 以下の目が出たとき 0，3 以上の目が出たとき 1 の値をとる確率変数とする．このとき X と Y は独立であることを示せ．

[ヒント] $P(X=i, Y=j) = P(X=i)P(Y=j)$ をすべての i, j の組合せについて示す．

6.2 X と Y を連続型の確率変数で同じ分布にしたがう独立な確率変数とし，分布関数を $F(x)$ とおく．このとき $P(X \leqq x, Y \leqq y)$ を F を用いて表せ．また
$$Z = \max\{X, Y\}$$
の分布関数を F を使って表せ．

[ヒント] $P(Z \leqq z) = P(X \leqq z, Y \leqq z)$ となる．

─統計的推測における独立性─

多次元の同時分布を使って確率を求めるには，重積分の計算や多重和の計算が必要になり，特に n 個の確率変数を扱う統計的推測においては，コンピュータの助けを借りても非常に困難になる．このようなときに大事な考え方が，確率変数の独立性である．

昔から観測を繰り返し，平均をとることによって観測誤差を小さくできることが知られていた．これは第 3 章で述べる，独立な確率変数の平均についての分散を使って説明できるものである．平均をとるということが統計的推測では一番基本で，平均をとる妥当性は，独立性（統計的推測では無作為にという言葉を使う）を使って合理的に説明できる．

したがってデータは独立と見なせるようにとるのが基本であり，実験計画法では乱数表を作成して独立になるように事前に計画する．世論調査においても独立性が使えるように，無作為にデータをとる工夫をしている．多くの統計手法は独立性を仮定しているために，独立または独立に近いデータを使わないと偏った結果が導かれる．経済データのように，直接独立性を仮定できないときでも，確率変数の独立性が成り立つようにモデル化している．

◆ **独立な確率変数の和および差の分布**　独立な確率変数であれば，和や差の分布を比較的簡単に求めることができる．

例題 2.7 ────────────────── 独立な確率変数の差の分布

X, Y を独立で同じ一様分布 $U(0,1)$ にしたがう確率変数とするとき $X - Y$ の分布を求めよ．

[解　答]　一様分布の確率密度関数を $f(x)$ とし $Z = X - Y$ とおくと

$$P(Z \leqq z) = P(X - Y \leqq z) = \iint_{x-y \leqq z} f(x)f(y)dxdy$$

となる．Z の密度関数を $g(z)$ とすると，一様分布 $U(0,1)$ の密度関数の定義から $g(z) = 0$ ($z < -1$ または $1 < z$) である．$-1 \leqq z \leqq 1$ を場合分けして考えると，$-1 \leqq z \leqq 0$ に対して

$$\{(x,y) \mid x - y \leqq z,\ 0 \leqq x \leqq 1,\ 0 \leqq y \leqq 1\}$$
$$= \{(x,y) \mid -z \leqq y \leqq 1,\ 0 \leqq x \leqq y + z\}$$

であるから

$$\iint_{x-y \leqq z} f(x)f(y)dxdy = \int_{-z}^{1} \left(\int_{0}^{y+z} dx \right) dy$$
$$= \int_{-z}^{1} (y+z) dy = \left[\frac{y^2}{2} + zy \right]_{-z}^{1}$$
$$= \frac{z^2}{2} + z + \frac{1}{2}$$

となる．微分すると $g(z) = z + 1$ が得られる．

$0 < z \leqq 1$ のときは

$$\{(x,y) \mid x - y \leqq z,\ 0 \leqq x \leqq 1,\ 0 \leqq y \leqq 1\}$$
$$= \{(x,y) \mid 0 \leqq y \leqq 1-z,\ 0 \leqq x \leqq y + z\}$$
$$\cup \{(x,y) \mid 1-z < y \leqq 1,\ 0 \leqq x \leqq 1\}$$

となる．したがって

2.5 確率変数の独立

$$\iint_{x+y \leq z} f(x)f(y)dxdy$$
$$= \int_0^{1-z}\left(\int_0^{y+z}dx\right)dy + \int_{1-z}^1\left(\int_0^1 dx\right)dy$$
$$= \int_0^{1-z}(y+z)dy + \int_{1-z}^1 dy$$
$$= \left[\frac{y^2}{2}+zy\right]_0^{1-z} + 1-(1-z)$$
$$= -\frac{z^2}{2}+z+\frac{1}{2}$$

である．微分すると $g(z) = -z+1$ となる．以上より確率密度関数は

$$f(z) = \begin{cases} 1-|z| & (-1 \leq z \leq 1) \\ 0 & (その他) \end{cases}$$

となり，三角分布と呼ばれる分布になる．

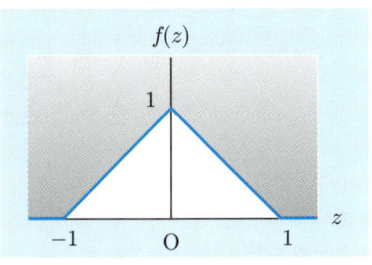

図 2.8 三角分布

補足 X と Y が独立でないときは，ほとんどの場合簡単な形にはならない．しかし上記の例題でも分かるように，確率変数の和や差についての分布を直接議論するのは非常に面倒である．特性関数や積率母関数と呼ばれる数学の道具を使うと，やさしく求まる場合が多い．

問題

7.1 X は二項分布 $B(n_1, p)$ にしたがい，Y が二項分布 $B(n_2, p)$ にしたがう独立な確率変数とする．このとき $X+Y$ は二項分布 $B(n_1+n_2, p)$ にしたがうことを示せ．

ヒント $Z = X+Y = k$ となるのは $(X,Y) = (0,k), (1,k-1), \cdots, (k-1,1), (k,0)$ のときである．それぞれについて独立性を使って確率を求める．

7.2 X をポアソン分布 $Po(\lambda_1)$ にしたがい，Y をポアソン分布 $Po(\lambda_2)$ にしたがう独立な確率変数とする．このとき $X+Y$ はポアソン分布 $Po(\lambda_1+\lambda_2)$ にしたがうことを示せ．

ヒント 上の問題7.1と同様にして $Z = X+Y = k$ の確率を求める．

7.3 X と Y が独立で同じ分布にしたがう連続型確率変数とする．$Z = X-Y$ の確率密度関数を $h(z)$ とおくと，$h(-z) = h(z)$ となることを示せ．

ヒント $X-Y$ と $Y-X$ が同じ連続型分布にしたがうことを使う．

2.6 正規分布に関連した分布

正規分布に関連した重要な確率分布の例をあげる．これらは統計的推測で必要になる分布である．

◆ **正規分布の再生性** X_1 は正規分布 $N(\mu_1, \sigma_1^2)$ にしたがい，X_2 が正規分布 $N(\mu_2, \sigma_2^2)$ にしたがう独立な確率変数とする．このとき定数 a, b, c に対して

$$aX_1 + bX_2 + c \;\sim\; N(a\mu_1 + b\mu_2 + c, a^2\sigma_1^2 + b^2\sigma_2^2)$$

が成り立つ．これを**正規分布の再生性**と呼ぶ．

> **定理 2.2** $X_1, X_2, \cdots, X_n$ を互いに独立で同じ正規分布 $N(\mu, \sigma^2)$ にしたがう確率変数とする．このとき標本平均は次のようになる．
>
> $$\overline{X} = \frac{1}{n}\sum_{i=1}^{n} X_i \;\sim\; N\left(\mu, \frac{\sigma^2}{n}\right) \tag{2.6}$$

χ^2-分布 $X_1, X_2, \cdots, X_n$ を互いに独立で同じ標準正規分布 $N(0,1)$ にしたがう確率変数とする．このとき

$$\chi^2 = X_1^2 + X_2^2 + \cdots + X_n^2$$

の確率密度関数は

$$f(x) = \begin{cases} \dfrac{1}{2^{n/2}\Gamma(\frac{n}{2})} x^{n/2-1} e^{-x/2} & (x \geqq 0) \\ 0 & (x < 0) \end{cases}$$

となる．ここで $\Gamma(\cdot)$ はガンマ関数で

$$\Gamma(a) = \int_0^\infty e^{-x} x^{a-1}\, dx$$

である．この分布を**自由度 n の χ^2-分布**（カイ二乗と読む）という．自由度 n の χ^2-分布の上側 **α-点**を $\chi^2(n; \alpha)$ と表す．すなわち

$$P\left(\chi^2 \geqq \chi^2(n; \alpha)\right) = \alpha$$

である．この値は 付表 4 にまとめられている．

t-分布 X は標準正規分布 $N(0,1)$ にしたがい，Y が自由度 n の χ^2-分布にしたがう独立な確率変数とする．このとき

$$T = \frac{X}{\sqrt{Y/n}}$$

の確率密度関数は

2.6 正規分布に関連した分布

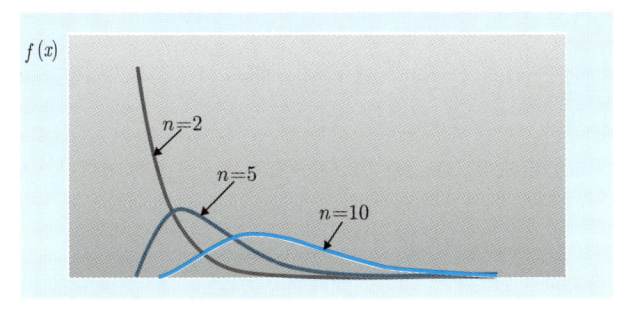

図 **2.9** χ^2-分布

$$f(t) = \frac{1}{n^{1/2} B\left(\frac{n}{2}, \frac{1}{2}\right)} \left(1 + \frac{t^2}{n}\right)^{-(n+1)/2} \quad (-\infty < t < \infty)$$

となる．ここで $B(a,b)$ はベータ関数で

$$B(a,b) = \int_0^1 x^{a-1}(1-x)^{b-1}\,dx$$

である．この分布を**自由度 n の**（スチューデントの）***t*-分布**と呼ぶ．上側 α-点は $t(n;\alpha)$ で表し

$$P\Big(T \geqq t(n;\alpha)\Big) = \alpha$$

この値は 付表3 にまとめられている．

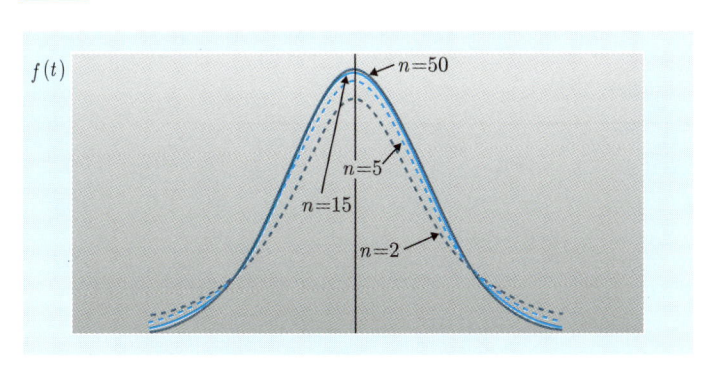

図 **2.10** *t*-分布

F-分布 X は自由度 m の χ^2-分布にしたがい，Y が自由度 n の χ^2-分布にしたがう独立な確率変数とする．このとき

$$F = \frac{X/m}{Y/n}$$

の確率密度関数は

$$f(x) = \begin{cases} \dfrac{1}{B\left(\frac{m}{2}, \frac{n}{2}\right)} \left(\dfrac{m}{n}\right)^{m/2} \left(1 + \dfrac{m}{n}x\right)^{-(m+n)/2} x^{m/2-1} & (x \geqq 0) \\ 0 & (x < 0) \end{cases}$$

である.この分布を**自由度 (m,n) の F-分布**と呼ぶ.上側 α-点は $F(m,n;\alpha)$ で表し

$$P\Bigl(F \geqq F(m,n;\alpha)\Bigr) = \alpha$$

この値は付表5 にまとめられている.比のとり方から,F が自由度 (m,n) の F-分布にしたがうとき

$$1/F \sim \text{自由度 } (n,m) \text{ の } F\text{-分布}$$

となる.これを使うと,上側 α-点を求めるとき便利である.

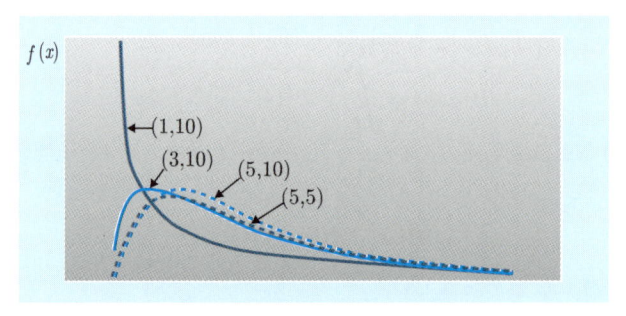

図 2.11 F-分布

―― 例題 2.8 ――――――――――――――――――――――― 正規分布の再生性 ――

X を正規分布 $N(\mu_x, \sigma_x^2)$ にしたがい,Y を正規分布 $N(\mu_y, \sigma_y^2)$ にしたがう確率変数とする.X と Y は独立であるとする.このとき $X+Y$ は正規分布 $N(\mu_x+\mu_y, \sigma_x^2+\sigma_y^2)$ にしたがうことを示せ.

[解 答] $Z = X+Y$ とおくと

$$P(Z \leqq z) = \iint_{x+y \leqq z} \dfrac{1}{2\pi\sigma_x\sigma_y} \exp\left\{-\dfrac{(x-\mu_x)^2}{2\sigma_x^2} - \dfrac{(y-\mu_y)^2}{2\sigma_y^2}\right\} dxdy$$

$t = x+y$, $u = y$ と変数変換すると $x = t-y = t-u$ だからヤコビアンは

$$J = \begin{vmatrix} \frac{\partial x}{\partial t} & \frac{\partial x}{\partial u} \\ \frac{\partial y}{\partial t} & \frac{\partial y}{\partial u} \end{vmatrix} = \begin{vmatrix} 1 & -1 \\ 0 & 1 \end{vmatrix} = 1$$

2.6 正規分布に関連した分布

である. よって

$$P(Z \leqq z) = \int_{-\infty}^{z} \left[\int_{-\infty}^{\infty} \frac{1}{2\pi\sigma_x\sigma_y} \exp\left\{ -\frac{(t-u-\mu_x)^2}{2\sigma_x^2} - \frac{(u-\mu_y)^2}{2\sigma_y^2} \right\} dy \right] dt$$

となる. ここで exp の中を変形すると

$$-\frac{(t-u-\mu_x)^2}{2\sigma_x^2} - \frac{(u-\mu_y)^2}{2\sigma_y^2}$$

$$= -\frac{1}{2\sigma_x^2\sigma_y^2}\left\{ \sigma_y^2(t-\mu_x)^2 - 2\sigma_y^2(t-\mu_x)u + \sigma_y^2 u^2 + \sigma_x^2 u^2 - 2\sigma_x^2\mu_y u + \sigma_x^2\mu_y^2 \right\}$$

$$= -\frac{1}{2\sigma_x^2\sigma_y^2}\left[(\sigma_x^2+\sigma_y^2)u^2 - 2\left\{\sigma_y^2(t-\mu_x) + \sigma_x^2\mu_y\right\}u + \sigma_y^2(t-\mu_x)^2 + \sigma_x^2\mu_y^2 \right]$$

$$= -\frac{1}{2\sigma_x^2\sigma_y^2}\left[(\sigma_x^2+\sigma_y^2)\left\{ u - \frac{\sigma_y^2(t-\mu_x) + \sigma_x^2\mu_y}{\sigma_x^2+\sigma_y^2} \right\}^2 \right.$$

$$\left. - \frac{\{\sigma_y^2(t-\mu_x) + \sigma_x^2\mu_y\}^2}{\sigma_x^2+\sigma_y^2} + \sigma_y^2(t-\mu_x)^2 + \sigma_x^2\mu_y^2 \right]$$

となる. さらに

$$-\frac{\{\sigma_y^2(t-\mu_x) + \sigma_x^2\mu_y\}^2}{\sigma_x^2+\sigma_y^2} + \sigma_y^2(t-\mu_x)^2 + \sigma_x^2\mu_y^2$$

$$= \frac{\sigma_x^2\sigma_y^2}{\sigma_x^2+\sigma_y^2}\left\{ (t-\mu_x)^2 - 2(t-\mu_x)\mu_y + \mu_y^2 \right\} = \frac{\sigma_x^2\sigma_y^2}{\sigma_x^2+\sigma_y^2}(t-\mu_x-\mu_y)^2$$

と変形できる. 以上より

$$P(Z \leqq z)$$
$$= \int_{-\infty}^{z} \frac{1}{\sqrt{2\pi(\sigma_x^2+\sigma_y^2)}} \exp\left\{ -\frac{(t-\mu_x-\mu_y)^2}{2(\sigma_x^2+\sigma_y^2)} \right\}$$
$$\times \left[\int_{-\infty}^{\infty} \frac{\sqrt{\sigma_x^2+\sigma_y^2}}{\sqrt{2\pi}\,\sigma_x\sigma_y} \exp\left\{ -\frac{\sigma_x^2+\sigma_y^2}{2\sigma_x^2\sigma_y^2}\left[u - \frac{\sigma_y^2(t-\mu_x) + \sigma_x^2\mu_y}{\sigma_x^2+\sigma_y^2} \right]^2 \right\} du \right] dt$$
$$= \int_{-\infty}^{z} \frac{1}{\sqrt{2\pi(\sigma_x^2+\sigma_y^2)}} \exp\left\{ -\frac{(t-\mu_x-\mu_y)^2}{2(\sigma_x^2+\sigma_y^2)} \right\} dt$$

となる. ここで u についての積分は 1 になることを利用している. よって $X+Y$ は正規分布 $N(\mu_x+\mu_y, \sigma_x^2+\sigma_y^2)$ にしたがう.

問題

8.1 X は標準正規分布 $N(0,1)$ にしたがう確率変数で，その分布関数を $\Phi(x)$ とするとき，$\Phi(X)$ は連続型一様分布にしたがうことを示せ．

ヒント $\Phi(x)$ の逆関数 $\Phi^{-1}(x)$ が存在することを使って，$0 < x < 1$ に対して $P(\Phi(X) \leqq x) = x$ を示す．

8.2 確率変数 $X_1, X_2, \cdots, X_5$ が互いに独立で同じ正規分布 $N(0,1)$ にしたがうとき，次の確率を求めよ．

(1) $P(-1 \leqq X_1 \leqq 1)$

(2) $P\left(-1 \leqq \dfrac{X_1 + X_2}{2} \leqq 1\right)$

(3) $P\left(-1 \leqq \dfrac{1}{5}\{X_1 + X_2 + \cdots + X_5\} \leqq 1\right)$

ヒント 式 (2.6) より $\sqrt{n}(\overline{X}) \sim N(0,1)$ である．これを使って，たとえば (3) は $P(-\sqrt{5} \leqq Z \leqq \sqrt{5})$ $(Z \sim N(0,1))$ となる．

8.3 X は自由度 m の χ^2-分布にしたがい，Y が自由度 n の χ^2-分布にしたがう独立な確率変数とする．このとき $X+Y$ は自由度 $m+n$ の χ^2-分布にしたがうことを示せ．

ヒント $U_1, \cdots, U_m, U_{m+1}, \cdots, U_{m+n}$ を互いに独立で同じ分布 $N(0,1)$ にしたがう確率変数とすると，X と $U_1^2 + \cdots + U_m^2$，Y と $U_{m+1}^2 + \cdots + U_{m+n}^2$ が同じ分布にしたがう．

8.4 確率変数 X_1, X_2 は独立で，それぞれ自由度 14 の χ^2-分布，自由度 20 の χ^2-分布にしたがうとき，次を満たす f の値を求めよ．

$$P(X_1 \geqq X_2 f) = 0.01$$

ヒント $\dfrac{X_1/14}{X_2/20}$ は自由度 $(14, 20)$ の F-分布にしたがう．

2.7 その他の分布

幾何分布 1回の試行で成功する確率が p であるものを，独立に繰り返すことを考える．このときはじめて成功するまでに必要な回数を X とおくと

$$P(X=k) = q^{k-1}p \quad (k=1,2,\cdots;\ 0<p<1,\ q=1-p)$$

となる．この分布を**幾何分布**と呼ぶ．

超幾何分布 N 個の球が入っている箱がある．N 個のうち M 個が赤球である．この箱から n 個を同時に取り出す試行を考える．取り出した n 個の中で赤球の個数を X とすると

$$P(X=k) = \frac{{}_M C_k \times {}_{N-M} C_{n-k}}{{}_N C_n}$$
$$(\max(0, M+n-N) \leqq k \leqq \min(n, M))$$

となる．この分布を**超幾何分布**と呼ぶ．

ガンマ分布 X の確率密度関数が

$$f(x) = \begin{cases} \dfrac{1}{\Gamma(\alpha)\beta^\alpha} x^{\alpha-1} e^{-(x/\beta)} & (x \geqq 0) \\ 0 & (x < 0) \end{cases}$$

で与えられる分布を**ガンマ分布**と呼ぶ．ただし $0<\alpha<\infty,\ 0<\beta<\infty$ である．ガンマ分布において $\alpha=1$ とおいたものは指数分布となり，また $\alpha=\dfrac{n}{2},\ \beta=2$ とおいたものは χ^2-分布になる．

ベータ分布 X の確率密度関数が

$$f(x) = \begin{cases} \dfrac{1}{B(\alpha,\beta)} x^{\alpha-1}(1-x)^{\beta-1} & (0 \leqq x \leqq 1) \\ 0 & (その他) \end{cases}$$

で与えられる分布を**ベータ分布**と呼ぶ．ただし $0<\alpha<\infty,\ 0<\beta<\infty$ である．

コーシー分布 X の確率密度関数が

$$f(x) = \frac{a}{\pi\{a^2 + (x-\mu)^2\}} \quad (-\infty < x < \infty) \tag{2.7}$$

で与えられる分布を**コーシー分布**と呼ぶ．ただし $a>0,\ -\infty<\mu<\infty$ である．

多次元正規分布 p 個の確率変数を並べた，確率ベクトル $X=(X_1, X_2, \cdots, X_p)^t$ (t は行列の転置を表す) に対して，同時確率密度関数が

$$f(\boldsymbol{x}) = \frac{1}{\sqrt{|\Sigma|}(2\pi)^{p/2}} \exp\left\{-\frac{1}{2}(\boldsymbol{x}-\boldsymbol{\mu})^t \Sigma^{-1}(\boldsymbol{x}-\boldsymbol{\mu})\right\}$$

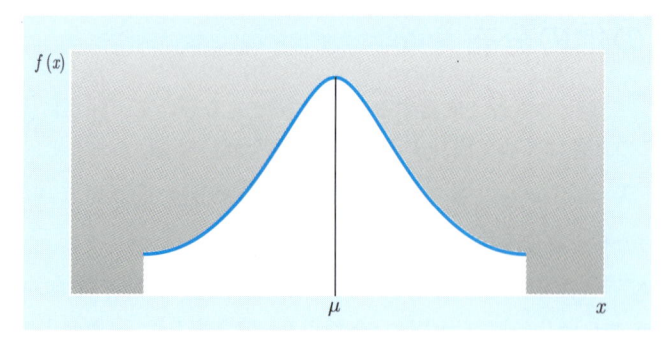

図 2.12 コーシー分布

で与えられるとき，この分布を **p 次元正規分布** $N_p(\boldsymbol{\mu}, \Sigma)$ と呼ぶ．ただし

$$\boldsymbol{x} = \begin{bmatrix} x_1 \\ x_2 \\ \vdots \\ x_p \end{bmatrix}, \quad \boldsymbol{\mu} = \begin{bmatrix} \mu_1 \\ \mu_2 \\ \vdots \\ \mu_p \end{bmatrix}, \quad \Sigma = \begin{bmatrix} \sigma_{11} & \sigma_{12} & \cdots & \sigma_{1p} \\ \sigma_{21} & \sigma_{22} & \cdots & \sigma_{2p} \\ \vdots & \vdots & \ddots & \vdots \\ \sigma_{p1} & \sigma_{p2} & \cdots & \sigma_{pp} \end{bmatrix}$$

の定数ベクトルおよび定数行列である．また，Σ は対称行列で行列式 $|\Sigma| > 0$ を満たす．p 次の正則行列 A と定数ベクトル $\boldsymbol{b}$ に対して

$$A\boldsymbol{X} + \boldsymbol{b} \quad \sim \quad N_p\Big(A\boldsymbol{\mu} + \boldsymbol{b}, A\Sigma A^t\Big)$$

である．また周辺分布も正規分布になる．

さらに p 次元正規分布において Σ が対角行列

$$\Sigma = \begin{bmatrix} \sigma_{11} & 0 & \cdots & 0 \\ 0 & \sigma_{22} & \cdots & 0 \\ \vdots & \vdots & \ddots & \vdots \\ 0 & 0 & \cdots & \sigma_{pp} \end{bmatrix}$$

のとき，2 次形式は

$$(\boldsymbol{x} - \boldsymbol{\mu})^t \Sigma^{-1} (\boldsymbol{x} - \boldsymbol{\mu}) = \sum_{i=1}^{p} \frac{1}{\sigma_{ii}} (x_i - \mu_i)^2$$

となる．したがって同時密度関数はそれぞれの周辺密度関数の積になるから，確率変数 $X_1, X_2, \cdots, X_p$ は互いに独立な確率変数となる．

これらの性質を使うと，標本平均と平方和

$$\overline{X} = \frac{1}{n} \sum_{i=1}^{n} X_i, \quad S = \sum_{i=1}^{n} (X_i - \overline{X})^2$$

に対して次の定理が成り立つ．

2.7 その他の分布

定理 2.3 $X_1, X_2, \cdots, X_n$ が互いに独立で同じ正規分布 $N(\mu, \sigma^2)$ にしたがう確率変数のとき，$\overline{X}$ と S は独立で，S/σ^2 は自由度 $n-1$ の χ^2-分布にしたがう．

例題 2.9 ──────────────────── 確率分布の条件

幾何分布
$$P(X = k) = q^{k-1}p \quad (k = 1, 2, \cdots;\ 0 < p < 1,\ q = 1-p)$$
は分布としての条件を満たしていることを示せ．

［解　答］ 条件より $0 < p, q$ だから確率は非負である．また等比級数の和の公式より
$$\sum_{k=1}^{\infty} q^{k-1} p = \frac{p}{1-q} = \frac{p}{p} = 1$$
となり分布としての条件を満たす．

────────────── 問　題 ──────────────

9.1 ガンマ分布は分布としての条件を満たすことを示せ．
　ヒント　ガンマ関数の定義に注意する．

9.2 ベータ分布は分布としての条件を満たすことを示せ．
　ヒント　ベータ関数の定義に注意する．

9.3 p 次元正規分布 $N_p(\boldsymbol{\mu}, \Sigma)$ が分布としての条件を満たすことを，Σ が対角行列のとき，すなわち
$$\Sigma = \begin{bmatrix} \sigma_{11} & 0 & \cdots & 0 \\ 0 & \sigma_{22} & \cdots & 0 \\ \vdots & \vdots & \ddots & \vdots \\ 0 & 0 & \cdots & \sigma_{pp} \end{bmatrix}$$
のときに示せ．
　ヒント　同時密度関数は
$$f(\boldsymbol{x}) = \prod_{i=1}^{p} \int_{-\infty}^{\infty} \frac{1}{\sqrt{2\pi\sigma_{ii}}} \exp\left\{-\frac{1}{2\sigma_{ii}}(x_i - \mu_i)^2\right\} dx_i$$
となる．

第3章

期待値と分散

3.1 期　待　値

X の確率分布が

表 3.1　離散型確率分布

X の値	x_1	x_2	$\cdots$	x_n	計
確率	p_1	p_2	$\cdots$	p_n	1

のとき，確率変数 X の**期待値**（または**平均**）$E(X)$ は

$$E(X) = x_1 p_1 + x_2 p_2 + \cdots + x_n p_n = \sum_{i=1}^{n} x_i p_i \tag{3.1}$$

と定義される．

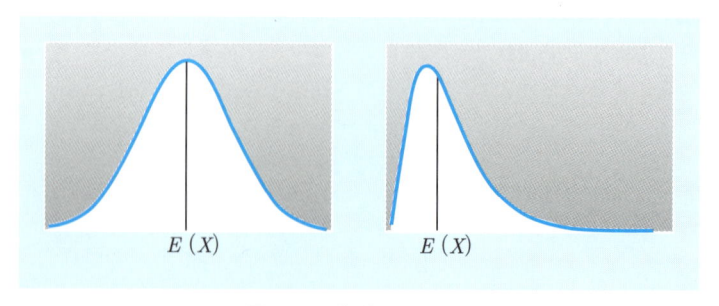

図 3.1　期待値 $E(X)$

X が確率密度関数 $f(x)$ をもつ連続型のときの期待値は

$$E(X) = \int_{-\infty}^{\infty} x f(x) dx \tag{3.2}$$

と定義される．例えば X の確率密度関数が

$$f(x) = \begin{cases} 1 & (0 \leq x \leq 1) \\ 0 & (その他) \end{cases}$$

の連続型一様分布のとき

$$E(X) = \int_{-\infty}^{\infty} xf(x)\,dx = \int_0^1 x \cdot 1\,dx = \frac{1}{2}$$

である．

期待値（平均）は，無限級数や積分が存在しないことがあり，すべての分布に定義されるものではないが，確率分布を特徴づける第 1 の指標であり，分布の位置を表すとみなすことができるため，**位置母数**とも呼ばれる．

例題 3.1 ──────────────────── 離散分布の平均 ──

1000 円の当たりが 5 本，500 円の当たりが 10 本，100 円の当たりが 30 本，はずれが 55 本である 100 本のくじがある．このくじを 1 本引く試行を考える．このとき引いたくじの賞金額を X 円とするとき X の期待値 $E(X)$ を求めよ．

[解　答]　X は確率変数であり，その分布は

表 3.2　くじの賞金と確率

X の値	0	100	500	1000	計
確率	0.55	0.3	0.1	0.05	1

となる．したがって期待値は式 (3.1) より

$$E(X) = 0 \times 0.55 + 100 \times 0.3 + 500 \times 0.1 + 1000 \times 0.05$$
$$= 130$$

このとき賞金総額は 13000 円であるから，1 本のくじには $13000/100 = 130$ 円が期待できる．これが期待値と呼ばれるゆえんである．

問題

1.1 2個のサイコロを同時に投げて，出る目の和を X とする．X の分布を求めその平均 $E(X)$ を求めよ．

[ヒント] 36 通りが等確率であることを使って分布を求める．

1.2 硬貨を同時に 3 枚投げる試行を考える．X を表の出た枚数とするとき，X の平均 $E(X)$ を求めよ．

[ヒント] X は二項分布 $B\left(3, \dfrac{1}{2}\right)$ にしたがうことを使う．

1.3 連続型確率変数 X が次の密度関数をもつとき，X の平均 $E(X)$ を求めよ．

(1) $\quad f(x) = \begin{cases} 2x & (0 < x < 1) \\ 0 & (その他) \end{cases}$

(2) $\quad f(x) = \begin{cases} \dfrac{1}{x^2} & (1 < x < \infty) \\ 0 & (その他) \end{cases}$

[ヒント] $xf(x)$ の不定積分を求めて，$-\infty$ から ∞ の定積分を計算する．

1.4 連続型確率変数 X は密度関数 $f(x)$ をもつとし，$f(x)$ のグラフは点 $x = c$ に対して線対称であるとする．X の平均が存在するものとすれば，$E(X) = c$ であることを示せ．

[ヒント] $f(-x + c) = f(x + c)$ を使って $E(X - c) = 0$ を示す．

1.5 連続型確率変数 X が密度関数

$$f(x) = \begin{cases} a + bx^2 & (0 < x < 1) \\ 0 & (その他) \end{cases}$$

をもち，その平均が $\dfrac{2}{3}$ となるように定数 a, b の値を定めよ．

[ヒント] $$\int_{-\infty}^{\infty} f(x)dx = 1, \quad \int_{-\infty}^{\infty} xf(x)dx = \dfrac{2}{3}$$

を a, b の連立方程式として解く．

3.1 期待値

◆ **関数の期待値**　$u(x)$ を関数（正確には可測関数）とすると，$Y = u(X)$ はまた確率変数となり，Y の期待値は

$$E(Y) = E[u(X)] = \sum_{i=1}^{n} u(x_i) p_i \tag{3.3}$$

となる．連続型の場合も同じで

$$E(Y) = E[u(X)] = \int_{-\infty}^{\infty} u(x) f(x)\, dx \tag{3.4}$$

で与えられる．

例題 3.2 ─────────────────────────── 関数の期待値

X を次の分布にしたがう確率変数とするとき，$Y = X^2$ の分布を求めて $E(Y)$ を計算せよ．また関数に対する計算法より期待値を求め，2つの値は一致することを示せ．

表 3.3

X の値	-2	-1	0	1	2	計
確率	$\frac{1}{9}$	$\frac{2}{9}$	$\frac{3}{9}$	$\frac{2}{9}$	$\frac{1}{9}$	1

[**解　答**]　X の分布の定義より $Y = X^2$ の分布を求めると Y のとりうる値は $0, 1, 4$ でその確率は

$$P(Y = 0) = P(X = 0) = \frac{3}{9},$$
$$P(Y = 1) = P(X = -1) + P(X = 1) = \frac{4}{9},$$
$$P(Y = 4) = \frac{2}{9}$$

となる．したがって式 (3.1) より

$$E(Y) = 0 \times \frac{3}{9} + 1 \times \frac{4}{9} + 4 \times \frac{2}{9} = \frac{4}{3}$$

他方，関数の期待値として考えると式 (3.3) より

$$E(X^2) = (-2)^2 \times \frac{1}{9} + (-1)^2 \times \frac{2}{9} + 0^2 \times \frac{3}{9} + 1^2 \times \frac{2}{9} + 2^2 \times \frac{1}{9}$$
$$= 4 \times \frac{1}{9} + 1 \times \frac{2}{9} + 0 \times \frac{3}{9} + 1^2 \times \frac{2}{9} + 4 \times \frac{1}{9} = \frac{4}{3}$$

以上より 2 つの期待値は一致する．

問題

2.1 離散型確率変数 X の分布が

$$p_j = \begin{cases} \dfrac{1}{5} & (j=1,2,3,4,5) \\ 0 & (その他) \end{cases}$$

で与えられるとする．このとき，$E(X)$，$E(X^2)$，$E[(X+2)^2]$ を求めよ．

ヒント 離散型の期待値の定義 (3.1) と (3.3) を使う．

2.2 確率変数 X の確率密度関数が次で与えられるとき，$Y=2X-1$ および $Z=X^3$ の期待値を求めよ．

$$f(x) = \begin{cases} 2x & (0<x<1) \\ 0 & (その他) \end{cases}$$

ヒント $\int_{-\infty}^{\infty}(2x-1)f(x)dx$，$\int_{-\infty}^{\infty}x^3 f(x)dx$ を求める．

2.3 連続型確率変数 X の密度関数が

$$f(x) = \begin{cases} \dfrac{x+2}{18} & (-2<x<4) \\ 0 & (その他) \end{cases}$$

で与えられるとする．このとき，$E(X)$ と $E[(X+2)^2]$ を求めよ．

ヒント $\int_{-\infty}^{\infty}xf(x)dx$，$\int_{-\infty}^{\infty}(x+2)^2 f(x)dx$ を求める．

3.1 期 待 値

◆ **期待値の線形性** 　2変数関数 $v(x,y)$ と2つの確率変数 (X,Y) に対して，確率変数 $v(X,Y)$ の期待値は，(X,Y) が離散型のとき

$$E[v(X,Y)] = \sum_{i=1}^{m}\sum_{j=1}^{n} v(x_i, y_j) P(X=x_i, Y=y_j)$$

で与えられ，連続型のときは

$$E[v(X,Y)] = \iint_{\mathbf{R}^2} v(x,y) f(x,y)\, dxdy$$

で与えられる．

> **定理 3.1** 　期待値について次の線形性が成り立つ．
> (1) 　X を確率変数，a, b を定数とするとき
> $$E(aX+b) = aE(X) + b \tag{3.5}$$
> (2) 　2つの確率変数 X, Y と定数 a, b, c に対して
> $$E(aX+bY+c) = aE(X) + bE(Y) + c \tag{3.6}$$

表 **3.4**　代表的な分布の平均

分布	平均 $E(X)$
離散型一様分布	$\dfrac{n+1}{2}$
二項分布 $B(n,p)$	np
ポアソン分布 $Po(\lambda)$	λ
連続型一様分布 $U(a,b)$	$\dfrac{a+b}{2}$
指数分布	α
正規分布 $N(\mu, \sigma^2)$	μ
自由度 n の χ^2-分布	n

例題 3.3 ────────────────────────── 期待値の線形性

X を確率変数，a, b を定数とするとき
$$E[(aX+b)^2] = a^2 E(X^2) + 2abE(X) + b^2$$
が成り立つことを示せ．

[解 答] X が連続型確率変数のときを証明する．密度関数を $f(x)$ とすると

$$\int_{\mathbf{R}} (ax+b)^2 f(x)\, dx = \int_{-\infty}^{\infty} (a^2 x^2 + 2abx + b^2) f(x)\, dx$$
$$= a^2 \int_{-\infty}^{\infty} x^2 f(x)\, dx + 2ab \int_{-\infty}^{\infty} x f(x)\, dx + b^2 \int_{-\infty}^{\infty} f(x)\, dx$$
$$= a^2 E(X^2) + 2ab E(X) + b^2$$

──────────── 問　題 ────────────

3.1 確率変数 X を $-n, -n+1, \cdots, -1, 0, 1, \cdots, n$ の値を等確率でとる離散型一様分布とするとき，$Y = 5X + 3$ および $Z = 3X^2 + 1$ の期待値を求めよ．
　ヒント $E(X), E(X^2)$ を求めて，期待値の線形性 (3.5) を使う．

3.2 X, Y の同時確率密度関数が
$$f(x, y) = \begin{cases} 2 & (x, y \geqq 0,\ x + y \leqq 1) \\ 0 & (その他) \end{cases}$$
で与えられるとき，$E(2X + 4Y + 3)$ および $E(X^2 + Y^2)$ を求めよ．
　ヒント X の周辺確率密度関数は $2(1-x)\ (0 < x \leqq 1), 0\,(その他)$ となる．この周辺密度について $E(X), E(X^2)$ を求め，期待値の線形性 (3.5), (3.6) を使う．Y についても同様．

3.3 X, Y は確率変数で $i = 1, 2, 3; a < b$ に対して
$$P(X = i, a \leqq Y \leqq b) = \frac{1}{3} \int_a^b f_i(y)\, dy$$
とする．ただし
$$f_i(y) = \begin{cases} \dfrac{1}{i} e^{-y/i} & (x \geqq 0) \\ 0 & (その他) \end{cases}$$
である．このとき $E(2X + 4Y + 3)$ を求めよ．
　ヒント X および Y の周辺分布を求め，$E(X), E(Y)$ を計算し，期待値の線形性 (3.6) を使う．

---例題 3.4------------------------------------二項分布の平均---

$X_1, X_2, \cdots, X_n$ を互いに独立で下記の同じ分布(ベルヌーイ分布 (2.5))にしたがう確率変数とする.
$$P(X_i = 1) = p, \quad P(X_i = 0) = 1 - p \quad (0 < p < 1)$$
このとき $X = \sum_{i=1}^{n} X_i$ は二項分布 $B(n, p)$ にしたがう. これを利用して二項分布の平均は
$$E(X) = np$$
であることを示せ.

[解 答] 期待値の定義 (3.1) より
$$E(X_i) = 1 \times P(X_i = 1) + 0 \times P(X_i = 0)$$
$$= 1 \times p + 0 \times (1 - p) = p$$

$X_1, X_2, \cdots, X_n$ を互いに独立で下記の同じ分布にしたがうから,期待値の線形性 (3.6) より
$$E(X) = E\left(\sum_{i=1}^{n} X_i\right) = \sum_{i=1}^{n} E(X_i) = \sum_{i=1}^{n} p = np$$

問 題

4.1 X をサイコロを 1 個投げたときの目の数とするとき,平均 $E(X)$ を求めよ.
 ヒント X は $n = 6$ の離散型一様分布にしたがう.

4.2 X を $a = 1, \mu = 0$ のコーシー分布 (2.7) にしたがう確率変数とするとき,平均 $E(X)$ は存在しないことを示せ.
 ヒント $(\log(1 + x^2))' = \dfrac{2x}{1 + x^2}$ を使って,広義積分が存在しないことを示す.

4.3 X が自由度 $n (\geqq 2)$ の t-分布にしたがうとき,平均 $E(X)$ を求めよ.
 ヒント t-分布の密度関数は $x = 0$ について線対称であることを使う.

4.4 X がガンマ分布にしたがうとき,平均 $E(X)$ を求めよ.
 ヒント ガンマ関数の性質 $\Gamma(\alpha + 1) = \alpha \Gamma(\alpha)$ を使って,密度関数の積分は 1 となることを利用する.

4.5 X がベータ分布にしたがうとき,平均 $E(X)$ を求めよ.
 ヒント ベータ関数の性質 $B(\alpha, \beta) = \dfrac{\alpha + \beta}{\alpha} B(\alpha + 1, \beta)$ を使って,密度関数の積分は 1 となることを利用する.

3.2 分散

確率変数 X に対して平均を $\mu = E(X)$ とおき，関数

$$u(x) = (x - \mu)^2$$

を考えて，X の分布を特徴づける第2の指標の**分散** $V(X)$ が

$$\begin{align} V(X) &= E[(X - \mu)^2] \\ &= E[(X - E(X))^2] \end{align} \tag{3.7}$$

と定義される．

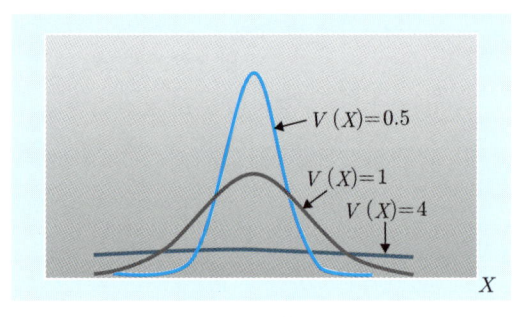

図 3.2 分散 $V(X)$

> **定理 3.2** 確率変数 X の平均を μ とおき，a, b を定数とすると
> $$V(X) = E(X^2) - \mu^2,$$
> $$V(aX + b) = a^2 V(X)$$
> が成り立つ．

散らばりの度合いを表すときに，関連した**標準偏差**

$$D(X) = \sqrt{V(X)}$$

を利用することもある．主な分布の分散は次で与えられる．

3.2 分　　散

表 3.5 代表的な分布の分散

分布	分散 $V(X)$
離散型一様分布	$\dfrac{n^2-1}{12}$
二項分布 $B(n,p)$	$np(1-p)$
ポアソン分布 $Po(\lambda)$	λ
連続型一様分布　$U(a,b)$	$\dfrac{(b-a)^2}{12}$
指数分布	α^2
正規分布　$N(\mu,\sigma^2)$	σ^2
自由度 n の χ^2-分布	$2n$

─── **例題 3.5** ─────────────────── χ^2-分布の平均 ───

χ^2 が自由度 n の χ^2-分布にしたがうとき平均は

$$E(\chi^2) = n$$

となることを χ^2-分布の導出法を使って示せ.

[解　答] $U_1, U_2, \cdots, U_n$ を互いに独立で同じ標準正規分布 $N(0,1)$ にしたがう確率変数とすると $\sum_{i=1}^{n} U_i^2$ が自由度 n の χ^2-分布にしたがう.

$$E(U_i^2) = V(U_i) = 1$$

だから期待値の線形性 (3.6) より

$$E\left(\sum_{i=1}^{n} U_i^2\right) = \sum_{i=1}^{n} E(U_i^2) = n$$

問 題

5.1 確率変数 X と定数 a, b に対して
$$V(aX + b) = a^2 V(X)$$
が成り立つことを示せ.

ヒント $\mu = E(X)$ とおいて，分散の定義と期待値の線形性 (3.6) を使う.

5.2 X は任意の実数 a に対して $E[(X-a)^2]$ が存在するような確率変数とする. このとき，$E[(X-a)^2]$ は $a = E(X)$ のとき最小となることを示せ.

ヒント $\mu = E(X)$ とおいて $E[\{X - \mu + (\mu - a)\}^2]$ を展開し
$$E[(X - \mu)(\mu - a)] = 0$$
となることを使う.

5.3 連続型一様分布 $U(a,b)$ の分散は $\dfrac{(b-a)^2}{12}$ となることを示せ.

ヒント $V(X) = E(X^2) - \{E(X)\}^2$ を使って定義通りに期待値を計算する.

5.4 自由度 n の χ^2-分布の分散は $2n$ となることを示せ.

ヒント ガンマ関数の性質
$$\Gamma\left(\frac{n+4}{2}\right) = \frac{(n+2)n}{4}\Gamma\left(\frac{n}{2}\right)$$
を使う.

5.5 関数
$$f(x) = \begin{cases} cxe^{-(x^2/2)} & (x > 0) \\ 0 & (\text{その他}) \end{cases}$$
が確率密度関数となるように定数 c を定め，確率変数 X の平均および分散を求めよ.

ヒント $(0, \infty)$ での積分が 1 となるように c を決める．その後，部分積分を使って平均および分散を求める.

5.6 連続型確率変数 X が密度関数
$$f(x) = \begin{cases} 6x(1-x) & (0 < x < 1) \\ 0 & (\text{その他}) \end{cases}$$
をもつとする．このとき $P(\mu - 2\sigma < X < \mu + 2\sigma)$ を求めよ．ただし $\mu = E(X), \sigma^2 = V(X)$ である.

ヒント $E(X)$ と $V(X)$ を求めて，$\mu - 2\sigma, \mu + \sigma$ を計算する.

◆ **共分散** 次に2次元以上の確率分布を特徴付けるのに必要な**共分散**を定義する. 2つの確率変数 (X, Y) に対して, $\mu_x = E(X)$, $\mu_y = E(Y)$ とおくとき

$$\mathrm{Cov}(X, Y) = E[(X - \mu_x)(Y - \mu_y)]$$
$$= E[(X - E(X))(Y - E(Y))]$$

を X と Y の共分散と呼ぶ. $\mathrm{Cov}(X, Y) > 0$ のときは, X が大きければ Y も大きくなる確率が大という関係を表し, $\mathrm{Cov}(X, Y) < 0$ のときは逆に X が大きければ Y は小さくなる確率が大という関係を表す. 確率変数 (X, Y) に対して次の定理が成り立つ.

定理 3.3 (X, Y) を2つの確率変数とする.
(1) $\mathrm{Cov}(X, Y) = \mathrm{Cov}(Y, X) = E(XY) - E(X)E(Y)$
(2) 定数 a, b に対して $\mathrm{Cov}(aX, bY) = ab\,\mathrm{Cov}(X, Y)$
(3) $V(X + Y) = V(X) + V(Y) + 2\,\mathrm{Cov}(X, Y)$
(4) X と Y が独立ならば
(i) $E(XY) = E(X)E(Y)$
(ii) $\mathrm{Cov}(X, Y) = 0$
(iii) $V(X + Y) = V(X) + V(Y)$
(5) (X, Y, Z) を3次元確率ベクトルとするとき
$$\mathrm{Cov}(X + Y, Z) = \mathrm{Cov}(X, Z) + \mathrm{Cov}(Y, Z) \tag{3.8}$$

この性質を使うと統計的推測で重要な, 標本平均の期待値および分散が次のように求まる.

定理 3.4 $X_1, X_2, \cdots, X_n$ を互いに独立で同じ分布にしたがう確率変数とする. この分布の平均を $\mu = E(X_i)$, 分散を $\sigma^2 = V(X_i)$ とおく. このとき標本平均

$$\overline{X} = \frac{1}{n}\sum_{i=1}^{n} X_i$$

に対して

$$E(\overline{X}) = \mu, \quad V(\overline{X}) = \frac{\sigma^2}{n}$$

が成り立つ.

X と Y の関係をみるときには，定数倍について不変な**相関係数** $\rho(X,Y)$

$$\rho(X,Y) = \frac{\mathrm{Cov}(X,Y)}{\sqrt{V(X)V(Y)}}$$

を利用することが多い．すなわち定数 $a,b>0$ に対して

$$\rho(aX,bY) = \rho(X,Y)$$

が成り立つ．

> 定理 3.5　相関係数は
> $$-1 \leqq \rho(X,Y) \leqq 1$$
> である．

定数 a,b に対して，$Y = aX+b$ の線形の関係があるときだけ

$$|\rho(X,Y)| = 1$$

となる．

具体的な共分散の例としては次が知られている．

(1)　$X_1, X_2, \cdots, X_k$ を多項分布にしたがっているとする．このとき

$$\begin{aligned}
E(X_i) &= np_i & (i=1,2,\cdots,k) \\
V(X_i) &= np_i(1-p_i) & (i=1,2,\cdots,k) \\
\mathrm{Cov}(X_i, X_j) &= -np_ip_j & (i \neq j)
\end{aligned}$$

となる．

(2)　(X_1, X_2) が 2 次元正規分布 $N_2(\mu_1, \mu_2, \sigma_1^2, \sigma_2^2, \rho)$ にしたがうとき，共分散は $\mathrm{Cov}(X_1, X_2) = \rho\sigma_1\sigma_2$ で

$$\rho(X_1, X_2) = \rho$$

となる．

例題 3.6　　　　　　　　　　　　　　　　　　　　　　共分散の性質

X, Y, Z を確率変数とし，a, b, c を定数とするとき，共分散に対して

$$\mathrm{Cov}(aX+bY+c, Z) = a\,\mathrm{Cov}(X,Z) + b\,\mathrm{Cov}(Y,Z)$$

が成り立つことを示せ．

［解　答］　$E(X) = \mu_x, E(Y) = \mu_y, E(Z) = \mu_z$ とおくと，期待値の線形性 (3.6)

から
$$E(aX + bY + c) = a\mu_x + b\mu_y + c$$
したがって再び期待値の線形性 (3.6) より
$$\begin{aligned}
&\mathrm{Cov}(aX + bY + c, Z) \\
&= E[\{aX + bY + c - (a\mu_x + b\mu_y + c)\}(Z - \mu_z)] \\
&= E[\{a(X - \mu_x) + b(Y - \mu_y)\}(Z - \mu_z)] \\
&= E[a(X - \mu_x)(Z - \mu_z) + b(Y - \mu_y)(Z - \mu_z)] \\
&= aE[(X - \mu_x)(Z - \mu_z)] + bE[(Y - \mu_y)(Z - \mu_z)] \\
&= a\,\mathrm{Cov}(X, Z) + b\,\mathrm{Cov}(Y, Z)
\end{aligned}$$

問題

6.1 $X_1, X_2, \cdots, X_n$ を互いに独立で同じベルヌーイ分布 (2.5) にしたがう確率変数とする．このとき $X = \sum_{i=1}^{n} X_i$ は二項分布 $B(n, p)$ にしたがうことを使って二項分布の分散を求めよ．

ヒント $V(X_i) = p(1-p)$ となることを示し，独立な確率変数の和の分散はそれぞれの分散の和になることを使う．

6.2 確率変数 X, Y に対して $E(X) = \mu_1$, $E(Y) = \mu_2$, $V(X) = \sigma_1^2$, $V(Y) = \sigma_2^2$, $\mathrm{Cov}(X, Y) = \sigma_{12}$ とおく．さらに $T = 2X + Y$, $U = X - 2Y$ とおくとき
$$E(T), \quad V(T), \quad V(U), \quad \mathrm{Cov}(T, U)$$
を $\mu_1, \mu_2, \sigma_1^2, \sigma_2^2, \sigma_{12}$ を使って表せ．

ヒント 期待値の線形性と 定理 3.3 の (3), (5) を使う．

6.3 X, Y を確率変数，a, b, c を定数とすると
$$V(aX + bY + c) = a^2 V(X) + b^2 V(Y) + 2ab\,\mathrm{Cov}(X, Y)$$
が成り立つことを示せ．

ヒント 期待値の線形性 (3.6) と分散の定義 (3.7) を使う．

6.4 確率変数 X, Y に対して，$V(X) = V(Y)$ であると仮定する．このとき $U = X + Y$, $W = X - Y$ とおくと
$$\mathrm{Cov}(U, W) = 0$$
となることを示せ．

ヒント 定理 3.3 の (5) を 2 回使って変形する．

3.3 中心極限定理

X を二項分布 $B(n,p)$ にしたがう確率変数とすると $E(X) = np, V(X) = np(1-p)$ であった。このとき

$$\lim_{n\to\infty} P\left(\frac{X-E(X)}{\sqrt{V(X)}} \leqq x\right) = \lim_{n\to\infty} P\left(\frac{X-np}{\sqrt{np(1-p)}} \leqq x\right)$$
$$= \int_{-\infty}^{x} \frac{1}{\sqrt{2\pi}} e^{-(t^2/2)} dt$$

が成り立つ．これは**ド・モアブル-ラプラスの定理**として知られている．この定理は以下に述べる標本平均に対する**中心極限定理**の特別な場合である．

> **定理 3.6**（**中心極限定理**）$X_1, X_2, \cdots, X_n$ を互いに独立で同じ分布にしたがう確率変数とする．このとき $E(X_i) = \mu, V(X_i) = \sigma^2 > 0$ が存在するならば，$\overline{X} = \sum_{i=1}^{n} X_i \Big/ n$ に対して
>
> $$\lim_{n\to\infty} P\left(\frac{\overline{X} - E(\overline{X})}{\sqrt{V(\overline{X})}} \leqq x\right) = \lim_{n\to\infty} P\left(\frac{\sqrt{n}(\overline{X}-\mu)}{\sigma} \leqq x\right)$$
> $$= \int_{-\infty}^{x} \frac{1}{\sqrt{2\pi}} e^{-(t^2/2)} dt$$
>
> が成り立つ．

したがって $\overline{X}$ を標準化した $\dfrac{\sqrt{n}(\overline{X}-\mu)}{\sigma}$ は近似的に標準正規分布にしたがう．

3.3 中心極限定理

---**例題 3.7**--- 二項分布の正規近似

コインを 1000 回投げる試行を考える．このとき表の出る回数が 490 回以上から 510 回以下になる確率を正規近似を使って求めよ．

[**解 答**] 表の出る回数を X とおくと，X は二項分布 $B(1000, 0.5)$ にしたがう．
$$E(X) = 1000 \times 0.5 = 500, \quad V(X) = 1000 \times 0.5 \times 0.5 = 250$$
だから，ド・モアブル-ラプラスの定理より G を標準正規分布にしたがう確率変数とすると付表1を使って

$$P(490 \leqq X \leqq 510)$$
$$= P\left(\frac{490-500}{\sqrt{250}} \leqq \frac{X-500}{\sqrt{250}} \leqq \frac{510-500}{\sqrt{250}}\right)$$
$$\approx P(-0.6325 \leqq G \leqq 0.6325)$$
$$= 1 - 2P(G \geqq 0.6325)$$
$$\approx 1 - 2 \times 0.2643$$
$$= 0.4714$$

問 題

7.1 コインを 10000 回投げる試行を考える．このとき表の出る回数 X が 4900 回以上から 5100 回以下になる確率を正規近似を使って求めよ．

ヒント X は二項分布 $B(10000, 0.5)$ にしたがうことを使い，ド・モアブル-ラプラスの定理を適用する．

7.2 $X_1, X_2, \cdots, X_n$ を互いに独立で同じベルヌーイ分布 (2.5) にしたがう確率変数とする．このとき $X = \sum_{i=1}^{n} X_i$ は二項分布 $B(n, p)$ にしたがう．このことを使ってド・モアブル-ラプラスの定理は中心極限定理の特別な場合であることを示せ．

ヒント $\dfrac{X}{n} = \overline{X}$ に中心極限定理を適用する．

第4章

統計的推定

4.1 点推定

$X_1, X_2, \cdots, X_n$ を互いに独立で同じ分布（**母集団分布**と呼ぶ）$F_\theta(x)$ にしたがう確率変数とし（**無作為標本**と呼ぶ），n 個のデータ $x_1, x_2, \cdots, x_n$ を確率変数 $X_1, X_2, \cdots, X_n$ のとりうる値の 1 つ（**実現値**）とみなす．母集団分布を特徴付ける**母数**（パラメータ）θ は平均，分散，相関係数などの定数である．これらを母数であることを明確にするときには**母平均，母分散，母相関係数**と呼ぶ．推定は 1 点だけを決める**点推定**と，ある幅をもたせて推定する**区間推定**がある．

点推定は，確率変数の関数である**推定量**

$$T = T(X_1, X_2, \cdots, X_n)$$

を決めて，実際のデータを代入した実現値（**推定値**と呼ぶ）

$$t = T(x_1, x_2, \cdots, x_n)$$

を母数 θ とみなすという形で定式化される．

◆ **母平均の推定** 母平均の点推定で 1 番よく知られているのが，**標本平均**

$$\begin{aligned}\overline{X} &= \frac{1}{n}(X_1 + X_2 + \cdots + X_n) \\ &= \frac{1}{n}\sum_{i=1}^{n} X_i\end{aligned}$$

である．標本平均の期待値と分散は次の式で与えられる（定理 3.4 参照）．

$$\begin{aligned}E(\overline{X}) &= \mu, \\ V(\overline{X}) &= \frac{\sigma^2}{n} \quad (V(X_1) = \sigma^2)\end{aligned} \tag{4.1}$$

4.1 点推定

母平均の推定では，標本平均の他に**標本中央量（メディアン）**も使われる．$X_1, X_2, \cdots, X_n$ を大きさの順に並びかえて，$X_{[1]} \leqq X_{[2]} \leqq \cdots \leqq X_{[n]}$ なる**順序統計量**を考えると，標本中央量 $\widetilde{X}$ は

$$\widetilde{X} = \begin{cases} X_{[(n+1)/2]} & (n : 奇数) \\ \frac{1}{2}\left(X_{[n/2]} + X_{[(n/2)+1]}\right) & (n : 偶数) \end{cases}$$

で与えられる．

◆ **母分散の推定**　　母分散 $\sigma^2 = V(X_i)$ の推定量としては 2 つの標本分散

$$V = \frac{S}{n-1}, \qquad \widetilde{V} = \frac{S}{n} \tag{4.2}$$

が利用される．ただし S は

$$S = \sum_{i=1}^{n}(X_i - \overline{X})^2 = \sum_{i=1}^{n} X_i^2 - \frac{\left(\sum\limits_{i=1}^{n} X_i\right)^2}{n}$$

の**平方和**である．

◆ **共分散および母相関係数の推定**　　$(X_1, Y_1), \cdots, (X_n, Y_n)$ を 2 次元母集団分布からの無作為標本とすると，共分散 $\mathrm{Cov}(X_1, Y_1)$ の推定量としては

$$\frac{1}{n-1}\sum_{i=1}^{n}(X_i - \overline{X})(Y_i - \overline{Y})$$

がある．また関連する母相関係数の推定量は

$$R = \frac{\sum\limits_{i=1}^{n}(X_i - \overline{X})(Y_i - \overline{Y})}{\sqrt{\sum\limits_{i=1}^{n}(X_i - \overline{X})^2 \sum\limits_{i=1}^{n}(Y_i - \overline{Y})^2}}$$

が使われる．

推定のよさの規準には，(1) **一致性**，(2) **不偏性**，(3) **最尤性**がある．

◆ **一致性**　　推定量 $T = T(X_1, X_2, \cdots, X_n)$ に対して

$$\lim_{n \to \infty} P(|T - \theta| < k) = 1$$

が $k > 0$ について成り立つとき，T は母数 θ の**一致推定量**であるという．標本平均

$\overline{X}$ は母平均 $\mu = E(X_i)$ の一致推定量である．これは**大数の法則**として知られている．大数の法則は**チェビシェフの不等式**と呼ばれる次の不等式と式 (4.1) を使って示せる．

> **定理 4.1 （チェビシェフの不等式）** 平均 $\mu = E(X)$，分散 $\sigma^2 = V(X)$ が存在する確率変数 X と定数 $k > 0$ に対して
> $$P(|X - \mu| \geqq k) \leqq \frac{\sigma^2}{k^2}$$

例題 4.1 ──────────────────────── 大数の法則 ─

標本平均 $\overline{X}$ に対して
$$P(|\overline{X} - \mu| < k) \geqq 1 - \frac{\sigma^2}{nk^2}$$
が成り立つことを示し，$\overline{X}$ は μ の一致推定量となることを示せ．

[**解 答**] $E(\overline{X}) = \mu$ であるから，余事象の確率 (1.4) とチェビシェフの不等式より
$$P(|\overline{X} - \mu| < k) = 1 - P(|\overline{X} - \mu| \geqq k)$$
$$\geqq 1 - \frac{V(\overline{X})}{k^2}$$
ここで
$$V(\overline{X}) = \frac{\sigma^2}{n}$$
であるから，不等式が成り立つ．また確率は必ず 1 以下であるから
$$1 \geqq P(|\overline{X} - \mu| < k) \geqq 1 - \frac{\sigma^2}{nk^2}$$
となる．$n \to \infty$ とすると右辺 $\to 1$ となるから
$$\lim_{n \to \infty} P(|\overline{X} - \mu| < k) = 1$$
すなわち $\overline{X}$ は μ の一致推定量である．

問題

1.1 平方和について
$$S = S = \sum_{i=1}^{n}(X_i - \overline{X})^2 = \sum_{i=1}^{n}X_i^2 - \frac{\left(\sum_{i=1}^{n}X_i\right)^2}{n}$$
が成り立つことを示せ.

[ヒント] $(X_i - \overline{X})^2$ を展開して $n\overline{X} = \sum_{i=1}^{n}X_i$ を使う.

1.2 チェビシェフの不等式が成り立つことを離散型分布のときに示せ.

[ヒント] 分散 σ^2 の定義式 (3.7) で和を
$$|x_i - \mu| \geqq k \quad \text{と} \quad |x_i - \mu| < k$$
に分ける.

1.3 $X_1, X_2, \cdots, X_9$ を正規分布 $N(\mu, 4)$ からの無作為標本とするとき
$$P(|\overline{X} - \mu| \geqq 1)$$
の正確な確率と,チェビシェフの不等式による評価とを比較せよ.

[ヒント] $\frac{1}{9}\sum_{i=1}^{9}X_i \sim N\left(\mu, \frac{4}{9}\right)$ となることを使う.

1.4 X を二項分布 $B(n,p)$ にしたがう確率変数とするとき,$\frac{X}{n}$ は p の一致推定量となることを示せ.

[ヒント] $X_1, X_2, \cdots, X_n$ を互いに独立で同じベルヌーイ分布 (2.5) にしたがう確率変数とする.このとき $\sum_{i=1}^{n}X_i$ は二項分布 $B(n,p)$ にしたがう.

1.5 X を $E(X) = 2, E(X^2) = 8$ となる確率変数とする.このとき,チェビシェフの不等式を用いて,確率 $P(-2 < X < 6)$ に対する下限を求めよ.

[ヒント] $-2 < X < 6$ は $-4 < X - 2 < 4$ と同値なことと,余事象の確率 (1.4) を使う.

1.6 離散型確率変数 X は,点 $x = -1, 0, 1$ において,おのおの確率 $1/8, 6/8, 1/8$ をもつとする.このとき
$$P(|X| \geqq 1) = \sigma^2 = V(X)$$
となることを示せ.

[ヒント] 期待値 $\mu = E(X)$ と分散 $\sigma^2 = V(X)$ を計算し,確率を比較する.この問題は,一般にはチェビシェフの不等式は改良できないことを示すものである.

◆ **不偏性**　推定量 $T = T(X_1, X_2, \cdots, X_n)$ の期待値が母数 θ に一致するとき，すなわち

$$E(T) = \theta$$

が成り立つとき，T を**不偏推定量**と呼ぶ．

例題 4.2　　　　　　　　　　　　　　　　　　　　　　　　線形不偏推定量

$X_1, X_2, \cdots, X_n$ を互いに独立で同じ母集団分布にしたがう確率変数とし，$c_1, c_2, \cdots, c_n$ を $\sum_{i=1}^{n} c_i = 1$ となる定数とする．$E(X) = \mu$ が存在するとき，線形推定量 $\sum_{i=1}^{n} c_i X_i$ は μ の不偏推定量であることを示せ．また線形推定量の中で分散が一番小さいのは標本平均 $\overline{X}$ であることを示せ．

［**解　答**］　期待値の線形性 (3.5) より

$$E\left(\sum_{i=1}^{n} c_i X_i\right) = \sum_{i=1}^{n} c_i E(X_i) = \sum_{i=1}^{n} c_i \mu$$

$$= \mu \sum_{i=1}^{n} c_i = \mu$$

したがって不偏推定量である．

独立な確率変数の和の分散に対する定理 3.3 より，線形不偏推定量の分散は

$$V\left(\sum_{i=1}^{n} c_i X_i\right) = \sum_{i=1}^{n} c_i^2 V(X_i) = \sigma^2 \sum_{i=1}^{n} c_i^2$$

となる．ここで $\sum_{i=1}^{n} c_i = 1$ より

$$0 \leq \sigma^2 \sum_{i=1}^{n} \left(c_i - \frac{1}{n}\right)^2$$

$$= \sigma^2 \sum_{i=1}^{n} \left(c_i^2 - \frac{2}{n} c_i + \frac{1}{n^2}\right)$$

$$= \sigma^2 \left(\sum_{i=1}^{n} c_i^2 - \frac{2}{n} \sum_{i=1}^{n} c_i + \sum_{i=1}^{n} \frac{1}{n^2}\right)$$

$$= \sigma^2 \left(\sum_{i=1}^n c_i^2 - \frac{1}{n} \right)$$

$$= V\left(\sum_{i=1}^n c_i X_i \right) - V(\overline{X})$$

である．よって線形不偏推定量の中で分散が一番小さいのは標本平均 $\overline{X}$ である．

問 題

2.1 X が二項分布 $B(n,p)$ にしたがうとき，$\dfrac{X}{n}$ は p の不偏推定量であることを示せ．

ヒント $E(X) = np$ と期待値の線形性 (3.5) を使う．

2.2 $X_1, X_2, \cdots, X_n$ をポアソン分布 $Po(\lambda)$ からの無作為標本とするとき，標本平均 $\overline{X}$ は λ の不偏推定量であることを示せ．

ヒント 標本平均の性質を使う．

2.3 $X_1, X_2, \cdots, X_n$ を確率密度関数（指数分布）

$$f_\theta(x) = \begin{cases} \theta e^{-\theta x} & (x \geqq 0) \\ 0 & (x < 0) \end{cases}$$

（ただし $\theta > 0$）をもつ母集団からの無作為標本とするとき，$\overline{X}$ は $\dfrac{1}{\theta}$ の不偏推定量であることを示せ．

ヒント X_i の平均を求める．

2.4 $X_1, X_2, \cdots, X_n$ を一様分布 $U(0, \theta)$ からの無作為標本とするとき，$2\overline{X}$ は θ の不偏推定量であることを示せ．

ヒント 一様分布の平均は $\dfrac{\theta}{2}$ であることを使う．

◆ 母分散，共分散の不偏性

母平均 μ が未知のときは，標本不偏分散

$$V = \frac{1}{n-1}\sum_{i=1}^{n}(X_i - \overline{X})^2$$

が σ^2 の不偏推定量である．またこの標本不偏分散は，一致推定量になる．同様に**標本不偏共分散**

$$\frac{1}{n-1}\sum_{i=1}^{n}(X_i - \overline{X})(Y_i - \overline{Y})$$

は共分散 $\mathrm{Cov}(X, Y)$ の不偏推定量である．

例題 4.3 ─────────────────── 分散の不偏推定 ─

$X_1, X_2, \cdots, X_n$ を無作為標本とし，$E(X_i) = \mu$, $V(X_i) = \sigma^2$ とするとき

$$T = -\frac{1}{n-1}\sum_{i=1}^{n}\sum_{j\neq i}^{n}(X_i - \overline{X})(X_j - \overline{X})$$

は母分散 σ^2 の不偏推定量であることを示せ．また V を式 (4.2) の標本不偏分散とするとき $T = V$ が成り立つことを示せ．

[解　答] 期待値の線形性 (3.5) より

$$E(T) = -\frac{1}{n-1}\sum_{i=1}^{n}\sum_{j\neq i}^{n}E\bigl[(X_i - \overline{X})(X_j - \overline{X})\bigr]$$

ここで $i \neq j$ に対して

$$\begin{aligned}
&E\bigl[(X_i - \overline{X})(X_j - \overline{X})\bigr] \\
&= E\bigl[\{X_i - \mu - (\overline{X} - \mu)\}\{X_j - \mu - (\overline{X} - \mu)\}\bigr] \\
&= E[(X_i - \mu)(X_j - \mu)] - E\bigl[(X_i - \mu)(\overline{X} - \mu)\bigr] \\
&\quad - E\bigl[(X_j - \mu)(\overline{X} - \mu)\bigr] + E\bigl[(\overline{X} - \mu)^2\bigr]
\end{aligned}$$

さらに $E(\overline{X}) = \mu$ と式 (4.1) より

$$E\bigl[(\overline{X} - \mu)^2\bigr] = V(\overline{X}) = \frac{\sigma^2}{n}$$

また $X_i - \mu$ と $X_j - \mu$ は $i \neq j$ のとき独立だから，独立な確率変数の積についての期待値の性質 定理 3.3 より

$$E[(X_i - \mu)(X_j - \mu)] = E(X_i - \mu)E(X_j - \mu) = 0$$

が成り立ち

$$E\bigl[(X_i - \mu)(\overline{X} - \mu)\bigr] = E\left[(X_i - \mu)\frac{1}{n}\sum_{j=1}^{n}(X_j - \mu)\right]$$

$$= \frac{1}{n}\sum_{j=1}^{n} E\bigl[(X_i - \mu)(X_j - \mu)\bigr]$$

$$= \frac{1}{n}\Bigl\{ E\bigl[(X_i - \mu)^2\bigr] + \sum_{j \neq i} E\bigl[(X_i - \mu)\bigr]E\bigl[(X_j - \mu)\bigr]\Bigr\}$$

$$= \frac{\sigma^2}{n}$$

である.よって

$$E(T) = -\frac{n(n-1)}{n-1}\left(-\frac{2\sigma^2}{n} + \frac{\sigma^2}{n}\right) = \sigma^2$$

T は σ^2 の不偏推定量である.また $\sum_{i=1}^{n} X_i = n\overline{X}$ だから

$$T = -\frac{1}{n-1}\sum_{i=1}^{n}\sum_{j=1}^{n} E\bigl[(X_i - \overline{X})(X_j - \overline{X})\bigr] + \frac{1}{n-1}\sum_{i=1}^{n}(X_i - \overline{X})^2$$

$$= -\frac{1}{n-1}\left\{\sum_{i=1}^{n}(X_i - \overline{X})\right\}\left\{\sum_{j=1}^{n}(X_j - \overline{X})\right\} + \frac{1}{n-1}\sum_{i=1}^{n}(X_i - \overline{X})^2$$

$$= \frac{1}{n-1}\sum_{i=1}^{n}(X_i - \overline{X})^2$$

$$= V$$

となり,T は標本不偏分散 V に等しい.

問 題

3.1 $X_1, X_2, \cdots, X_n$ をポアソン分布 $Po(\lambda)$ からの無作為標本とするとき

$$\frac{1}{n-1}\sum_{i=1}^{n}(X_i - \overline{X})^2$$

は λ の不偏推定量であることを示せ.

ヒント ポアソン分布の分散を使う.

3.2 $X_1, X_2, \cdots, X_n$ を分散が存在する母集団分布からの無作為標本とする. このとき

$$U = \frac{1}{n(n-1)}\sum_{1 \leqq i < j \leqq n}(X_i - X_j)^2$$

は母分散 σ^2 の不偏推定量であることを示せ. また U は標本不偏分散 V に等しい, すなわち $U = V$ が成り立つことを示せ.

ヒント 前半は $(X_i - X_j)^2 = \{(X_i - \mu) - (X_j - \mu)\}^2$ を展開して期待値をとる. 後半は $(X_i - X_j)^2 = \{(X_i - \overline{X}) - (X_j - \overline{X})\}^2$ を展開する.

3.3 共分散の推定に対して

$$T = \frac{1}{n(n-1)}\sum_{1 \leqq i < j \leqq n}(X_i - X_j)(Y_i - Y_j)$$

は $\mathrm{Cov}(X_1, Y_1)$ の不偏推定量であることを示せ. また

$$\frac{1}{n(n-1)}\sum_{1 \leqq i < j \leqq n}(X_i - X_j)(Y_i - Y_j) = \frac{1}{n-1}\sum_{i=1}^{n}(X_i - \overline{X})(Y_i - \overline{Y})$$

が成り立つことを示せ.

ヒント 前半は問題 3.2 と同様にして期待値をとる. 後半は

$$\{X_i - \overline{X} - (X_j - \overline{X})\}\{Y_i - \overline{Y} - (Y_j - \overline{Y})\}$$

を展開する.

◆ **最尤性**　得られたデータ $x_1, x_2, \cdots, x_n$ を $X_1, X_2, \cdots, X_n$ の実現値で，与えられて止まっているとする．このとき**尤度関数**

$$L(\theta) = \begin{cases} \displaystyle\prod_{i=1}^{n} f_\theta(x_i) & \cdots \text{連続型} \\ \displaystyle\prod_{i=1}^{n} P_\theta(X_i = x_i) & \cdots \text{離散型} \end{cases}$$

を考える．ただし θ は未知母数で，$f_\theta(x)$ は密度関数とする．この尤度関数を最大にする $\widehat{\theta}$（ハットと読む）を θ の推定値とする．すなわち

$$L(\widehat{\theta}) = \max_\theta L(\theta)$$

となる $\widehat{\theta}$ を θ とみなす．これを**最尤法**と呼び，推定された値を**最尤推定値**という．実際に求めるときは，**対数尤度関数**

$$l(\theta) = \log L(\theta)$$

($\log$ は自然対数，すなわち底は e）の最大値を考えると便利である．最尤推定値の実現値を確率変数に置き換えたものが**最尤推定量**である．

最尤法

　最尤法は現代統計学の基礎を築いた R.A. フィッシャー (1890-1962) が好んで用いた手法である．離散型のときを考えると分かるように，最尤法はデータの得られる確率が最大になるように統計モデルの母数を決める方法で，統計的推測において主流となっている．しかし最尤法は統計モデルに深く依存するために，モデルの当てはまりがよくないと妥当な推測ができないという問題がある．

　この問題を解決するために，日本人の統計学者・赤池弘次氏 (1927-2009) により AIC と呼ばれる情報量基準が提案され，世界中で利用されている．残念ながら 2009 年に赤池氏は亡くなったが，その研究は日本の統計学者を中心に引き継がれており，氏の研究成果は色あせることなく今後も広く活用されていくであろう．

───例題 4.4─────────────────────────────母分散の最尤推定───

$X_1, X_2, \cdots, X_n$ を正規母集団 $N(\mu, \sigma^2)$ からの無作為標本とする。ただし μ は既知の定数とする。このとき σ^2 の最尤推定量を求めよ。

[解　答]　$x_1, x_2, \cdots, x_n$ を実現値とすると尤度関数は

$$L(\sigma^2) = \prod_{i=1}^{n} \frac{1}{\sqrt{2\pi\sigma^2}} \exp\left\{-\frac{(x_i-\mu)^2}{2\sigma^2}\right\}$$

である。したがって対数尤度関数は

$$\begin{aligned}l(\sigma^2) &= \log L(\sigma^2) \\ &= \sum_{i=1}^{n}\left\{-\frac{1}{2}\log(2\pi\sigma^2) - \frac{(x_i-\mu)^2}{2\sigma^2}\right\} \\ &= -\frac{n\log(2\pi)}{2} - \frac{n}{2}\log\sigma^2 - \frac{1}{2\sigma^2}\sum_{i=1}^{n}(x_i-\mu)^2\end{aligned}$$

である。σ^2 で微分して（2 回微分ではない），方程式

$$l'(\sigma^2) = \frac{dl(\sigma^2)}{d\sigma^2} = -\frac{n}{2\sigma^2} + \frac{1}{2(\sigma^2)^2}\sum_{i=1}^{n}(x_i-\mu)^2 = 0$$

を解くと

$$\frac{1}{2(\sigma^2)^2}\sum_{i=1}^{n}(x_i-\mu)^2 = \frac{n}{2\sigma^2}$$

$$\sum_{i=1}^{n}(x_i-\mu)^2 = n\sigma^2$$

$$\sigma^2 = \frac{1}{n}\sum_{i=1}^{n}(x_i-\mu)^2$$

となり，この σ^2 だけで極値をとることが分かる。$l(\sigma^2)$ の増減を調べると

$$l'(\sigma^2) = \frac{n}{2\sigma^2}\left\{\frac{1}{\sigma^2} \times \frac{1}{n}\sum_{i=1}^{n}(x_i-\mu)^2 - 1\right\}$$

となるから $0 < \sigma^2 < \infty$ に注意すると

$$0 < \sigma^2 < \frac{1}{n}\sum_{i=1}^{n}(x_i-\mu)^2 \text{ のとき } l'(\sigma^2) > 0$$

$$\frac{1}{n}\sum_{i=1}^{n}(x_i-\mu)^2 < \sigma^2 < \infty \text{ のとき } l'(\sigma^2) < 0$$

が成り立つ．したがって $l(\sigma^2)$ は $\sigma^2 = \frac{1}{n}\sum_{i=1}^{n}(x_i-\mu)^2$ のとき最大値をとる．

以上より σ^2 の最尤推定値は，$\frac{1}{n}\sum_{i=1}^{n}(x_i-\mu)^2$ となる．よって最尤推定量は $\widehat{\sigma}^2 = \frac{1}{n}\sum_{i=1}^{n}(X_i-\mu)^2$ である．

問題

4.1 $X_1, X_2, \cdots, X_n$ を確率密度関数（指数分布）

$$f_\theta(x) = \begin{cases} \theta e^{-\theta x} & (x \geqq 0) \\ 0 & (x < 0) \end{cases}$$

（ただし $\theta > 0$）をもつ母集団からの無作為標本とする．このとき，母数 θ の最尤推定量を求めよ．

ヒント 対数尤度関数の極値を求めて最大値を与える $\widehat{\theta}$ を求める．

4.2 $X_1, X_2, \cdots, X_n$ をベルヌーイ分布 (2.5) からの無作為標本とする．すなわち

$$P(X_i = 1) = p,$$
$$P(X_i = 0) = 1 - p$$

である．このとき p の最尤推定量を求めよ．

ヒント 定義通り $x_1, \cdots, x_n$ を実現値として対数尤度関数を求め，最大となる p を求める．

4.3 $X_1, X_2, \cdots, X_n$ を一様分布 $U(0, \theta)$ からの無作為標本とするとき，θ の最尤推定量を求めよ．

ヒント 実現値は

$$0 \leqq x_1, x_2, \cdots, x_n \leqq \theta$$

であることを使って，最大となる θ を求める．

◆ **母数が複数あるときの最尤推定** 未知の母数がいくつかある場合の最尤推定量も同じようにして求めることができる．例えば母平均 μ，母分散 σ^2 の両方が未知の正規母集団のときは

$$\widehat{\mu} = \overline{X},$$
$$\widehat{\sigma}^2 = \frac{1}{n}\sum_{i=1}^{n}(X_i - \overline{X})^2$$

が最尤推定量である（証明は 問題 5.1）．

例題 4.5 ―――――――――――― 2 標本の各平均および共通分散の最尤推定

$X_1, X_2, \cdots, X_m$ を正規母集団 $N(\mu_1, 1)$ からの無作為標本，$Y_1, Y_2, \cdots, Y_n$ を正規母集団 $N(\mu_2, 1)$ からの無作為標本とする．このとき μ_1, μ_2 の最尤推定量を求めよ．

［解 答］実現値をそれぞれ $x_1, x_2, \cdots, x_m, y_1, y_2, \cdots, y_n$ とする．このとき尤度関数は

$$L(\mu_1, \mu_2) = \prod_{i=1}^{m} \frac{1}{\sqrt{2\pi}} \exp\left\{-\frac{1}{2}(x_i - \mu_1)^2\right\} \prod_{j=1}^{n} \frac{1}{\sqrt{2\pi}} \exp\left\{-\frac{1}{2}(y_i - \mu_2)^2\right\}$$

となる．したがって対数尤度関数は

$$l(\mu_1, \mu_2)$$
$$= \sum_{i=1}^{m}\left\{-\frac{1}{2}\log(2\pi) - \frac{1}{2}(x_i - \mu_1)^2\right\} + \sum_{j=1}^{n}\left\{-\frac{1}{2}\log(2\pi) - \frac{1}{2}(y_j - \mu_2)^2\right\}$$
$$= -\frac{m}{2}\log(2\pi) - \frac{1}{2}\sum_{i=1}^{m}(x_i - \mu_1)^2 - \frac{n}{2}\log(2\pi) - \frac{1}{2}\sum_{j=1}^{m}(y_j - \mu_2)^2$$

となる．μ_1, μ_2 で偏微分して極値の候補を求めると

$$\frac{\partial l(\mu_1, \mu_2)}{\partial \mu_1} = \sum_{i=1}^{m}(x_i - \mu_1) = 0,$$
$$\frac{\partial l(\mu_1, \mu_2)}{\partial \mu_2} = \sum_{i=1}^{n}(x_i - \mu_2) = 0$$

となる．したがって

$$\mu_1 = \overline{x} = \frac{1}{m}\sum_{i=1}^m x_i, \quad \mu_2 = \overline{y} = \frac{1}{n}\sum_{j=1}^n y_j$$

の解が求められ，2変数関数としての増減を考えるとこれらの μ_1, μ_2 が最尤推定値となることが分かる．したがって最尤推定量は

$$\widehat{\mu}_1 = \overline{X} = \frac{1}{m}\sum_{i=1}^m X_i, \quad \widehat{\mu}_2 = \overline{X} = \frac{1}{n}\sum_{j=1}^n Y_j$$

となる．

問題

5.1 $X_1, X_2, \cdots, X_n$ を正規母集団 $N(\mu, \sigma^2)$ からの無作為標本とするとき，母数 μ, σ^2 の最尤推定量を求めよ．

ヒント 定義通り対数尤度関数を μ, σ^2 の2変数関数とみて最大値を与える μ, σ^2 を求める．

5.2 X_1, X_2, X_3 を比率 $p_1, p_2, p_3 = 1 - p_1 - p_2$ の多項分布からの無作為標本とし，その実現値を $X_1 = n_1, X_2 = n_2, X_3 = n - n_1 - n_2$ とするとき，p_1, p_2 の最尤推定量を求めよ．

ヒント 対数尤度関数を p_1, p_2 の2変数関数として最大値を与える $\widehat{p}_1, \widehat{p}_2$ を求める．

5.3 $X_1, X_2, \cdots, X_n$ を一様分布 $U(\theta, \tau)$ からの無作為標本とするとき，θ, τ の最尤推定量を求めよ．ただし $\theta < \tau$ である．

ヒント 実現値は $\theta \leqq x_1, x_2, \cdots, x_n \leqq \tau$ となることを使って，尤度関数を最大にする θ, τ を求める．

4.2 区間推定

◆ **区間推定**　$X_1, X_2, \cdots, X_n$ を母集団分布 $F_\theta(x)$ からの無作為標本とする．このとき未知の母数に依存しない $X_1, X_2, \cdots, X_n$ の関数である 2 つの**統計量** $T_1 = T_1(X_1, X_2, \cdots, X_n), T_2 = T_2(X_1, X_2, \cdots, X_n) \ (T_1 \leqq T_2)$ を

$$1 - \alpha = P(T_1 \leqq \theta \leqq T_2)$$

を満たすように作る．ただし $0 < \alpha < 1$（通常 $\alpha = 0.05$ または 0.01）は前もって与えられる定数である．実際に得られたデータの値 $x_1, x_2, \cdots, x_n$ に対して，T_1, T_2 の実現値 $t_1 = T_1(x_1, x_2, \cdots, x_n), t_2 = T_2(x_1, x_2, \cdots, x_n)$ を求めて

母数 θ は区間 $[t_1, t_2]$ の中にある．すなわち $t_1 \leqq \theta \leqq t_2$

と推測する．このとき区間 $[t_1, t_2]$ を母数 θ の**信頼係数**（あるいは**信頼率**，**信頼度**）$1 - \alpha$ の（**両側**）**信頼区間**と呼ぶ．また t_1 を**下側信頼限界**，t_2 を**上側信頼限界**と呼ぶ．

◆ **正規母集団の区間推定**　$X_1, X_2, \cdots, X_n$ を正規母集団 $N(\mu, \sigma^2)$ からの無作為標本とし，実現値を $x_1, x_2, \cdots, x_n$ とする．

母平均の信頼区間（母分散 σ^2 が既知）　標本平均 $\overline{X}$ は $N(\mu, \frac{\sigma^2}{n})$ にしたがうことを利用すると，母平均 μ の信頼係数 $1 - \alpha$ の信頼区間は

$$\overline{x} - z_{\alpha/2} \frac{\sigma}{\sqrt{n}} \leqq \mu \leqq \overline{x} + z_{\alpha/2} \frac{\sigma}{\sqrt{n}} \tag{4.3}$$

で与えられる．ただし $\overline{x}$ は $\overline{X}$ の実現値で，$z_{\alpha/2}$ は標準正規分布 $N(0,1)$ の上側 $\frac{\alpha}{2}$-点である．

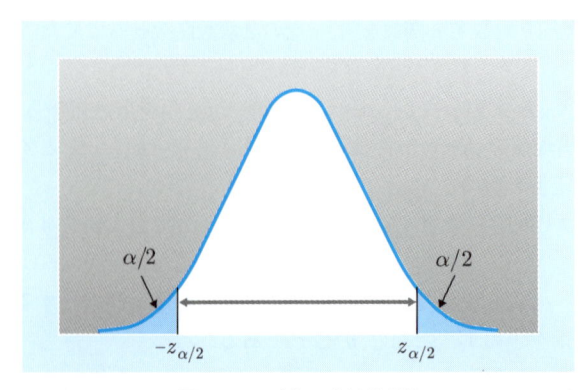

図 4.1　平均の信頼区間

例題 4.6 ─────────── 区間の幅と標本数

$X_1, X_2, \cdots, X_n$ を正規母集団 $N(\mu, 4)$ からの無作為標本とするとき，母平均 μ の信頼係数 95% の両側信頼区間の構成を考える．信頼区間の幅を 2 以下になるように構成したいときは標本数 n をいくら以上にすればよいか．

[解 答] 式 (4.3) より信頼区間の幅は

$$\overline{x} + z_{0.025}\frac{\sigma}{\sqrt{n}} - \left(\overline{x} - z_{0.025}\frac{\sigma}{\sqrt{n}}\right) = 2 \times z_{0.025} \times \frac{\sigma}{\sqrt{n}}$$

であるから，付表 2 より $z_{0.025} = 1.96$, $\sigma = \sqrt{4} = 2$ を代入して

$$2 \times 1.96 \times \frac{2}{\sqrt{n}} \leqq 2, \quad (3.92)^2 \leqq n, \quad 16 \leqq n$$

となる．標本数は 16 以上が必要である．

問 題

6.1 $X_1, X_2, \cdots, X_n$ を正規母集団 $N(\mu, 1)$ からの無作為標本とする．このとき母平均 μ の信頼係数 95% の両側信頼区間の幅を 1.0 にしたい．標本数 n をいくら以上にすればよいか．また信頼係数を 99% にしたらどうなるか．

ヒント 例題 4.6 と同様にして求める．

6.2 あるクラスで 50 人の身長を調べたら平均 168.5 cm であった．これを正規母集団 $N(\mu, 25)$ の無作為標本に基づく標本平均の実現値であるとする．母平均の信頼係数 95% と 99% の信頼区間を求めよ．

ヒント $\sigma = 5$ で $n = 50$ の標本に基づく信頼区間を構成すればよい．

6.3 ある製品の寸法を管理するために，ランダムに製品を 10 個取り出して測定したところ，次のデータが得られた．母平均の信頼係数 95% 信頼区間を構成せよ．ただしこれまでの経験から分散 $\sigma^2 = 1.21$ であることが分かっている．

21.63, 19.18, 19.55, 20.20, 21.76, 20.34, 22.78, 20.72, 19.85, 20.38

ヒント 分散が既知であるから標本平均の実現値を計算して求める．

母平均の信頼区間（母分散 σ^2 が未知）

母分散の不偏推定量

$$V = \frac{1}{n-1}\sum_{i=1}^{n}(X_i - \overline{X})^2$$

を使うと

$$\frac{\overline{X} - \mu}{\sqrt{V/n}}$$

は自由度 $n-1$ の t-分布にしたがう．よって $t\left(n-1;\frac{\alpha}{2}\right)$ を t-分布の上側 $\frac{\alpha}{2}$-点とし，$\overline{x}, v$ を $\overline{X}, V$ の実現値とすると，信頼係数 $1-\alpha$ の母平均 μ の信頼区間は

$$\overline{x} - t\left(n-1;\frac{\alpha}{2}\right)\sqrt{\frac{v}{n}} \leqq \mu \leqq \overline{x} + t\left(n-1;\frac{\alpha}{2}\right)\sqrt{\frac{v}{n}} \tag{4.4}$$

となる．ただし $\overline{x}, v$ は $\overline{X}, V$ の実現値である．

例題 4.7　　　　　　　　　　　　　　　　　　　　　　　　　母平均の信頼区間

異なる機械 A, B で製造したそれぞれの製品の中から 15 個ずつ無作為に取り出して，大きさを測定したところ $\overline{x}_A = \overline{x}_B = 20.0$ であった．また標本分散は $v_A = 3.4$, $v_B = 15.5$ と計算された．この実現値に基づいて母平均 μ_A および μ_B の信頼係数 95% の信頼区間を構成せよ．

[解　答]　95% の信頼区間は 付表 3 より $t\left(15-1;\frac{0.05}{2}\right) = t(14, 0.025) = 2.145$ だから

$$20.0 - 2.145\sqrt{\frac{3.4}{15}} \leqq \mu_A \leqq 20.0 + 2.145\sqrt{\frac{3.4}{15}}, \quad 18.979 \leqq \mu_A \leqq 21.021$$

$$20.0 - 2.145\sqrt{\frac{15.5}{15}} \leqq \mu_B \leqq 20.0 + 2.145\sqrt{\frac{15.5}{15}}, \quad 17.820 \leqq \mu_B \leqq 22.180$$

となる．この結果から標本平均の実現値が同じであっても標本分散の実現値が異なれば信頼区間も異なることが分かる．

4.2 区間推定

問題

7.1 ある化学製品を製造している会社で，品質管理のために 15 個の製品の中に含まれる化合物の割合を測定したところ $\bar{x} = 25.6\,(\%)$ で，平方和は

$$s = \sum_{i=1}^{15}(x_i - \bar{x})^2 = 5.48$$

であった．母平均の信頼係数 95% の信頼区間を求めよ．

[ヒント] 標本不偏分散の実現値を計算して，式 (4.4) の信頼区間を構成する．

7.2 次のデータは小学 3 年生の男の子 10 人の身長を計ったものである．このデータに基づいて，母平均の信頼係数 95% の信頼区間を求めよ．また信頼係数 99% の信頼区間も求めよ．

　　　134.2, 133.6, 134.2, 127.3, 125.9, 131.5, 131.7, 126.2, 123.8, 131.9

[ヒント] 標本平均および標本不偏分散の実現値を計算して，信頼区間を構成する．

7.3 式 (4.4) の母平均の信頼区間において，問題 7.2 と同じデータに対して信頼係数 95% の信頼区間と 99% の信頼区間を構成すると，必ず 99% の信頼区間の方が信頼区間の幅が広いことを示せ．

[ヒント] 同じデータに基づく信頼区間であるから標本平均および標本不偏分散の実現値は同じである．

信頼区間の幅

　一般に信頼係数を大きくすると区間の幅は広くなり，信頼係数を小さくすると幅は狭くなる．極端なことをいえば信頼区間を実数全体とすれば，信頼係数は 100% にすることができるが，そのような区間を作っても無意味である．信頼係数を大きくすると同時に区間の幅も狭くするためには，標本数を大きくする必要があり，このトレードオフは避けがたいものである．通常行われる信頼区間の構成では信頼係数 95% か 99% がほとんどである．これは統計的検定との関連があり，信頼係数 $1-\alpha$ の α は 5 章で学ぶ有意水準に対応するものである．

　推測の目的によっては区間の幅を希望する大きさ以下にしたい場合がある．データをとる前であれば，逐次解析法という統計手法を使えば信頼区間の幅を一定以下にすることができる．しかしこの手法を理解するためには高度な知識が必要になるので本書では割愛する．

♦ **母分散の信頼区間**　分散の推定量をもとにして信頼区間を作るのであるが，χ^2-分布の導出法（2.7節）から平方和

$$S = \sum_{i=1}^{n}(X_i - \overline{X})^2$$

を使って構成する．正規分布の性質（定理 2.3）より $\frac{S}{\sigma^2}$ は自由度 $n-1$ の χ^2-分布にしたがう．$\chi^2(n-1; 1-\frac{\alpha}{2})$, $\chi^2(n-1; \frac{\alpha}{2})$ をそれぞれ χ^2-分布の上側 $(1-\frac{\alpha}{2})$-点，上側 $\frac{\alpha}{2}$-点とすると実現値 s に対して，母分散 σ^2 の信頼係数 $1-\alpha$ の信頼区間は

$$\frac{s}{\chi^2(n-1; \frac{\alpha}{2})} \leqq \sigma^2 \leqq \frac{s}{\chi^2(n-1; 1-\frac{\alpha}{2})} \tag{4.5}$$

で与えられる．

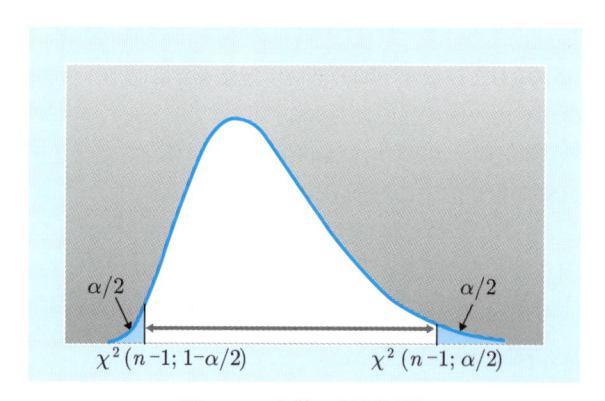

図 4.2　分散の信頼区間

例題 4.8 ─────────────────────────── 母分散の信頼区間 ─

ある工場では精密機械の部品加工を行っている．新しい製品の加工を依頼されたため，部品の寸法精度を調べることにした．12 個の製品をランダムに選んで寸法を調べたところ次のデータが得られた．母分散 σ^2 の信頼係数 95% の信頼区間を求めよ．

7.02, 7.03, 6.82, 7.08, 7.13, 6.92, 6.87, 7.02, 6.97, 7.08, 7.19, 7.15 (mm)

［解　答］　データより $\overline{x} = 7.023$ だから

$$s = \sum_{i=1}^{12}(x_i - \overline{x})^2 = 0.140$$

付表 4 より
$$\chi^2(12-1, 1-0.05/2) = \chi^2(11; 0.975) = 3.816,$$
$$\chi^2(12-1, 0.05/2) = \chi^2(11; 0.025) = 21.92$$
であるから,式 (4.5) より信頼係数 95% の信頼区間は
$$\frac{0.140}{21.92} \leqq \sigma^2 \leqq \frac{0.140}{3.816}$$
$$0.0064 \leqq \sigma^2 \leqq 0.0367$$

問 題

8.1 分散についての信頼区間を構成するために 20 個のデータをとったところ,標本平均 $\bar{x} = 25.4$,標本分散 $v = 8.56$ が得られた.これをもとに母分散の信頼係数 95% の信頼区間を構成せよ.

ヒント 信頼区間の式 (4.5) は平方和 s を使っていることに注意する.

8.2 次のデータは工場で使うある溶液の pH を測定したものである.pH の分散の 95% の信頼区間を構成せよ.

$$7.90,\ 7.91,\ 7.87,\ 7.92,\ 7.95,\ 7.93,\ 7.89,$$
$$7.95,\ 7.84,\ 7.93,\ 7.88,\ 7.93,\ 7.91$$

ヒント 平方和を計算して信頼区間を構成する.

8.3 分散の信頼区間の構成法をもとに,標準偏差 σ の信頼係数 $1-\alpha$ の信頼区間を与えよ.また例題 4.8 のデータに基づいて,標準偏差 σ の信頼係数 95% の信頼区間を具体的に構成せよ.

ヒント 正の数については平方根をとっても大小関係はそのままである.

4.3 母平均の差の区間推定

$X_1, X_2, \cdots, X_m$ を正規母集団 $N(\mu_1, \sigma_1^2)$ から,$Y_1, Y_2, \cdots, Y_n$ を正規母集団 $N(\mu_2, \sigma_2^2)$ からの無作為標本とする.このとき母平均の差 $\mu_1 - \mu_2$ の点推定としては,それぞれの標本平均を代入した $\overline{X} - \overline{Y}$ が良い推定量となる.ここで $\overline{X} = \sum_{i=1}^{n} X_i/n$, $\overline{Y} = \sum_{i=1}^{n} Y_i/n$ である.

母分散が既知 母分散 σ_1^2, σ_2^2 が分かっている場合は

$$\frac{\overline{X} - \overline{Y} - (\mu_1 - \mu_2)}{\sqrt{\frac{\sigma_1^2}{m} + \frac{\sigma_2^2}{n}}} \sim N(0, 1)$$

となるから,各標本平均の実現値 $\overline{x}, \overline{y}$ に対して,母平均の差 $\mu_1 - \mu_2$ の信頼係数 $1 - \alpha$ の信頼区間は次で与えられる.

$$\overline{x} - \overline{y} - z_{\alpha/2}\sqrt{\frac{\sigma_1^2}{m} + \frac{\sigma_2^2}{n}} \leq \mu_1 - \mu_2 \leq \overline{x} - \overline{y} + z_{\alpha/2}\sqrt{\frac{\sigma_1^2}{m} + \frac{\sigma_2^2}{n}} \quad (4.6)$$

例題 4.9 ─────────────── 母分散が既知のときの差の信頼区間 ─

ある工場では,2台の機械 A と B を用いて製品の充填を行っている.このたび新製品を売り出すにあたって,A と B の 2 台の機械の性能を比較しておくことにした.A と B の平均の差の 95% の信頼区間を構成せよ.ただしこれまでの経験で,A の分散は 1.0 で,B の分散は 2.0 であることが分かっている.

A : 26.9, 29.5, 30.5, 30.4, 30.1
   30.7, 30.9, 30.2, 29.8, 29.3, 28.8 (g)
B : 28.6, 26.9, 29.6, 28.2, 30.3
   31.0, 27.4, 27.0, 29.2, 30.5 (g)

[解　答] データより $m = 11$, $n = 10$ で,各標本平均の実現値は

$$\overline{x} = 29.736, \quad \overline{y} = 28.87$$

$z_{0.025} = 1.96$ だから,求める信頼区間は式 (4.6) に代入して

$$29.736 - 28.87 - 1.96 \times \sqrt{\frac{1.0}{11} + \frac{2.0}{10}}$$

$$\leq \mu_1 - \mu_2 \leq 29.736 - 28.87 + 1.96 \times \sqrt{\frac{1.0}{11} + \frac{2.0}{10}}$$

$$-0.191 \leq \mu_1 - \mu_2 \leq 1.924$$

4.3 母平均の差の区間推定

▓▓▓ 問 題 ▓▓▓

9.1 $X_i\ (i=1,2,\cdots,m)$ を正規母集団 $N(\mu_1,1.44)$ からの無作為標本で，$Y_i\ (i=1,2,\cdots,n)$ を正規母集団 $N(\mu_2,2.25)$ からの無作為標本とする．このとき母平均の差の信頼係数 95% の信頼区間を考える．次の問に答えよ．

(1) $m=n$ のとき信頼区間の幅を 2 以下になるようにするには標本数 m をいくら以上にすればよいか．

ヒント　区間の幅は $2\times z_{0.025}\sqrt{\frac{1.44}{m}+\frac{2.25}{m}}$ である．

(2) $n=2m$ のとき信頼区間の幅を 2 以下になるようにするには標本数 m をいくら以上にすればよいか．逆に $m=2n$ のときはどうなるか．

ヒント　区間の幅は $2\times z_{0.025}\sqrt{\frac{1.44}{m}+\frac{2.25}{2m}}$ である．

9.2 A, B 2 台の機械で製造している部品の強度を比べることになった．これまでの経験から A で作られる部品の強度は正規分布 $N(\mu_1,2.0)$ にしたがい，B で作られる部品の強度は $N(\mu_2,1.0)$ にしたがうことが知られている．いま A の機械から無作為に抽出した 20 個の部品について強度が調べられている．信頼係数 95% の母平均の差についての信頼区間を構成し，区間の幅を 1.6 以下にしたい．B の機械から何個以上無作為標本を抽出して強度を調べる必要があるか．

ヒント　区間の幅は $2\times z_{0.025}\sqrt{\frac{2.0}{20}+\frac{1.0}{n}}$ である．

9.3 2 つの製造ライン A, B で同じ蓄電池を作っている．この電池に充電した後で，バッテリー切れになるまでの時間（分）について，ラインによる違いを比較することになった．これまでの経験から，この 2 つのラインのそれぞれの分散は，$\sigma_1^2=40,\ \sigma_2^2=60$ であることが分かっている．新しく 2 つのラインからランダムに $12\ (=m)$ 個と $16\ (=n)$ 個の製品を取り出し，充電後バッテリー切れになるまでの時間を測定したところ，$\overline{x}=301.067,\ \overline{y}=319.875$ が得られた．母平均の差の信頼係数 95% の信頼区間を求めよ．

ヒント　信頼区間の定義通りに求める．

差の信頼区間（等分散で未知）

母分散は未知ではあるが，等しいとみなせるとき，すなわち $\sigma_1^2 = \sigma_2^2 = \sigma^2$ であるが，σ^2 は未知であるとする．このとき共通の母分散 σ^2 の不偏推定量（同時分散推定量）は

$$V = \frac{1}{m+n-2}\left\{\sum_{i=1}^{m}(X_i - \overline{X})^2 + \sum_{i=1}^{n}(Y_i - \overline{Y})^2\right\} \tag{4.7}$$

で与えられる．したがって

$$\frac{\overline{X} - \overline{Y} - (\mu_1 - \mu_2)}{\sqrt{\left(\frac{1}{m} + \frac{1}{n}\right)V}}$$

は自由度 $m+n-2$ の t-分布にしたがう．実現値 $\overline{x}, \overline{y}, v$ に対して，母平均の差 $\mu_1 - \mu_2$ の信頼係数 $1-\alpha$ の信頼区間は

$$\overline{x} - \overline{y} - t\left(m+n-2; \frac{\alpha}{2}\right)\sqrt{\left(\frac{1}{m} + \frac{1}{n}\right)v} \tag{4.8}$$

$$\leqq \mu_1 - \mu_2 \leqq \overline{x} - \overline{y} + t\left(m+n-2; \frac{\alpha}{2}\right)\sqrt{\left(\frac{1}{m} + \frac{1}{n}\right)v}$$

となる．

例題 4.10 ────────────── 等分散のときの信頼区間 ─

A 型の糸と B 型の糸の引っ張りの強さを測定した結果，次のデータが得られた．A 型と B 型の引っ張りの差 $\mu_1 - \mu_2$ の信頼係数 95% の両側信頼区間を求めよ．

　　A 型 (x ポンド) : 74, 76, 75, 79, 78, 81, 74, 70, 72, 80
　　B 型 (y ポンド) : 77, 80, 78, 84, 82, 79, 74, 80, 85

[解　答] データから $m=10, n=9, \overline{x}=75.9, \overline{y}=79.889$ より

$$s_1 = \sum_{i=1}^{10}(x_i - \overline{x})^2 = 114.9, \quad s_2 = \sum_{i=1}^{9}(y_i - \overline{y})^2 = 94.89$$

共通の分散の推定値は式 (4.7) より

$$v = \frac{1}{10+9-2}(s_1 + s_2) = 12.341$$

付表 3 より $t(17; 0.025) = 2.110$ だから，母平均の差 $\mu_1 - \mu_2$ の信頼係数 95% の

両側信頼区間は式 (4.8) に代入して

$$75.9 - 79.889 - 2.110 \times \sqrt{\left(\frac{1}{10} + \frac{1}{9}\right) \times 12.341}$$
$$\leqq \mu_1 - \mu_2 \leqq 75.9 - 79.889 + 2.110 \times \sqrt{\left(\frac{1}{10} + \frac{1}{9}\right) \times 12.341}$$
$$-7.395 \leqq \mu_1 - \mu_2 \leqq -0.583$$

となる．

問題

10.1 同じ製品を作っている 2 つのライン A, B からそれぞれ 15 個と 18 個を無作為に標本を抽出したところ，標本平均 $\overline{x} = 25.65$, $\overline{y} = 27.54$ が得られた．また平方和は $s_1 = 12.54$, $s_2 = 14.36$ で，これまでの経験から分散は等しいと見なせる．母平均の差の信頼係数 95% の信頼区間を求めよ．

ヒント 平方和を使って同時分散推定値 v を計算する．

10.2 同時分散推定量

$$V = \frac{1}{m+n-2}\left\{\sum_{i=1}^{m}(X_i - \overline{X})^2 + \sum_{j=1}^{n}(Y_j - \overline{Y})^2\right\}$$

は共通分散 σ^2 の不偏推定量であることを示せ．

ヒント 1 つの母集団についての標本不偏分散の期待値は σ^2 より平方和の期待値は $E(S) = (n-1)\sigma^2$ である．

10.3 大学入学後の数学の学力をみるために，文系と理系の学生を無作為に 10 人と 12 人抽出して試験を行った結果が次のデータである．なお文系と理系では学力のバラツキは同じぐらいと考えられる．文系と理系の数学の学力差の信頼係数 95% の信頼区間を求めよ．

文系 (x) : 74, 67, 62, 62, 50, 76, 54, 55, 66, 82

理系 (y) : 67, 78, 82, 79, 78, 95, 64, 72, 81, 83, 64, 65

ヒント 標本平均，平方和，同時分散の推定値をデータから計算して求める．またバラツキが同じくらいだから，分散は等しいと考える．

母分散が全く未知 母分散 σ_1^2 と σ_2^2 が完全に未知の場合を考える．このときには標準化のときの分散の項に不偏推定量を代入した

$$\widetilde{T} = \frac{\overline{X} - \overline{Y} - (\mu_1 - \mu_2)}{\sqrt{\frac{V_1}{m} + \frac{V_2}{n}}}$$

を利用する．ここで

$$V_1 = \frac{1}{m-1}\sum_{i=1}^{m}(X_i - \overline{X})^2, \quad V_2 = \frac{1}{n-1}\sum_{i=1}^{n}(Y_i - \overline{Y})^2$$

である．$\widetilde{T}$ は近似的に自由度 d の t-分布にしたがう（**ウェルチ (Welch) の方法**）．ここで

$$d = \frac{\left(\frac{v_1}{m} + \frac{v_2}{n}\right)^2}{\left(\frac{v_1}{m}\right)^2 \big/ (m-1) + \left(\frac{v_2}{n}\right)^2 \big/ (n-1)} \tag{4.9}$$

v_1, v_2 は V_1, V_2 の実現値である．この自由度は一般には小数となるから，線形補間法を使って近似を求める．実現値 $\overline{x}, \overline{y}, v_1, v_2$ に対して，母平均の差 $\mu_1 - \mu_2$ の信頼係数 $1 - \alpha$ の信頼区間は次のようになる．

$$\overline{x} - \overline{y} - t\left(d; \frac{\alpha}{2}\right)\sqrt{\frac{v_1}{m} + \frac{v_2}{n}}$$
$$\leqq \mu_1 - \mu_2 \leqq \overline{x} - \overline{y} + t\left(d; \frac{\alpha}{2}\right)\sqrt{\frac{v_1}{m} + \frac{v_2}{n}} \tag{4.10}$$

例題 4.11 ─────────────── 母分散未知のときの信頼区間

新しいバッテリーの充電後切れるまでの時間と従来のバッテリーの充電後切れるまでの時間を測定したところ下記のデータが得られた．平均の差の信頼係数 95% の信頼区間を構成せよ．

　新製品：475, 474, 475, 483, 478, 481, 480, 479, 475, 476, 479 (分)
　従来品：461, 448, 451, 451, 462, 438, 444, 450, 456, 447 (分)

［解　答］ 実現値はデータより $m = 11, n = 10$ で

$$\overline{x} = 477.727, \quad \overline{y} = 450.8$$
$$v_1 = 8.618, \quad v_2 = 54.4$$

4.3 母平均の差の区間推定

$$d = \frac{\left(\dfrac{v_1}{11} + \dfrac{v_2}{10}\right)^2}{\left(\dfrac{v_1}{11}\right)^2 \Big/ 10 + \left(\dfrac{v_2}{10}\right)^2 \Big/ 9} = 11.563$$

また 付表 3 より $t(11.563; 0.025)$ の近似は

$t(11.563; 0.025) = 0.437 \times t(11; 0.025) + 0.563 \times t(12; 0.025) = 2.189$

となる．したがって求める信頼区間は次のように与えられる．

$$477.727 - 450.8 - 2.189 \times \sqrt{\frac{8.618}{11} + \frac{54.4}{10}}$$
$$\leqq \mu_1 - \mu_2 \leqq 477.727 - 450.8 + 2.189 \times \sqrt{\frac{8.618}{11} + \frac{54.4}{10}}$$

$$21.466 \leqq \mu_1 - \mu_2 \leqq 32.388$$

問題

11.1 A社とB社で製造されている電球が切れるまでの時間の差の信頼区間を構成することになった．A社から16個，B社から20個無作為に抽出して時間を測定したデータから統計量の実現値を計算したところ，標本平均は $\overline{x} = 2250$，$\overline{y} = 2245$ で平方和は $s_1 = 435$，$s_2 = 186$ であった．平均の差の信頼係数 95% の信頼区間を求めよ．

ヒント 標本不偏分散の実現値 v_1, v_2 を求め，ウェルチの方法を使う．

11.2 式 (4.8) において $m = n$ かつ $v_1 = v_2$ のときの d の値を求めよ．また $m = n$ かつ $v_2 = 2v_1$ のときの d の値も求めよ．

ヒント 分母，分子から v_1, v_2 を消去して求める．

11.3 式 (4.8) の d の値は，もとのデータの単位を変換しても同じ値であることを示せ．例えば測定データの単位を cm から mm に変換したとき，すべてのデータは 10 倍されることになる．

ヒント c を定数とするとき，実現値は cx_i, cy_i $(c > 0)$ になる．

11.4 同じ化合物を製造している 2 つのライン A, B がある．それぞれのラインから 11 個と 8 個の製品に含まれる不純物の量を測定したところ次のデータが得られた．平均の差の信頼係数 95% の信頼区間を求めよ．

ラインA：91, 85, 78, 108, 85, 88, 128, 94, 112, 106, 72

ラインB：68, 80, 69, 77, 63, 78, 65, 67

ヒント 分散についての情報がまったくないので式 (4.10) の信頼区間を使う．

4.4 比率の推定

製品に含まれる不良品の割合（**母不良率**），内閣支持率など**比率** p の推定を考える．n 個（n 人）のうち不良品の個数（支持する人の数）X は二項分布 $B(n,p)$ にしたがう．p の不偏推定量は $\dfrac{X}{n}$ である．また中心極限定理より

$$1-\alpha \approx P\left(-z_{\alpha/2} \leq \frac{X-np}{\sqrt{np(1-p)}} \leq z_{\alpha/2}\right)$$

である．よって実現値 x に対して

$$\overline{p} = \frac{x}{n}$$

とおくと，比率 p の信頼係数 $1-\alpha$ の両側近似信頼区間が次のように与えられる．

$$\frac{x}{n} - z_{\alpha/2}\sqrt{\frac{\overline{p}(1-\overline{p})}{n}} \leq p \leq \frac{x}{n} + z_{\alpha/2}\sqrt{\frac{\overline{p}(1-\overline{p})}{n}} \tag{4.11}$$

同じようにして 2 つの比率の差の推定もできる．X_1 を二項分布 $B(n_1, p_1)$ にしたがい，X_2 が二項分布 $B(n_2, p_2)$ にしたがう確率変数とする．このとき中心極限定理より

$$1-\alpha \approx P\left(-z_{\alpha/2} \leq \frac{X_1/n_1 - X_2/n_2 - (p_1-p_2)}{\sqrt{p_1(1-p_1)/n_1 + p_2(1-p_2)/n_2}} \leq z_{\alpha/2}\right)$$

の近似が成り立つ．これを利用すると比率の差 p_1-p_2 の信頼係数 $1-\alpha$ の信頼区間は

$$\frac{x_1}{n_1} - \frac{x_2}{n_2} - z_{\alpha/2}\sqrt{\frac{\overline{p}_1(1-\overline{p}_1)}{n_1} + \frac{\overline{p}_2(1-\overline{p}_2)}{n_2}}$$
$$\leq p_1 - p_2 \leq \frac{x_1}{n_1} - \frac{x_2}{n_2} + z_{\alpha/2}\sqrt{\frac{\overline{p}_1(1-\overline{p}_1)}{n_1} + \frac{\overline{p}_2(1-\overline{p}_2)}{n_2}} \tag{4.12}$$

で与えられる．ただし $\overline{p}_1 = \dfrac{x_1}{n_1}$, $\overline{p}_2 = \dfrac{x_2}{n_2}$ である．

例題 4.12 ────────────────────── 不良率の区間推定 ─

ある製造工程で作られる製品の品質管理のために，400 個の製品をランダムに取り出して検査したところ，12 個の不良品が見つかった．この製造工程の不良率 p の信頼係数 95% の信頼区間を求めよ．

───────────────────────────────

[解　答]　データより

$$\bar{p} = \frac{x}{n} = \frac{12}{400} = 0.03, \quad z_{0.025} = 1.96$$

だから，式 (4.11) より

$$0.03 - 1.96 \times \sqrt{\frac{0.03 \times (1-0.03)}{400}} \leq p \leq 0.03 + 1.96 \times \sqrt{\frac{0.03 \times (1-0.03)}{400}}$$

$$0.0133 \leq p \leq 0.0467$$

──────────────── 問　題 ────────────────

12.1 工程の不良率を調べるために無作為に 400 個抽出して調べたところ，不良品が 8 個あった．不良率 p の信頼係数 95% の信頼区間を求めよ．また信頼係数 99% の信頼区間も構成せよ．

　　ヒント 式 (4.11) の信頼区間を使う．

12.2 内閣の支持率を調べる目的で，無作為に抽出した 1000 人についてアンケート調査を行った．その結果，支持する人が 325 人，支持しない人が 420 人，どちらともいえない人が 255 人であった．内閣の支持率 p の信頼係数 95% の信頼区間を求めよ．

　　ヒント 支持する人の人数だけを使う．

12.3 2 つの製造ライン A, B で同じ製品を作っている．2 つのラインの不良率を比較するために無作為に，A のラインから 200 個と B のラインから 250 個のサンプルを取り出したところ A では 8 個，B では 15 個の不良品が見つかった．不良率の差の信頼係数 95% の信頼区間を求めよ．

　　ヒント 式 (4.12) の信頼区間を使う．

4.5 片側信頼区間

今までは上側信頼限界と下側信頼限界がある**両側信頼区間**を議論したが，状況によっては片方だけの信頼区間でよいこともある．このときは**片側信頼区間**を次のように作ることができる．

$$1 - \alpha = P\Big(\theta \leqq S_1(X_1, X_2, \cdots, X_n)\Big)$$

$$1 - \alpha = P\Big(S_2(X_1, X_2, \cdots, X_n) \leqq \theta\Big)$$

なる統計量 S_1, S_2 を作り，その実現値 s_1, s_2 に対して母数 θ の信頼係数 $1 - \alpha$ の信頼区間はそれぞれ

左片側信頼区間： $-\infty < \theta \leqq s_1$

右片側信頼区間： $s_2 \leqq \theta < \infty$

で与えられる．母分散が未知の正規母集団からの無作為標本に基づく，母平均のそれぞれの片側信頼区間は

$$-\infty < \mu \leqq \overline{x} + t(n-1; \alpha)\sqrt{\frac{v}{n}}$$

$$\overline{x} - t(n-1; \alpha)\sqrt{\frac{v}{n}} \leqq \mu < \infty$$

で与えられる．

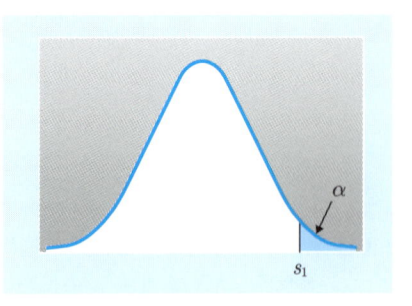

図 4.3 左片側信頼区間

例題 4.13 ──────────────── 母分散の片側信頼区間 ─

$X_1, X_2, \cdots, X_n$ を正規母集団 $N(\mu, \sigma^2)$ からの無作為標本とするとき，母分散の信頼係数 $1 - \alpha$ の左片側信頼区間および右片側信頼区間を求めよ．

[解　答] $S = \dfrac{\sum\limits_{i=1}^{n}(X_i - \overline{X})^2}{\sigma^2}$ は自由度 $n-1$ の χ^2-分布にしたがう．
$\chi^2(n-1; 1-\alpha)$ を上側 $1-\alpha$-点とすると次が成り立つ．

4.5 片側信頼区間

$$1-\alpha = P\Big(\chi^2(n-1;1-\alpha) \leqq \frac{S}{\sigma^2}\Big)$$
$$= P\Big(\sigma^2 \leqq \frac{S}{\chi^2(n-1;1-\alpha)}\Big)$$

したがって実現値 s に対して母分散の信頼係数 $1-\alpha$ の左片側信頼区間は

$$-\infty < \sigma^2 \leqq \frac{s}{\chi^2(n-1;1-\alpha)}$$

同様に $\chi^2(n-1;\alpha)$ を上側 α-点とすると次が成り立つ．

$$1-\alpha = P\Big(\frac{S}{\sigma^2} \leqq \chi^2(n-1;\alpha)\Big)$$
$$= P\Big(\frac{S}{\chi^2(n-1;\alpha)} \leqq \sigma^2\Big)$$

したがって実現値 s に対して母分散の信頼係数 $1-\alpha$ の右片側信頼区間は

$$\frac{s}{\chi^2(n-1;\alpha)} \leqq \sigma^2 < \infty$$

問　題

13.1 $X_1, X_2, \cdots, X_m$ を正規母集団 $N(\mu_1, \sigma^2)$ からの無作為標本，$Y_1, Y_2, \cdots, Y_n$ を正規母集団 $N(\mu_2, \sigma^2)$ からの無作為標本とする（等分散）．このとき母平均の差の信頼係数 $1-\alpha$ の左片側信頼区間，および右片側信頼区間を構成せよ．
ヒント　等分散のときの両側信頼区間 (4.8) を利用する．

13.2 化学製品の中に含まれる有効成分の平均について推測するために下記のデータが得られた．母平均の信頼係数 95％ の両側信頼区間と右片側信頼区間を構成せよ．

　　　　85, 46, 77, 83, 69, 58, 46, 78, 49, 82, 62, 70 (ppm)

ヒント　母分散が未知のときの信頼区間 (4.4) を利用する．

13.3 機械の摩擦係数について 2 つの方法 A, B による表面処理を比較した．これまでの経験から両方ともバラツキは同じであると考えられる．母平均の差 $\mu_1 - \mu_2$ の信頼係数 95％ の両側信頼区間と，左片側信頼区間を構成せよ．

　　方法 A(x) : 0.44, 0.54, 0.54, 0.52, 0.47, 0.45, 0.47, 0.57, 0.54, 0.52
　　方法 B(y) : 0.43, 0.30, 0.38, 0.39, 0.39, 0.41, 0.45, 0.37, 0.47

ヒント　等分散であるが未知の場合の信頼区間 (4.8) を利用する．

第 5 章
統計的仮説検定

5.1 母平均の検定

　統計的仮説検定は，得られたデータをもとに，データがしたがっている母集団分布についての疑わしい仮説を確率的に判断する方法である．仮説検定で使用する用語をまとめておく．ここで θ は母集団分布を特徴付ける母数である．

> 帰無仮説 H_0：疑わしいと思われる否定したい仮説 $H_0 : \theta = \theta_0$
> 対立仮説 H_1：帰無仮説が棄却されたときに採択する仮説
> 検定統計量：検定のときに使われる統計量でデータのみに依存する．
> 有意確率：帰無仮説が正しいときに，実現値以上に対立仮説で出現しやすい方にずれる確率
> 有意水準：有意確率がこの水準以下になると帰無仮説を棄却する目安．通常 0.05 または 0.01
> 有意：有意水準 5% で棄却されたとき，帰無仮説は有意であるという．
> 高度に有意：有意水準 1% で棄却されたとき，帰無仮説は高度に有意であるという．
> 片側検定：対立仮説が帰無仮説より大きいかあるいは小さいかの片方だけ
> 　　　　　$H_1 : \theta > \theta_0$ または $H_1 : \theta < \theta_0$
> 両側検定：両方を含む対立仮説 $H_1 : \theta \neq \theta_0$

◆ 母平均の検定（母分散が既知）

　$X_1, X_2, \cdots, X_n$ が正規母集団 $N(\mu, \sigma^2)$ からの無作為標本とする．母分散 σ^2 が分かっているときの帰無仮説 $H_0 : \mu = \mu_0$（μ_0 は既知の定数）の検定では，検定統計量

$$U_0 = \frac{\overline{X} - \mu_0}{\sqrt{\sigma^2/n}} = \frac{\sqrt{n}(\overline{X} - \mu_0)}{\sigma}$$

を使う．H_0 が正しいとき U_0 は標準正規分布 $N(0,1)$ にしたがう．$z_\alpha, z_{\alpha/2}$ を標準正規分布の上側 α-点，$\frac{\alpha}{2}$-点とし，$u_0 = \sqrt{n}(\overline{x} - \mu_0)/\sigma$ を U_0 の実現値とする．

(i) $H_1: \mu > \mu_0$ の検定は
$u_0 \geqq z_\alpha$ のとき有意水準 α で帰無仮説 H_0 を棄却
(ii) $H_1: \mu < \mu_0$ の検定は
$u_0 \leqq -z_\alpha$ のとき有意水準 α で帰無仮説 H_0 を棄却
(iii) $H_1: \mu \neq \mu_0$ の検定は
$|u_0| \geqq z_{\alpha/2}$ のとき有意水準 α で帰無仮説 H_0 を棄却

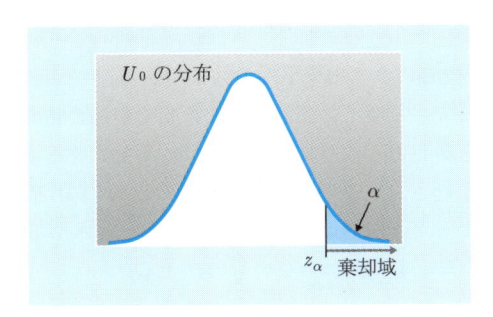

図 **5.1** 平均の片側検定

例題 5.1 ──────────────── 母平均の検定(母分散が既知)

1袋の重さの平均が 140.0 g,分散が 0.95 とされる食品がある.この食品に対して製造後に乾燥によって軽くなっているのではないかという指摘があった.そのために製造後 1 ヶ月経過したものの中から 12 袋を無作為に取り出して測定したところ次のデータが得られた.分散は変わらないとして,軽くなったといえるか検定せよ.

$$141.2,\ 138.7,\ 139.2,\ 139.3,\ 138.9,\ 139.3$$
$$138.9,\ 138.6,\ 139.1,\ 140.8,\ 138.6,\ 141.0$$

[**解 答**] 帰無仮説 $H_0: \mu = 140.0$ v.s. 対立仮説 $H_1: \mu < 140.0$ を有意水準 5% で検定する.データより $\overline{x} = 139.467$ である.したがって検定統計量 U_0 の実現値 u_0 は

$$u_0 = \frac{\sqrt{12} \times (139.467 - 140.0)}{\sqrt{0.95}} = -1.896$$

となる.$u_0 < -z_{0.05} = -1.645$ となるから有意水準 5% で帰無仮説 H_0 は棄却される.乾燥により軽くなったといえる.

問 題

1.1 帰無仮説 $H_0 : \mu = \mu_0$ v.s. 対立仮説 $H_1 : \mu > \mu_0$ のとき $u_0 \geqq z_\alpha$ ならば有意確率が α 以下になることを示せ．ただし u_0 は検定統計量 U_0 の実現値である．

ヒント $\{Z \geqq u_0\} \subset \{Z \geqq z_\alpha\}$ を使う．

1.2 正規母集団から $n = 20$ の無作為標本を取り出して標本平均の実現値を求めたところ $\bar{x} = 15.94$ であった．これまで母平均は $\mu = 15.0$ とされていた．母平均は変わったといえるか有意水準 5% で検定せよ．ただし母分散は 4 で変わらないとする．

ヒント 母分散が既知のときの母平均の検定である．

1.3 化学製品を作っているラインがある．これまで製品の粘度は 96.0 であったが，原料の仕入れを新しいところにしたために，製品の粘度が変わったのではないかという疑問が起きた．この疑問を検証するために 10 個のデータを測定したら次のようになった．帰無仮説 $H_0 = 95.0$ を有意水準 5% で検定せよ．ただし母分散は $\sigma^2 = 1.4$ で変わらないものとする．

  94.0, 96.8, 97.4, 97.2, 97.5, 95.3, 95.1, 96.8, 97.7, 96.1

ヒント 標本平均の実現値を計算する．

─標準化─

母平均 $\mu_0 = 15.0$ の仮説検定を考える．4 個のデータの平均が 15.5 で，25 個の平均が同じく 15.5 である場合，差が 0.5 であるからといって同じ結論が導かれるというのは直観的にもおかしい．このときに重要な考え方が標準化である．分散 $\sigma^2 = 1.0$ のときには，差を標準化すると $u_0 = 2 \times (15.5 - 15.0) = 1.0$ と $u_0 = 5 \times (15.5 - 15.0) = 2.5$ が得られ，検定の結果は異なるものになる．統計的推測では標準化は大事な考え方であり，一般に標本数が増えれば精度のよい推測ができることになる．

5.1 母平均の検定

◆ **母平均の検定（母分散が未知）**　母分散が未知のとき帰無仮説 $H_0 : \mu = \mu_0$ の検定統計量として，U_0 の分散の項に標本不偏分散を代入した **t-統計量**

$$T_0 = \frac{\sqrt{n}(\overline{X} - \mu_0)}{\sqrt{V}}$$

を使う．ただし

$$V = \frac{1}{n-1} \sum_{i=1}^{n} (X_i - \overline{X})^2$$

である．正規分布の性質（定理 2.3）より H_0 が正しいとき，T_0 は自由度 $n-1$ の t-分布にしたがう．$t(n-1;\alpha)$, $t(n-1;\frac{\alpha}{2})$ をそれぞれ自由度 $n-1$ の t-分布の上側 α-点，$\frac{\alpha}{2}$-点とし t_0 を T_0 の実現値とする．

> (i) $H_1 : \mu > \mu_0$ の検定は
> $t_0 \geqq t(n-1;\alpha)$ のとき有意水準 α で帰無仮説 H_0 を棄却
> (ii) $H_1 : \mu < \mu_0$ の検定は
> $t_0 \leqq -t(n-1;\alpha)$ のとき有意水準 α で帰無仮説 H_0 を棄却
> (iii) $H_1 : \mu \neq \mu_0$ の検定は
> $|t_0| \geqq t(n-1;\frac{\alpha}{2})$ のとき有意水準 α で帰無仮説 H_0 を棄却

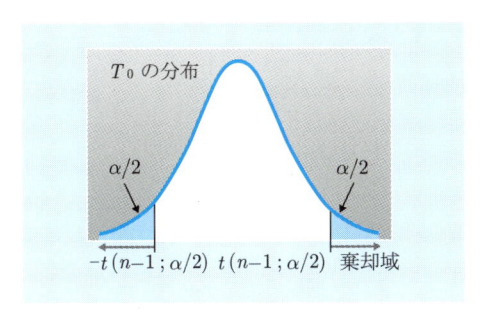

図 **5.2**　両側 t-検定

例題 5.2 ───────────────── 母平均の検定（母分散が未知）

ある化学化合物に含まれる有効成分はこれまで平均 95 mg であるとされてきた．最近仕入れる原料を変更したために，有効成分が従来と変わらないかどうか検証する必要が起きた．そのために 10 個の製品を無作為に選んで有効成分を測定したところ下記のデータが得られた．母平均はこれまでと変わらないといえるか有意水準 5% で検定せよ．

96.73, 94.18, 94.55, 95.10, 96.76, 95.14, 97.98, 95.92, 94.65, 95.38

[解　答]　帰無仮説 $H_0 : \mu = 95.0$ v.s. 対立仮説 $H_1 : \mu \neq 95.0$ の両側検定を有意水準 5% で行う．データより標本平均および標本不偏分散の実現値は

$$\overline{x} = \frac{1}{10}\sum_{i=1}^{10} x_i = 95.639$$

$$v = \frac{1}{10-1}\sum_{i=1}^{10}(x_i - \overline{x})^2$$

$$= \frac{1}{9}\left\{\sum_{i=1}^{10} x_i^2 - \frac{\left(\sum_{i=1}^{10} x_i\right)^2}{10}\right\} = 1.434$$

したがって検定統計量 T_0 の実現値 t_0 は

$$t_0 = \frac{\sqrt{10} \times (\overline{x} - 95.0)}{\sqrt{v}}$$

$$= \frac{\sqrt{10} \times (95.639 - 95.0)}{\sqrt{1.434}} = 1.687$$

付表 3 より $t(9; 0.025) = 2.262$ だから $|t_0| < t(9; 0.025)$ となり，有意水準 5% で H_0 は棄却されない．したがってこのデータからは平均が変わったとはいえない．

問題

2.1 両側検定 $H_0: \mu = \mu_0$ v.s. 対立仮説 $H_1: \mu \neq \mu_0$ のとき $|t_0| \geq t(n-1; \frac{\alpha}{2})$ ならば有意確率が α 以下になることを示せ．ただし t_0 は検定統計量 T_0 の実現値である．

ヒント $\{|T_0| \geq |t_0|\} \subset \{|T_0| \geq t(n-1; \frac{\alpha}{2})\}$ を使う．

2.2 ある機械で製造している部品の直径はこれまで，正規母集団 $N(120.0, \sigma^2)$ にしたがうと考えられてきた．しかし最近大きさがずれてきたのではないかという疑問が起こった．そこで 20 個のサンプルを無作為抽出して標本平均 $\overline{x} = 121.2$ と平方和 $s = 25.9$ の実現値が得られた．母平均は変わったといえるか，有意水準 5% で検定せよ．

ヒント 標本不偏分散の実現値 v を求める．

2.3 ある化学製品の合成時の反応温度はこれまで 70.0 度とされてきた．最近原料の購入先を変更したので反応温度が変わるかどうかを検証することになった．そのためにデータを 10 個とったものが下記の数値である．母平均は 70.0 であるという帰無仮説を有意水準 5% で検定せよ．

$$69, \ 74, \ 74, \ 71, \ 69, \ 72, \ 73, \ 68, \ 74, \ 70$$

ヒント 標本平均と標本不偏分散の実現値を求める．

---

t-分布

母分散が未知のときは，標準化の分散の項に推定量の代入が必要で，代入した t-統計量の分布を求めたのが W.S. ゴセット (1876-1937) である．

t-分布の密度関数と標準正規分布の密度関数はかなり違うものであるが，t-分布の自由度 n を無限大にすると標準正規分布の密度関数に収束する．その意味で，t-分布と標準正規分布は近いものである．

上側 α-点については必ず t-分布の方が大きい．この理由は分散に確率的に変化する量を代入したために，分布の裾の確率が大きくなったからである．

したがって推定した分散をあたかも既知のように使うと，推測の精度が落ちることになる．

5.2 母分散の検定

$X_1, X_2, \cdots, X_n$ を正規母集団 $N(\mu, \sigma^2)$ からの無作為標本とする．帰無仮説 $H_0 : \sigma^2 = \sigma_0^2$ (σ_0^2 は既知の定数) の検定統計量として

$$\frac{S}{\sigma_0^2} = \frac{1}{\sigma_0^2} \sum_{i=1}^{n} (X_i - \overline{X})^2$$

を使う．帰無仮説が正しいとき $\frac{S}{\sigma_0^2}$ は自由度 $n-1$ の χ^2-分布にしたがう．$\chi^2(n-1; \alpha)$ は χ^2-分布の上側 α-点とし，$\frac{s}{\sigma_0^2}$ を検定統計量の実現値とする．

(i) $H_1 : \sigma^2 > \sigma_0^2$ の検定は
$\frac{s}{\sigma_0^2} \geqq \chi^2(n-1; \alpha)$ のとき有意水準 α で帰無仮説 H_0 を棄却
(ii) $H_1 : \sigma^2 < \sigma_0^2$ の検定は
$\frac{s}{\sigma_0^2} \leqq \chi^2(n-1; 1-\alpha)$ のとき有意水準 α で帰無仮説 H_0 を棄却
(iii) $H_1 : \sigma^2 \neq \sigma_0^2$ の検定は，$\frac{s}{\sigma_0^2} \leqq \chi^2(n-1; 1-\frac{\alpha}{2})$ または $\frac{s}{\sigma_0^2} \geqq \chi^2(n-1; \frac{\alpha}{2})$ のとき有意水準 α で帰無仮説 H_0 を棄却

例題 5.3 ─────────────────────── 母分散の検定

自動車に使われるある部品の寸法の母分散はこれまで 0.25 であった．この部品の製造ラインに新しい機械を導入した．これにより母分散は小さくなったと思われるため，10 個の部品を無作為にとって寸法を測定したところ下記のデータが得られた．有意水準 5% で分散は変わらないという仮説を検定せよ．

15.1, 15.4, 15.2, 14.6, 15.3, 15.2, 14.8, 15.3, 15.1, 14.9

[解　答] 帰無仮説 $H_0 : \sigma^2 = 0.25$ v.s. 対立仮説 $H_1 : \sigma^2 < 0.25$ を有意水準 5% で検定する．データより平方和の実現値は

$$s = \sum_{i=1}^{10} x_i^2 - \frac{\left(\sum_{i=1}^{10} x_i\right)^2}{15} = 0.569$$

また付表 4 より $\chi^2(9; 0.95) = 3.325$ だから

5.2 母分散の検定

$$\frac{s}{0.25} = 2.276 \leqq \chi^2(9; 0.95)$$

である．したがって有意水準 5％ で帰無仮説 H_0 は棄却される．バラツキは小さくなったといえる．ちなみに母分散の推定値は

$$v = \frac{0.569}{9} = 0.063$$

である．

問 題

3.1 ある製品を製造している機械が古くなってきた．このために製品のバラツキが大きくなったのでないかという疑問が出された．これを検証するために，無作為に 15 個の標本を取り出して平方和を計算したところ，$s = 15.45$ であった．これまで分散は $\sigma^2 = 0.4$ であるとされてきた．バラツキは変わらないという仮説を有意水準 5％ で検定せよ．

[ヒント] 母分散の片側検定を使う．

3.2 ある工場で作られている電球の寿命のバラツキが大きくなったのではないかという疑問が出された．これを検証するために，あるロットから 10 個の試料を抜き取ってその寿命を検査したところ次の結果が得られた．

1850, 2030, 1950, 1990, 2100, 2090, 1920, 2110, 2010, 1900 (時間)

これまで分散は $\sigma^2 = 4000$ とされてきた．バラツキは変わらないという主張を，有意水準 5％ で検定せよ．

[ヒント] データから平方和の実現値を求める．

3.3 正規母集団 $N(\mu, \sigma^2)$ の母分散に対する帰無仮説 $H_0 : \sigma^2 = \sigma_0^2$ v.s. 対立仮説 $H_1 : \sigma^2 \neq \sigma_0^2$ の有意水準 α の両側検定と母分散の信頼係数 $1 - \alpha$ の信頼区間を考える．同じデータに基づいて検定と信頼区間を構成するものとする．H_0 が棄却されないとき，σ_0^2 は信頼区間に含まれることを示せ．

[ヒント] 棄却されないときの不等式を変形して信頼区間と比べる．

5.3 母平均の差の検定 (2標本)

$X_1, X_2, \cdots, X_m$ を正規母集団 $N(\mu_1, \sigma_1^2)$ からの無作為標本, $Y_1, Y_2, \cdots, Y_n$ を正規母集団 $N(\mu_2, \sigma_2^2)$ からの無作為標本とする. このとき帰無仮説 $H_0 : \mu_1 = \mu_2$ の検定を考える.

母平均の差の検定(母分散が既知) 2つの母分散 σ_1^2 と σ_2^2 が分かっている場合を考える. 利用する検定統計量は

$$U_0 = \frac{\overline{X} - \overline{Y}}{\sqrt{\frac{\sigma_1^2}{m} + \frac{\sigma_2^2}{n}}}$$

である. 帰無仮説 H_0 が正しいとき U_0 は標準正規分布 $N(0,1)$ にしたがう. z_α を $N(0,1)$ の上側 α-点とする. また $u_0 = (\overline{x} - \overline{y})/\sqrt{\frac{\sigma_1^2}{m} + \frac{\sigma_2^2}{n}}$ とする.

(i) $H_1 : \mu_1 > \mu_2$ の検定は
$u_0 \geqq z_\alpha$ のとき有意水準 α で帰無仮説 H_0 を棄却

(ii) $H_1 : \mu_1 < \mu_2$ の検定は
$u_0 \leqq -z_\alpha$ のとき有意水準 α で帰無仮説 H_0 を棄却

(iii) $H_1 : \mu_1 \neq \mu_2$ の検定は
$|u_0| \geqq z_{\alpha/2}$ のとき有意水準 α で帰無仮説 H_0 を棄却

例題 5.4 ─────────────────── 母平均の差の検定(母分散既知)

母分散がそれぞれ 4^2 と 6^2 の母集団から同じ標本数 n の無作為標本に基づく母平均の差の検定を考える. 帰無仮説 $H_0 : \mu_1 = \mu_2$ v.s. 対立仮説 $H_1 : \mu_1 > \mu_2$ の有意水準 5% の片側検定で標本平均の実現値の差が $\overline{x} - \overline{y} = 2.5$ のとき, 帰無仮説が棄却されるためには n はいくら以上にすればよいか.

[解 答] 帰無仮説 $H_0 : \mu_1 = \mu_2$ が棄却されるのは

$$u_0 = \frac{\overline{x} - \overline{y}}{\sqrt{\frac{4^2}{n} + \frac{6^2}{n}}} \geqq z_{0.05}$$

が成り立つときである. $z_{0.05} = 1.645$ だから

$$\frac{2.5}{\sqrt{\frac{52}{n}}} \geqq 1.645, \quad 2.5 \geqq 1.645\sqrt{\frac{52}{n}}$$

$$\sqrt{n} \geqq \frac{1.645}{2.5}\sqrt{52}, \quad n \geqq \left(\frac{1.645}{2.5}\right)^2 \times 52 = 22.514$$

となる．したがって標本数を 23 以上にすればよい．

問題

4.1 ある製品を製造している 2 つのライン A, B がある．いま A のラインの機械の部品を一部変えた．この影響を見るために A(x) から 15 個，B(y) から 16 個の無作為標本を抽出して製品の寸法を計測したところそれぞれ $\overline{x} = 115.24$, $\overline{y} = 114.95$ であった．これまでの経験から A, B の分散は $\sigma_1^2 = 0.4^2$, $\sigma_2^2 = 0.3^2$ であることが分かっており，A のラインの分散は新しい部品でも変わらないことが分かっている．母平均に差があるか有意水準 5% で検定せよ．

ヒント 母分散が既知のときの母平均の差の検定を使う．

4.2 2 つの正規母集団の母平均の比較を考える．母分散がそれぞれ $\sigma_1^2 = 1$, $\sigma_2^2 = 2$ で，標本数 $m = 12$, $n = 15$ の標本平均に基づいて有意水準 5% で検定する．帰無仮説 $H_0 : \mu_1 = \mu_2$ v.s. 対立仮説 $H_1 : \mu_1 \neq \mu_2$ の両側検定を考える．このとき標本平均の実現値の差の絶対値がいくら以上であれば棄却されるか求めよ．

ヒント 差を d とおいて，棄却されるときの不等式を変形する．

4.3 2 台の機械 A, B で同じ製品を作っている．最近製品の重量が違うのではないかという疑問が起きた．そこで A から 11 個，B から 12 個の製品をランダムに選んで重量を測定したところ下記のデータが得られた．母平均に差があるかどうか有意水準 5% で検定せよ．ただしこれまでの経験から $\sigma_1^2 = 0.4$, $\sigma_2^2 = 0.6$ であることが分かっている．

A(x) : 32.66, 31.91, 31.68, 31.46, 31.68, 32.67
31.82, 31.71, 31.73, 32.62, 32.93
B(x) : 33.23, 34.45, 33.39, 34.99, 33.22, 33.86
34.03, 34.63, 33.03, 35.48, 34.37, 35.08

ヒント それぞれの標本平均の実現値を求める．

4.4 2 つの測定法 A, B で同じ製品の測定を行っているが，A(x) の機械の方が B(y) の測定値より大きく出るのではないかという疑問が起きた．そこで製品の中から無作為にそれぞれ 9 個ずつ選んで測定を行った．その結果 $\overline{x} = 15.19$, $\overline{y} = 14.98$ が得られた．これまでの経験から両者の分散は等しくて $\sigma_1^2 = \sigma_2^2 = 0.025$ であることが分かっている．帰無仮説 $H_0 : \mu_1 = \mu_2$ v.s. 対立仮説 $H_1 : \mu_1 > \mu_2$ の有意確率を求めよ．

ヒント 検定統計量の実現値を u_0 とするとき，$U_0 \geqq u_0$ の確率を求める．

母平均の差の検定（等分散で未知）　母分散は未知ではあるが，等しいとみなせるときの検定を構成する．すなわち正規母集団 $N(\mu_1, \sigma^2)$ と $N(\mu_2, \sigma^2)$ からの無作為標本のとき，帰無仮説 $H_0 : \mu_1 = \mu_2$ の検定を考える．このとき検定統計量として

$$T_0 = \frac{\overline{X} - \overline{Y}}{\sqrt{\left(\frac{1}{m} + \frac{1}{n}\right)V}}$$

を使う．ただし共通の母分散 σ^2 の不偏推定量 V は

$$V = \frac{1}{m+n-2}\left\{\sum_{i=1}^{m}(X_i - \overline{X})^2 + \sum_{i=1}^{n}(Y_i - \overline{Y})^2\right\}$$

で与えられる．H_0 が正しいとき，T_0 は自由度 $m+n-2$ の t-分布にしたがう．T_0 の実現値

$$t_0 = \frac{\overline{x} - \overline{y}}{\sqrt{\left(\frac{1}{m} + \frac{1}{n}\right)v}}$$

を使って，1 つの母集団分布の母平均のときと同じように検定は

(i) $H_1 : \mu_1 > \mu_2$ の検定は
$t_0 \geqq t(m+n-2; \alpha)$ のとき有意水準 α で帰無仮説 H_0 を棄却

(ii) $H_1 : \mu_1 < \mu_2$ の検定は
$t_0 \leqq -t(m+n-2; \alpha)$ のとき有意水準 α で帰無仮説 H_0 を棄却

(iii) $H_1 : \mu_1 \neq \mu_2$ の検定は
$|t_0| \geqq t(m+n-2; \frac{\alpha}{2})$ のとき有意水準 α で帰無仮説 H_0 を棄却

で与えられる．

例題 5.5 ――― 母平均の差の検定（等分散）

2つのライン A, B で同じ化学製品を生産している．2つのラインによって化合物の有効成分に違いがあるかどうかを調べることになった．これまでの経験から両方のラインの分散は等しいと見なせることが分かっている．母平均に差があるか有意水準 5% で検定せよ．

ライン A(x) : 8.5, 7.6, 8.5, 8.1, 9.5, 8.0, 7.2, 7.8, 7.1, 7.6
ライン B(y) : 8.1, 8.7, 8.5, 8.6, 7.8, 8.8, 9.8, 9.5, 9.7, 9.8

［解　答］帰無仮説 $H_0 : \mu_1 = \mu_2$ v.s. 対立仮説 $H_1 : \mu_1 \neq \mu_2$ を有意水準 5%で検定する．データより $m = n = 10$

$$\overline{x} = 7.99, \quad \overline{y} = 8.93$$

$$s_1 = \sum_{i=1}^{10}(x_i - \overline{x})^2 = 4.569$$

$$s_2 = \sum_{i=1}^{10}(y_i - \overline{y})^2 = 4.761$$

$$v = \frac{1}{10+10-2} \times (4.569 + 4.761) = 0.518$$

したがって検定統計量 T_0 の実現値は

$$t_0 = \frac{\overline{x} - \overline{y}}{\sqrt{\left(\frac{1}{10} + \frac{1}{10}\right)v}} = -2.919$$

付表 3 より $t(18; 0.025) = 2.101$ であるから

$$|t_0| \geq t(18; 0.025)$$

となり，有意水準 5%で H_0 は棄却される．

問題

5.1 2つの正規母集団 $N(\mu_1, \sigma^2)$, $N(\mu_2, \sigma^2)$（等分散）からそれぞれ m 個と n 個の無作為標本を取り出したとする．この標本に基づいて帰無仮説 $H_0 : \mu_1 - \mu_2 = \delta_0$（既知の値）v.s. 対立仮説 $H_1 : \mu_1 - \mu_2 \neq \delta_0$ の有意水準 α の検定を構成せよ．

ヒント H_0 の下で $\overline{X} - \overline{Y} - \delta_0 \sim N\left(0, \left(\frac{1}{m} + \frac{1}{n}\right)\sigma^2\right)$ となることを使う．

5.2 例題 5.5 のデータに基づいて母平均の差に対する信頼係数 95% の信頼区間を求め，帰無仮説の主張が区間に入っているかどうか検証せよ．

ヒント 信頼区間を求めて $\mu_1 - \mu_2 = 0$ が入っているかどうか調べる．

5.3 2つの正規母集団の母平均の比較のために 11 個と 12 個の無作為標本に基づいて総和と平方和を計算したところ次の値が得られた．これまでの経験から分散は等しいと見なせる．帰無仮説 $H_0 : \mu_1 = \mu_2$ v.s. 対立仮説 $H_1 : \mu_1 > \mu_2$ を有意水準 5% で検定せよ．

$$\sum_{i=1}^{11} x_i = 45.3, \quad \sum_{i=1}^{12} y_i = 47.5$$

$$s_1 = \sum_{i=1}^{11}(x_i - \overline{x})^2 = 24.56, \quad s_2 = \sum_{i=1}^{12}(y_i - \overline{y})^2 = 28.45$$

ヒント 等分散のときの母平均の差の検定を使う．

5.4 大学入学後の国語の学力をみるために，文系と理系の学生を無作為に 10 人と 11 人抽出して試験を行った結果が次のデータである．なお文系と理系では学力のバラツキは同じぐらいと考えられる．文系の方が理系より国語の学力があるといえるか検定せよ．

文系 (x) : 82, 75, 70, 70, 58, 84, 62, 63, 74, 90

理系 (y) : 59, 70, 74, 71, 70, 87, 56, 64, 83, 75, 56

ヒント データより標本平均の差および標本分散の実現値を求める．

5.3 母平均の差の検定 (2 標本)

母平均の差の検定（母分散が完全に未知，ウェルチの検定） 母分散 σ_1^2 と σ_2^2 が完全に未知の場合は信頼区間と同じようにウェルチの方法を使って近似的な検定が構成できる．検定統計量は

$$\widetilde{T}_0 = \frac{\overline{X} - \overline{Y}}{\sqrt{\frac{V_1}{m} + \frac{V_2}{n}}}$$

である．ただし

$$V_1 = \frac{1}{m-1}\sum_{i=1}^{m}(X_i - \overline{X})^2, \quad V_2 = \frac{1}{n-1}\sum_{i=1}^{n}(Y_i - \overline{Y})^2$$

この $\widetilde{T}_0$ は自由度 d の t-分布に近似的にしたがう．ここで自由度 d は式 (4.8) で与えられる．これがウェルチの検定である．対立仮説の違いによる検定は前と同じである．

例題 5.6 ──────────────── 母平均の差の検定（ウェルチの検定）

工業用の素材を納入している A, B 2 社の素材の有効成分の含有率に違いがあるかどうかを検証することになった．A 社の素材から 10 個，B 社の素材から 12 個を無作為に取り出して有効成分を調べたところ次のデータが得られた．母平均に差があるかどうか有意水準 5% で検定せよ．

A 社 (x): 65.5, 65.2, 67.0, 65.4, 65.6, 66.7, 65.2, 66.0, 66.1, 65.1
B 社 (y): 65.2, 65.1, 64.1, 63.5, 63.5, 62.9, 64.2, 64.9, 64.9, 63.9, 64.1, 62.9

[解 答] 帰無仮説 $H_0: \mu_1 = \mu_2$ v.s. 対立仮説 $H_1: \mu_1 \neq \mu_2$ を有意水準 5% で検定する．データより $m=10$, $n=12$ で

$$\overline{x} = 65.78, \quad \overline{y} = 64.1$$

$$s_1 = 3.876, \quad s_2 = 7.14, \quad v_1 = 0.431, \quad v_2 = 0.649$$

$$\widetilde{t}_0 = \frac{\overline{x} - \overline{y}}{\sqrt{\frac{v_1}{10} + \frac{v_2}{12}}} = 5.390$$

$$d = \frac{\left(\frac{v_1}{10} + \frac{v_2}{12}\right)^2}{\left(\frac{v_1}{10}\right)^2/9 + \left(\frac{v_2}{12}\right)^2/11} = 19.996$$

付表 3 より $t(19.996; 0.025)$ の近似は

$$t(19.996; 0.025) = 0.004 \times t(19; 0.025) + 0.996 \times t(20; 0.025) = 2.086$$

$|\widetilde{t}_0| \geq t(19.996; 0.025)$ であるから，有意水準 5% で帰無仮説 H_0 は棄却される．2 社の製品に差があるといえる．

問題

6.1 $m = n$ のとき
$$\frac{V_1}{m} + \frac{V_2}{n} = \left(\frac{1}{m} + \frac{1}{n}\right)V$$
が成り立つことを示せ．ただし V_1, V_2 はそれぞれの標本不偏分散で，V は共通の不偏分散推定量である．

ヒント 平方和に戻して等号を示す．

6.2 $V_1 = V_2$ のとき
$$\frac{V_1}{m} + \frac{V_2}{n} = \left(\frac{1}{m} + \frac{1}{n}\right)V$$
が成り立つことを示せ．ただし V_1, V_2 はそれぞれの標本不偏分散で，V は共通の不偏分散推定量である．

ヒント 問題 6.1 と同様に平方和に戻して等号を示す．

6.3 例題 5.6 を誤って等分散と思って解析したとしたら結論はどうなるか．

ヒント 共通の分散の推定量の実現値を求め，自由度 $10 + 12 - 2 = 20$ で検定する．

6.4 半導体用の材料について不純物が多いことが問題になっていた．そこで新しい洗浄化処理を採用して不純物を減らすことにした．洗浄化処理が有効かどうかを検証するためにこれまでの方法で 11 個のデータ，処理を施したものから 10 個のデータを無作為に抽出した．それが次の結果である．処理は不純物を減らすのに有効か有意水準 5% で検定せよ．

　　従来法 (x)：94, 88, 81, 111, 88, 91, 123, 97, 115, 111, 75

　　処理後 (y)：71, 83, 72, 80, 66, 81, 68, 70, 72, 89

ヒント ウェルチの検定を使って自由度 d を求めて検定する．

5.4 等分散の検定 (2 標本)

$X_1, X_2, \cdots, X_m$ を正規母集団 $N(\mu_1, \sigma_1^2)$ からの無作為標本, $Y_1, Y_2, \cdots, Y_n$ を正規母集団 $N(\mu_2, \sigma_2^2)$ からの無作為標本とする. このとき 2 つの母集団の母分散の比較として等分散の検定, すなわち帰無仮説 $H_0 : \sigma_1^2 = \sigma_2^2$ を考える. 検定統計量はそれぞれの不偏分散 V_1, V_2 を使って

$$F_0 = \frac{V_1}{V_2}$$

で与えられる. $H_0 : \sigma_1^2 = \sigma_2^2$ が正しいとき, F-分布の導出法より, F_0 は自由度 $(m-1, n-1)$ の F-分布にしたがう. したがって F-分布の上側 α-点を使って検定できる. 対立仮説 $H_1 : \sigma_1^2 \neq \sigma_2^2$ の両側検定は次のようになる.

実現値 v_1, v_2, $f_0 = \frac{v_1}{v_2}$ に対して
$f_0 \geqq F\left(m-1, n-1; \frac{\alpha}{2}\right)$ または $f_0 \leqq F\left(m-1, n-1; 1-\frac{\alpha}{2}\right)$ のとき
有意水準 α で帰無仮説 H_0 を棄却

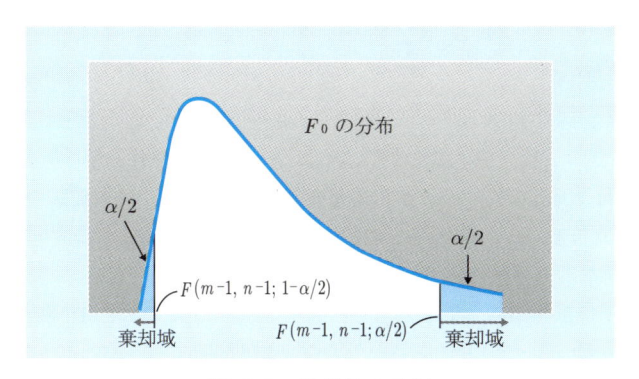

図 5.3 等分散の検定

実際に検定するときは, v_1, v_2 の大きな方を分子にもっていき, 分子, 分母の自由度に気を付けて, 上側 $\frac{\alpha}{2}$-点を使えばよい.

---例題 5.7--- ━━━━━━━━━━━━━━━━━━━ 等分散の検定

自動車用のオイルを生産している A, B 2 社の製品の粘度について調べたものが次のデータである．2 社の製品のバラツキに違いがあるかどうか有意水準 5% で検定せよ．

A 社 (x)：12.28, 12.27, 12.30, 12.32, 12.27, 12.27, 12.28, 12.29
B 社 (y)：12.31, 12.31, 12.30, 12.32, 12.27, 12.31, 12.29, 12.26, 12.33, 12.31

[解　答]　データより $m = 8, n = 10$ で

$$\overline{x} = 12.285, \qquad \overline{y} = 12.301$$
$$s_1 = 2.2 \times 10^{-3}, \qquad s_2 = 4.29 \times 10^{-3}$$
$$v_1 = 3.143 \times 10^{-4}, \qquad v_2 = 4.767 \times 10^{-4}$$

だから検定統計量 F_0 の実現値は

$$f_0 = \frac{v_2}{v_1} = \frac{4.767 \times 10^{-4}}{3.143 \times 10^{-4}} = 1.517$$

付表 5 より $F(9, 7; 0.025) = 4.823$ だから $f_0 \leqq F(9, 7; 0.025)$ となり，有意水準 5% で H_0 は棄却されない．すなわち現在のところ 2 社の製品のバラツキに違いがあるとはいえない．

━━━━━━━━━━━━━━━━━ 問 題 ━━━━━━━━━━━━━━━━━

7.1　$X_1, X_2, \cdots, X_m$ を正規母集団 $N(\mu_1, \sigma_1^2)$ からの無作為標本，$Y_1, Y_2, \cdots, Y_n$ を正規母集団 $N(\mu_2, \sigma_2^2)$ からの無作為標本とする．帰無仮説 $H_0 : \sigma_1^2 = \sigma_2^2$ v.s. 対立仮説 $H_1 : \sigma_1^2 > \sigma_2^2$ の有意水準 α の片側検定を構成せよ．
　ヒント　標本不偏分散 V_1, V_2 を使う．

7.2　2 つの正規母集団の分散が等しいかどうか比較するために 15 個と 17 個の無作為標本を抽出して平方和を計算した．その結果 $s_1 = 124, s_2 = 254$ の実現値が得られた．等分散を有意水準 5% で検定せよ．
　ヒント　標本不偏分散の実現値 v_1, v_2 を求めて両側検定を行う．

7.3　$X_1, X_2, \cdots, X_m$ を正規母集団 $N(\mu_1, \sigma_1^2)$ からの無作為標本，$Y_1, Y_2, \cdots, Y_n$ を正規母集団 $N(\mu_2, \sigma_2^2)$ からの無作為標本とする．母平均 μ_1, μ_2 が既知のときに，帰無仮説 $H_0 : \sigma_1^2 = \sigma_2^2$ v.s. 対立仮説 $H_1 : \sigma_1^2 \neq \sigma_2^2$ の有意水準 α の検定を構成せよ．
　ヒント　$V_1^* = \dfrac{1}{m}\sum_{i=1}^{m}(X_i - \mu_1)^2, V_2^* = \dfrac{1}{n}\sum_{i=1}^{n}(Y_i - \mu_2)^2$ を使う．

正規母集団について

　統計的仮説検定においては帰無仮説のもとで，利用する検定統計量の分布が特定される必要がある．もとの母集団分布が正規分布であれば t-分布, χ^2-分布などが得られるが，他の母集団分布では t-統計量の分布を求めることは不可能である．したがって実際に検定を行うときはデータが正規分布と見なせるかどうかをチェックする必要がある．データのしたがう分布が正規分布であるかどうかをチェックする検定統計量も種々提案されている．簡便な方法としては正規確率紙にプロットして正規分布かどうかチェックする方法が利用されている．しかし標本数が大きいときには，中心極限定理により母集団分布が正規分布でなくとも近似的に t-分布, χ^2-分布などが適用できることが知られている．

　他方，分布に対する条件を仮定しない方法として順位検定と呼ばれるものがある．互いに独立で同じ分布にしたがっている確率変数に対して，その順位を使う検定である．順位の分布は緩やかな仮定のもとで母集団分布に依存せずに決まる．データの値を順位に置き換えるために，直観的には効率が落ちるように思えるが，実際はそれほど落ちないということが示されている．

　これらの方法はノンパラメトリック推測と呼ばれ，正規分布を仮定できない状況で利用されている．さらに 1980 年代から盛んに研究されている統計的リサンプリング法は計算負荷は大きいけれども，正規性に依存せず汎用性の高いものとして有用であることが示されている．これらを活用していけば，正規母集団にこだわって統計手法を構成する必要はなくなる．

5.5 種々の検定

◆ **対応のあるデータ** $X_1, X_2, \cdots, X_n$ と $Y_1, Y_2, \cdots, Y_n$ の無作為標本に対して，統計モデルとして

$$X_i = \mu_1 + \xi_i + \varepsilon_i$$
$$Y_i = \mu_2 + \xi_i + \varepsilon_i' \qquad (i = 1, 2, \cdots, n)$$

の構造を仮定する．ここで ξ_i は i 番目に共通の要素の影響を表す母数で，$\varepsilon_i, \varepsilon_i'$ は

$$E(\varepsilon_i) = E(\varepsilon_i') = 0$$

を満たし，互いに独立で同じ正規分布にしたがうと仮定する．母数 μ_1 と母数 μ_2 の比較，すなわち帰無仮説 $H_0 : \mu_1 = \mu_2$ の検定を考える．ξ_i の影響を取り除くためには，$Z_i = X_i - Y_i$ をもとにすればよい．このとき Z_i は正規分布 $N(\mu_1 - \mu_2, \sigma_z^2)$ にしたがう．ただし分散

$$\sigma_z^2 = V(\varepsilon_i) + V(\varepsilon_i')$$

は未知である．検定統計量としては

$$T_0 = \frac{\overline{Z}}{\sqrt{V_z/n}}$$

を使えばよい．ここで

$$\overline{Z} = \frac{1}{n}\sum_{i=1}^{n} Z_i$$
$$V_z = \frac{1}{n-1}\sum_{i=1}^{n}(Z_i - \overline{Z})^2$$

である．

◆ **比率の検定** 製品の**不良率**などの，比率 p の正規近似による検定を考える．n 個の中で条件を満たす個数を X とすると，X は二項分布 $B(n,p)$ にしたがう．X をもとにして比率 p に対する帰無仮説 $H_0 : p = p_0$ の検定を構成する．二項分布の正規近似より

$$\frac{X - np}{\sqrt{np(1-p)}} \approx N(0,1)$$

である．したがって対立仮説 $H_1 : p \neq p_0$ に対する両側検定では，X の実現値 x に対して

$$\left|\frac{x - np_0}{\sqrt{np_0(1-p_0)}}\right| \geqq z_{\alpha/2}$$

のとき，有意水準 α で帰無仮説 H_0 は棄却される．片側検定も同様に構成される．

5.5 種々の検定

2つの比率が同じかどうかの検定もできる．X_1 を二項分布 $B(n_1, p_1)$，X_2 を二項分布 $B(n_2, p_2)$ にしたがう確率変数とする．このとき帰無仮説 $H_0 : p_1 = p_2$ の検定統計量として

$$U_0 = \frac{X_1/n_1 - X_2/n_2}{\sqrt{\bar{p}(1-\bar{p})(\frac{1}{n_1} + \frac{1}{n_2})}} \approx N(0,1)$$

を使う．ここで $\bar{p}$ は帰無仮説が正しいときの共通の不良率の推定量

$$\bar{p} = \frac{X_1 + X_2}{n_1 + n_2}$$

である．検定統計量の実現値と標準正規分布の上側 α-点とを比較して検定ができる．

例題 5.8 ─────────────────── 不良率の改善

不良率が 0.05 であるとされていた製造ラインの改良を行った．無作為に 400 個の製品を抽出して不良品の個数を調べたところ，10 個であった．不良率は改善されたといえるか．

[解　答] 帰無仮説 $H_0 : p = 0.05$ v.s. 対立仮説 $H_1 : p < 0.05$ の片側検定を，有意水準 5% で行う．データから $n = 400$, $x = 10$, $p_0 = 0.05$ であるから

$$u_0 = \frac{x - np_0}{\sqrt{np_0(1-p_0)}}$$

$$= \frac{10 - 400 \times 0.05}{\sqrt{400 \times 0.05 \times (1 - 0.05)}} = -2.294$$

付表 2 より $-z_{0.05} = -1.645$ であるから，有意水準 5% で帰無仮説 H_0 は棄却される．不良率は改善されたとはいえない．

問題

8.1 血圧を下げる降圧剤の有効性を検証するために，無作為に選んだ 15 人の軽度の高血圧の人に対して臨床試験を行った．その結果，薬の服用前から服用後を引いた差は次のようになった．降圧剤は効果があるといえるか有意水準 5% で検定せよ．

$$2,\ 6,\ 9,\ -5,\ -3,\ 5,\ 6,\ 8,\ -2,\ 0,\ 6,\ 7,\ 3,\ -4,\ 6$$

[ヒント] 標本不偏分散の実現値を求め，片側検定を行う．

8.2 ポジフィルムの巻き始めと巻き終わりで感光度を測定したところ，次の結果を得た．巻き始めと巻き終わりでは感光度に差があるといえるか．有意水準 5% で検定せよ．

フィルム	1	2	3	4	5	6	7	8	9	10
巻き始め	27	26	30	28	27	26	28	29	27	26
巻き終わり	27	25	29	26	27	27	27	27	30	30

[ヒント] 差をとって両側検定を行う．

8.3 ある電子部品の製造工程の母不良率は，これまで 3% であった．製造工程の老朽化に伴って最近不良品が増えてきたようなので，ランダムにサンプルを 300 個とって不良品を調べた．その結果 18 個が不良品であった．母不良率が 3% であるという仮説を有意水準 5% で検定せよ．また母不良率 p の信頼係数 95% の両側信頼区間を求めよ．

[ヒント] 検定は片側検定である．

8.4 同じ製品を作っている 2 つの製造ラインについて不良率に差があるのではないかという疑問が出された．そこで 2 つのラインから無作為に標本を抽出して不良品を調べたところ A のラインは 300 個の中で不良品が 4 個，B のラインでは 200 個の中で不良品が 5 個であった．不良率に差があるといえるか有意水準 5% で検定せよ．

[ヒント] 共通の不良率を推定して，比率の差の両側検定を行う．

5.5 種々の検定

◆ **適合度検定** データの出現範囲が k 個のクラス（級，セルともいう）に分かれているとする．各クラスの観測度数を $x_1, x_2, \cdots, x_k$ とし総度数を

$$n = \sum_{i=1}^{k} x_i$$

とおく．帰無仮説 H_0 が正しいときの各クラスの出現確率を $p_1, p_2, \cdots, p_k$ ($\sum_{i=1}^{k} p_i = 1$) とする．仮説 H_0 が正しいときの各クラスの期待度数は $e_i = np_i$ である．

表 5.1 適合度検定のモデル

クラス	1	2	$\cdots$	k	計
出現確率	p_1	p_2	$\cdots$	p_k	1
期待度数	$e_1 = np_1$	$e_2 = np_2$	$\cdots$	$e_k = np_k$	n
観測度数	X_1	X_2	$\cdots$	X_k	n

帰無仮説 H_0 の検定統計量としては，観測度数と期待度数の差を 2 乗して，重みを付けて加えた

$$\chi_0^2 = \sum_{i=1}^{k} \frac{(X_i - e_i)^2}{e_i}$$

が使われる．多項分布の正規近似を使うと次の定理が得られる．

> **定理 5.1** n が十分大きいときに帰無仮説 H_0 が正しければ χ_0^2 は自由度 $k-1$ の χ^2-分布にしたがう．

この定理を使うと「帰無仮説 H_0：出現確率は p_i ($i = 1, \cdots, k$) v.s. 対立仮説 $H_1 : H_0$ ではない」の検定は，有意水準 α に対して

$$\chi_0^2 \geqq \chi^2(k-1; \alpha) \text{ のとき } H_0 \text{ を棄却}$$

となる．この検定を**適合度の χ^2 検定**と呼ぶ．

仮説 H_0 のもとで p_i ($i = 1, \cdots, k$) が直接決まれば自由度は $k-1$ であるが，p_i を決めるときに未知の母数を推定した場合は，推定した母数の個数 l を自由度から引かないといけない．すなわち，比べる上側 α-点は $\chi^2(k-l-1; \alpha)$ となる．また観測度数は 5 以上ぐらいになる方が近似はよいので，5 以下のクラスは合併して解析することが多い．

例題 5.9 ─────────────────────────── 適合度検定

ある商品について毎日の返品件数を過去 3 ヶ月にわたって調べたところ，次の結果が得られた．毎日の返品件数はポアソン分布に適合しているといえるか．

返品件数	0	1	2	3	4	5	6	7	8	計
日数	20	23	21	10	7	5	3	2	1	92

[解　答]　「帰無仮説 H_0：返品件数はポアソン分布にしたがう v.s. 対立仮説 H_1：H_0 ではない」を有意水準 5% で検定する．延べの返品件数は

$$0 \times 20 + 1 \times 23 + 2 \times 21 + \cdots + 8 \times 1 = 188$$

となる．したがって 1 日の平均返品件数は $\widehat{\lambda} = \frac{188}{92} = 2.0435$ となるから，H_0 が正しいと平均 $\lambda = 2.0435$ のポアソン分布にしたがうと考える．それぞれの確率を求めると

$$\widehat{p}_0 = e^{-2.0435} \times \frac{2.0435^0}{0!} = 0.130$$

$$\widehat{p}_1 = e^{-2.0435} \times \frac{2.0435^1}{1!} = 0.265$$

$$\widehat{p}_2 = e^{-2.0435} \times \frac{2.0435^2}{2!} = 0.271$$

$$\widehat{p}_3 = e^{-2.0435} \times \frac{2.0435^3}{3!} = 0.184$$

$$\widehat{p}_4 = e^{-2.0435} \times \frac{2.0435^4}{4!} = 0.094$$

$$\widehat{p}_5 = e^{-2.0435} \times \frac{2.0435^5}{5!} = 0.038$$

期待度数が 5 以上になるようにした方が χ^2-分布での近似がよいから，返品件数 5 件以上をまとめる．5 件以上の確率は

$$\widehat{p}_{5+} = 1 - (0.130 + 0.265 + 0.271 + 0.184 + 0.094) = 0.056$$

となる．したがって期待度数はそれぞれの確率に 92 を掛ければよいから

$$\chi_0^2 = \frac{(20-11.92)^2}{11.92} + \frac{(23-24.36)^2}{24.36} + \frac{(21-24.90)^2}{24.90} + \frac{(10-16.96)^2}{16.96}$$

$$+ \frac{(7-8.67)^2}{8.67} + \frac{(11-5.2)^2}{5.2} = 15.82$$

自由度は 1 個の母数を推定したので，$6-2=4$ である．$\chi^2(4; 0.05) = 9.488$ であるから有意水準 5% で帰無仮説 H_0 は棄却される．すなわち返品件数はポアソン分布に適合していない．

問 題

9.1 ある市で 6ヶ月間に起こった交通事故件数を曜日別に分類すると次の表のようになった．事故件数は曜日によって変わらないという帰無仮説を有意水準 5% で検定せよ．

曜日	日	月	火	水	木	金	土	計
事故件数	21	13	14	8	10	14	18	98

ヒント 帰無仮説の下で各曜日に事故の起こる確率は $\frac{1}{7}$ である．

9.2 メンデルの法則によるとエンドウ豆の 4 種類の豆（黄色・丸，黄色・しわ，緑・丸，緑・しわ）は $9:3:3:1$ となるはずである．次のデータはこの法則に合っているか．適合度検定を有意水準 5% で検定せよ．

表現型	黄色・丸	黄色・しわ	緑・丸	緑・しわ	計
観測度数	231	78	90	32	431

ヒント 出現確率はそれぞれ $\frac{9}{16}, \frac{3}{16}, \frac{3}{16}, \frac{1}{16}$ である．

9.3 画鋲を 5 個ずつ 200 回投げて画鋲が上を向いた数を調べたものが下記のデータである．上向きの画鋲の数は二項分布にしたがうといえるか．

上向きの数	0	1	2	3	4	5	計
観測度数 x_i	0	4	21	75	61	39	200

ヒント 上向きになる確率 p を推定してから，各クラスに入る確率を求める．

5.6 検定の性質

◆ **検定の誤りと検出力**　統計的仮説検定においては，次の 2 種類の誤りがある．

> 第 1 種の誤り：帰無仮説 H_0 が正しいにもかかわらず H_0 を棄却する誤り
> 第 2 種の誤り：対立仮説 H_1 が正しいにもかかわらず H_0 を棄却しない誤り

仮説検定は第 1 種の誤りをおかす確率を有意水準で制御している．他方，第 2 種の誤りの確率については，**検出力**と呼ばれる形で評価される．検出力は H_1 が正しいときに正しく H_0 を棄却する確率である．したがって第 2 種の誤りの確率を β とおくと，検出力は $p = 1 - \beta$ となる．

◆ **信頼区間と検定**　多くの場合，信頼区間は仮説検定で棄却されないような母平均 μ の全体となる．例えば実現値 $x_1, x_2, \cdots, x_n, \bar{x}, v$ に対して，母平均 μ の信頼係数 $1 - \alpha$ の両側信頼区間を

$$I = \left[\bar{x} - t\left(n-1; \frac{\alpha}{2}\right)\sqrt{\frac{v}{n}},\ \bar{x} + t\left(n-1; \frac{\alpha}{2}\right)\sqrt{\frac{v}{n}}\right]$$

とおく．また検定において帰無仮説 $H_0 : \mu = \mu_0$ v.s. 対立仮説 $H_1 : \mu \neq \mu_0$ を考えると

> $\mu_0 \in I \iff$ 有意水準 α で帰無仮説 H_0 を棄却しない
> $\mu_0 \notin I \iff$ 有意水準 α で帰無仮説 H_0 を棄却する

の関係がある．

> **例題 5.10** ──────────────────────── 検定の検出力 ─
>
> $X_1, X_2, \cdots, X_n$ を正規母集団 $N(\mu, 1)$ からの無作為標本とする.また $Y_1, Y_2, \cdots, Y_n$ を正規母集団 $N(\mu, 2)$ からの無作為標本とする.標本数が同じそれぞれの無作為標本に基づいて,帰無仮説 $H_0 : \mu = 0$ v.s. 対立仮説 $H_1 : \mu > 0$ の片側検定を考える.検定統計量
>
> $$\frac{\overline{X}}{\sqrt{1/n}} = \sqrt{n}(\overline{X}) \quad \text{と} \quad \frac{\overline{Y}}{\sqrt{2/n}} = \sqrt{\frac{n}{2}}(\overline{Y})$$
>
> に基づく有意水準 5% の検定の検出力をそれぞれ $\beta_X(\mu), \beta_Y(\mu)$ とおく.このとき $\beta_X(\mu) > \beta_Y(\mu)$ が成り立つことを示せ.

[解 答] 分散が既知の検定法より検出力は

$$\begin{aligned}\beta_X(\mu) &= P_\mu(\sqrt{n}(\overline{X}) \geqq z_{0.05}) \\ &= P_\mu(\sqrt{n}(\overline{X} - \mu) \geqq z_{0.05} - \sqrt{n}\,\mu)\end{aligned}$$

となる.$\sqrt{n}(\overline{X} - \mu)$ は標準正規分布 $N(0,1)$ にしたがうから,分布関数 $\Phi(x)$ を使うと

$$\begin{aligned}\beta_X(\mu) &= 1 - \Phi(z_{0.05} - \sqrt{n}\,\mu) \\ &= 1 - \Phi(1.645 - \sqrt{n}\,\mu) = \Phi(\sqrt{n}\,\mu - 1.645)\end{aligned}$$

となる.同様に

$$\begin{aligned}\beta_Y(\mu) &= P_\mu\left(\sqrt{\frac{n}{2}}(\overline{Y}) \geqq z_{0.05}\right) \\ &= P_\mu\left(\sqrt{\frac{n}{2}}(\overline{Y} - \mu) \geqq z_{0.05} - \sqrt{\frac{n}{2}}\,\mu\right) \\ &= \Phi\left(\sqrt{\frac{n}{2}}\,\mu - 1.645\right)\end{aligned}$$

が成り立つ.ここで $\mu > 0$ に対して

$$\sqrt{n}\,\mu - 1.645 > \sqrt{\frac{n}{2}}\,\mu - 1.645$$

である.分布関数は単調増加関数であるから $\beta_X(\mu) > \beta_Y(\mu)$ となる.

問題

10.1 例題 5.10 の $\{X_i\}$ に基づく検定において $\mu = 1$ のときの検出力を 0.9 以上にするには標本数 n はいくら以上にすればよいか．

ヒント 付表 2 の上側 10% 点を利用する．

10.2 $X_1, X_2, \cdots, X_n$ を正規母集団 $N(\mu, 4)$ からの無作為標本とする．帰無仮説 $H_0 : \mu = 0$ v.s. 対立仮説 $H_1 : \mu > 0$ の有意水準 5% の片側検定の検出力を考える．$\mu = 1$ のときの検出力を 0.9 以上にするには標本数 n はいくら以上にすればよいか．

ヒント 例題 5.10 と同じようにして検出力を求める．

10.3 有効成分の含有量のバラツキを調べるために，無作為抽出した 10 個の製品の含有量を調べた結果が下記の数値である．これまで分散は $\sigma^2 = 0.5$ であるとされてきた．帰無仮説 $H_0 : \sigma^2 = 0.5$ v.s. 対立仮説 $H_1 : \sigma^2 \neq 0.5$ を有意水準 5% で検定せよ．また信頼係数 95% の両側信頼区間を構成し，検定との関連を調べよ．

$$49.0,\ 51.5,\ 49.0,\ 52.0,\ 51.5,\ 50.5,\ 50.5,\ 50.0,\ 52.5,\ 50.5$$

ヒント データより平方和の実現値 s を求める．

10.4 10 個の原料について水分含有率を測定した結果が下記のデータである．水分含有率の母平均は 75.0% といえるか．有意水準 5% で検定せよ．また信頼係数 95% の信頼区間を構成し，検定との関連を調べよ．

$$73.4,\ 75.4,\ 72.9,\ 74.2,\ 76.2,\ 73.9,\ 75.1,\ 73.7,\ 74.6,\ 75.0$$

ヒント データより標本平均と標本分散の実現値 $\bar{x}, v$ を求める．

5.7 分散分析

◆ **一元配置実験**　品質管理の分野で重要な役割をもつ一元配置実験のモデルは

表 5.2　一元配置実験

	1	2	$\cdots$	n	計
A_1	X_{11}	X_{12}	$\cdots$	X_{1n}	$X_{1\cdot}$
A_2	X_{21}	X_{22}	$\cdots$	X_{2n}	$X_{2\cdot}$
$\vdots$	$\vdots$	$\vdots$	$\ddots$	$\vdots$	$\vdots$
A_a	X_{a1}	X_{a2}	$\cdots$	X_{an}	$X_{a\cdot}$

の a 組の標本があって

$$X_{ij} = \mu + \alpha_i + \varepsilon_{ij} \quad (i=1,2,\cdots,a; j=1,2,\cdots,n)$$

と表せるとする．ここで ε_{ij} $(1 \leqq i \leqq a; 1 \leqq j \leqq n)$ は互いに独立で同じ正規分布 $N(0, \sigma_e^2)$（等分散を仮定）にしたがうとし，$\sum_{i=1}^{a} \alpha_i = 0$ とする．帰無仮説 $H_0 : \alpha_1 = \alpha_2 = \cdots = \alpha_a = 0$ の検定を構成する．対立仮説は両側検定に対応する「$H_1 : H_0$ ではない」を考える．この解析を**一元配置分散分析**という．一元配置分散分析においては，データに影響を与えるのではないか思われる要素を**要因**と呼び，要因の違い $A_1, \cdots, A_a$ を**水準**と呼ぶ．

$$\overline{X}_{i\cdot} = \frac{1}{n}\sum_{j=1}^{n} X_{ij}, \quad \overline{X}_{\cdot\cdot} = \frac{1}{an}\sum_{i=1}^{a}\sum_{j=1}^{n} X_{ij}$$

とおいて，要因 A による平方和と残差平方和

$$S_A = n\sum_{i=1}^{a}(\overline{X}_{i\cdot} - \overline{X}_{\cdot\cdot})^2, \quad S_e = \sum_{i=1}^{a}\sum_{j=1}^{n}(X_{ij} - \overline{X}_{i\cdot})^2$$

を使う．このとき次の定理が成り立つ．

> 定理 5.2　S_A, S_e に対して次の性質が成り立つ．
> (1)　$\frac{S_e}{\sigma_e^2}$ は自由度 $a(n-1)$ の χ^2-分布にしたがう．
> (2)　H_0 が正しいとき，$\frac{S_A}{\sigma_e^2}$ は自由度 $a-1$ の χ^2-分布にしたがう．また H_0 が正しいとき，S_A と S_e は独立である．
> (3)　$E(S_e) = a(n-1)\sigma_e^2$
> (4)　$E(S_A) = (a-1)\sigma_e^2 + n\sum_{i=1}^{a}\alpha_i^2$

検定統計量として

$$F_0 = \frac{V_A}{V_e}$$

を使う. ここで

$$V_A = \frac{S_A}{a-1}, \quad V_e = \frac{S_e}{a(n-1)}$$

である. F-分布の上側 α-点 $F(a-1, a(n-1); \alpha)$ と F_0 の実現値 f_0 に対して, $f_0 \geqq F(a-1, a(n-1); \alpha)$ のとき帰無仮説 H_0 を棄却する. 5%で棄却されたとき **有意**, 1%で棄却されたとき**高度に有意**であるという. ここで

$$S_T = \sum_{i=1}^{a} \sum_{j=1}^{n} (X_{ij} - \overline{X}_{..})^2$$

とおくと, $S_T = S_A + S_e$ であることが示せる. また各平方和は

$$CT = \frac{1}{an} \left(\sum_{i=1}^{a} \sum_{j=1}^{n} X_{ij} \right)^2 \text{(修正項)}, \quad S_T = \sum_{i=1}^{a} \sum_{j=1}^{n} X_{ij}^2 - CT$$

$$S_A = \frac{1}{n} \sum_{i=1}^{a} \left(\sum_{j=1}^{n} X_{ij} \right)^2 - CT, \quad S_e = S_T - S_A$$

で求めると便利である. この S_A と S_e を求め分散分析表にまとめて解析する.

表 5.3　一元配置分散分析表

要因	平方和	自由度	不偏分散	分散比
要因 A	S_A	$\phi_A = a-1$	$V_A = \frac{S_A}{\phi_A}$	$F_0 = \frac{V_A}{V_e}$
誤差 e	S_e	$\phi_e = a(n-1)$	$V_e = \frac{S_e}{\phi_e}$	
計 T	S_T	$\phi_T = an-1$		

例題 5.11 ─ 一元配置分散分析

ある製品の製造工程で新しい製造法を 2 つ開発した. 従来の製造法 A_1 と新しい方法 A_2, A_3 との比較のために実験を行うことにした. それぞれの方法で 4 回実験を行い特性値を測定して, 次のデータを得た. 分散分析を行え.

	1	2	3	4	計
A_1	12.2	12.0	11.8	12.2	48.2
A_2	13.3	13.1	12.6	12.7	51.7
A_3	12.3	11.5	11.5	12.2	47.5
計	37.8	36.6	35.9	37.1	147.4

[解 答] データより各平方和を求めると

$$CT = 1810.563, \quad s_T = 3.537, \quad s_A = 2.532, \quad s_e = 1.005$$

となる. したがって分散分析表は下記で与えられる.

分散分析表

要因	平方和	自由度	不偏分散	分散比
A(製造法)	2.532	2	1.266	11.337**
e(誤差)	1.005	9	0.112	
計 T	3.537	11		

統計的検定では肩付きの ** は有意水準 1%で棄却されることを表す.

付表 5 より $F(2, 9; 0.01) = 8.022$ であるから, 要因 A は高度に有意である.

問題

11.1 $S_T = S_A + S_e$ が成り立つことを示せ.

[ヒント] S_T の平方和の中に $\overline{X}_{i\cdot}$ を挟んで展開する.

11.2 $E(S_e)$ を計算して $E(V_e) = \sigma_e^2$ であることを示せ. また H_0 が正しいときに, $E(S_A)$ を計算し, $E(V_A) = \sigma_e^2$ であることを示せ.

[ヒント] S_e, S_A を ε_{ij} を使って表現し, $\{\varepsilon_{ij}\}$ はすべて互いに独立であることを使う.

11.3 $a = 5, n = 4$ の一元配置実験を行ったところ $s_A = 14.65, s_e = 13.54$ の実現値が得られた. 分散分析を行え.

[ヒント] 分散分析表を完成する.

◆ **二元配置実験**　2つの要因の影響を効率よく検証する方法として**二元配置実験**がある．実験に影響を与えると思われる要因 A の a 個の水準 $(A_1, A_2, \cdots, A_a)$ と要因 B の b 個の水準 $(B_1, B_2, \cdots, B_b)$ の各組合せについて実験を行ったときの解析法である．モデルは

表 5.4　二元配置実験

	B_1	B_2	$\cdots$	B_b	計
A_1	X_{11}	X_{12}	$\cdots$	X_{1b}	$X_{1\cdot}$
A_2	X_{21}	X_{22}	$\cdots$	X_{2b}	$X_{2\cdot}$
$\vdots$	$\vdots$	$\vdots$	$\ddots$	$\vdots$	$\vdots$
A_a	X_{a1}	X_{a2}	$\cdots$	X_{ab}	$X_{a\cdot}$
計	$X_{\cdot 1}$	$X_{\cdot 2}$	$\cdots$	$X_{\cdot b}$	$X_{\cdot\cdot}$

$$X_{ij} = \mu + \alpha_i + \beta_j + \varepsilon_{ij} \quad (i=1,2,\cdots,a;\, j=1,2,\cdots,b)$$

と表されると仮定する．ここで ε_{ij} $(1 \leq i \leq a; 1 \leq j \leq b)$ は互いに独立で同じ正規分布 $N(0, \sigma_e^2)$ にしたがうとし，$\sum_{i=1}^{a} \alpha_i = \sum_{j=1}^{b} \beta_j = 0$ とする．このモデルの下で「帰無仮説 $H_0 : \alpha_1 = \alpha_2 = \cdots = \alpha_a = 0$ v.s. 対立仮説 $H_1 : H_0$ではない」と「帰無仮説 $H_0' : \beta_1 = \beta_2 = \cdots = \beta_b = 0$ v.s. 対立仮説 $H_1' : H_0'$ではない」の 2 つの検定を同時に行うのが**二元配置分散分析**である．

$$\overline{X}_{i\cdot} = \frac{1}{b}\sum_{j=1}^{b} X_{ij}, \quad \overline{X}_{\cdot j} = \frac{1}{a}\sum_{i=1}^{a} X_{ij}, \quad \overline{X}_{\cdot\cdot} = \frac{1}{ab}\sum_{i=1}^{a}\sum_{j=1}^{b} X_{ij}$$

とおいて平方和

$$S_T = \sum_{i=1}^{a}\sum_{j=1}^{b}(X_{ij} - \overline{X}_{\cdot\cdot})^2 \qquad (総平方和)$$

$$S_A = \sum_{i=1}^{a}\sum_{j=1}^{b}(\overline{X}_{i\cdot} - \overline{X}_{\cdot\cdot})^2 \qquad (要因 A による平方和)$$

$$S_B = \sum_{i=1}^{a}\sum_{j=1}^{b}(\overline{X}_{\cdot j} - \overline{X}_{\cdot\cdot})^2 \qquad (要因 B による平方和)$$

$$S_e = \sum_{i=1}^{a}\sum_{j=1}^{b}(X_{ij} - \overline{X}_{i\cdot} - \overline{X}_{\cdot j} + \overline{X}_{\cdot\cdot})^2 \qquad (誤差平方和)$$

を使って分散分析を行うことができる．これらの平方和に対して次の定理が成り立つ．

> **定理 5.3** S_A, S_B, S_e に対して次の性質が成り立つ．
> (1) $\frac{S_e}{\sigma_e^2}$ は自由度 $(a-1)(b-1)$ の χ^2-分布にしたがう．
> (2) H_0 が正しいとき，$\frac{S_A}{\sigma_e^2}$ は自由度 $a-1$ の χ^2-分布にしたがう．また H_0 が正しいとき，S_A と S_e は独立である．
> (3) H_0' が正しいとき，$\frac{S_B}{\sigma_e^2}$ は自由度 $b-1$ の χ^2-分布にしたがう．また H_0' が正しいとき，S_B と S_e は独立である．
> (4) $E(S_e) = (a-1)(b-1)\sigma_e^2$
> (5) $E(S_A) = (a-1)\sigma_e^2 + b\sum_{i=1}^{a}\alpha_i^2$
> (6) $E(S_B) = (b-1)\sigma_e^2 + a\sum_{j=1}^{a}\beta_j^2$

実際の検定法としては各平方和を

$$CT = \frac{1}{ab}\left(\sum_{i=1}^{a}\sum_{j=1}^{b}X_{ij}\right)^2 \text{（修正項）}, \quad S_T = \sum_{i=1}^{a}\sum_{j=1}^{b}X_{ij}^2 - CT$$

$$S_A = \frac{1}{b}\sum_{i=1}^{a}\left(\sum_{j=1}^{b}X_{ij}\right)^2 - CT, \quad S_B = \frac{1}{a}\sum_{j=1}^{b}\left(\sum_{i=1}^{a}X_{ij}\right)^2 - CT$$

$$S_e = S_T - S_A - S_B$$

で求めて，次の分散分析表を完成させればよい．

表 5.5 二元配置分散分析表

要因	平方和	自由度	不偏分散	分散比
要因 A	S_A	$\phi_A = a-1$	$V_A = \frac{S_A}{\phi_A}$	$F_0 = \frac{V_A}{V_e}$
要因 B	S_B	$\phi_B = b-1$	$V_B = \frac{S_B}{\phi_B}$	$F_0 = \frac{V_B}{V_e}$
誤差 e	S_e	$\phi_e = (a-1)(b-1)$	$V_e = \frac{S_e}{\phi_e}$	
計 T	S_T	$\phi_T = ab-1$		

例題 5.12 — 二元配置分散分析

A_1, A_2, A_3 の異なる原料を $B_1, B_2, \cdots, B_5$ の異なる温度で処理した後，有効成分 (%) を調べたデータが下記のものである．分散分析を行え．

	B_1	B_2	B_3	B_4	B_5	計
A_1	4.7	4.5	4.4	4.8	4.6	23.0
A_2	4.4	4.4	4.2	4.3	4.2	
A_3	5.1	5.2	4.9	5.0	5.3	25.5
計	14.2	14.1	13.5	14.1		

[解 答] A_2 の計 21.5, B_5 の計 14.1 であるから，各平方和は

$$\sum_{i=1}^{a}\sum_{j=1}^{b} x_{ij} = 70.0, \quad \sum_{i=1}^{a}\sum_{j=1}^{b} x_{ij}^2 = 328.54$$

$$CT = 326.67, \qquad s_T = 328.54 - 326.67 = 1.87$$

$$s_A = \frac{23.0^2 + 21.5^2 + 25.5^2}{5} - 326.67 = 1.63$$

$$s_B = \frac{14.2^2 + \cdots + 14.1^2}{3} - 326.67 = 0.11$$

$$s_e = 1.87 - 1.63 - 0.11 = 0.13$$

分散分析表

要因	平方和	自由度	不偏分散	分散比
要因 A	1.63	2	0.815	50.15**
要因 B	0.11	4	0.0275	1.69
誤差 e	0.13	8	0.01625	
計 T	1.87	14		

付表 5 より $F(2,8;0.01) = 8.649$, $F(4,8;0.05) = 3.838$ であるから要因 A が高度に有意であることが分かる．

問題

12.1 $S_T = S_A + S_B + S_e$ が成り立つことを示せ.

ヒント S_T の平方に $\overline{X}_{i.}, \overline{X}_{.j}, \overline{X}_{..}$ を間に入れて展開する.

12.2 S_T と S_A について次の等式が成り立つことを示せ.

$$S_T = \sum_{i=1}^{a}\sum_{j=1}^{b} X_{ij}^2 - CT$$

$$S_A = \frac{1}{b}\sum_{i=1}^{a}\left(\sum_{j=1}^{b} X_{ij}\right)^2 - CT$$

ヒント 平方を展開して整理する.

12.3 ある製品の製造工程で原料 A と開発した新しい2つの方法 B の影響を調べるために実験を行うことになった. 原料は A_1, A_2, A_3, A_4 の4種類で, 方法は従来法 B_1, 新しい方法 B_2, B_3 を組み合わせてランダムな順序で実験した結果, 平方和を計算したところ $s_T = 3.721, s_A = 0.724, s_B = 2.642, s_e = 0.355$ となった. 分散分析を行え.

ヒント 分散分析表を完成させる.

第6章
相関および回帰分析

6.1 相関分析

得られたデータ $(x_1, y_1), (x_2, y_2), \cdots, (x_n, y_n)$ を，互いに独立で同じ2次元分布にしたがう確率ベクトル $(X_1, Y_1), (X_2, Y_2), \cdots, (X_n, Y_n)$ の実現値とみなして**相関係数**の解析を行う．母集団分布が，平均，分散および共分散をもつものとすると，**母相関係数** ρ は

$$\rho = \frac{\mathrm{Cov}(X, Y)}{\sqrt{V(X)V(Y)}}$$

で与えられる．この ρ の推定量としては，分散および共分散に推定量を代入した**標本相関係数**

$$R = \frac{\sum_{i=1}^{n}(X_i - \overline{X})(Y_i - \overline{Y})}{\sqrt{\sum_{i=1}^{n}(X_i - \overline{X})^2 \sum_{i=1}^{n}(Y_i - \overline{Y})^2}}$$
$$= \frac{S_{xy}}{\sqrt{S_{xx}S_{yy}}}$$

が使われる．ここで

$$S_{xx} = \sum_{i=1}^{n}(X_i - \overline{X})^2$$

$$S_{yy} = \sum_{i=1}^{n}(Y_i - \overline{Y})^2$$

$$S_{xy} = \sum_{i=1}^{n}(X_i - \overline{X})(Y_i - \overline{Y})$$

である．R は一致推定量であるが，不偏ではない．

6.1 相 関 分 析

◆ **相関係数の仮説検定**　もとの母集団分布が 2 次元正規分布 $N_2(\mu_x, \mu_y, \sigma_x^2, \sigma_y^2, \rho)$ で母相関係数が $\rho = 0$ のときは X と Y は独立になり，次の定理が成り立つ．

> **定理 6.1**　$(X_1, Y_1), (X_2, Y_2), \cdots, (X_n, Y_n)$ を互いに独立で同じ 2 次元正規分布 $N_2(\mu_x, \mu_y, \sigma_x^2, \sigma_y^2, \rho)$ にしたがう 2 次元確率ベクトルとする．さらにもし $\rho = 0$ であれば
> $$\frac{\sqrt{n-2}\,R}{\sqrt{1-R^2}}$$
> は自由度 $n-2$ の t-分布にしたがう．

母集団分布として，正規分布が仮定できるときには，帰無仮説 $H_0 : \rho = 0$ の正確な検定を行うことができる．R の実現値を r，有意水準を α とするとき，対立仮説 $H_1 : \rho \neq 0$ の両側検定に対しては
$$\left| \frac{\sqrt{n-2}\,r}{\sqrt{1-r^2}} \right| \geq t\left(n-2; \frac{\alpha}{2}\right)$$
のとき有意水準 α で帰無仮説 H_0 を棄却するという検定が構成される．片側検定も同じように t-分布を使って検定できる．

標本相関係数

　標本相関係数 R は確率変数の比となっているために，理論的な性質を詳しく議論するのはかなり難しい．R の期待値さえも正確に求めることは特別な場合を除いてできない．この取扱いの難しい R に対して，R.A. フィッシャー (1890-1962) は z-変換を提案し，その近似分布を導いた．この変換を使うと実用的に十分な近似精度をもつ信頼区間および検定が構成できる．
　彼は弱視であったために，複雑な式の変形のほとんどを頭の中だけで行い z-変換以外にも F-分布などの重要な結果を導いている．

例題 6.1 ──────────────── 相関係数の検定

12 人の生徒の国語と数学のテストの成績が次のデータである.

	1	2	3	4	5	6	7	8	9	10	11	12
国語	95	67	92	82	52	67	56	55	73	59	62	83
数学	83	66	72	69	56	64	59	70	76	51	68	79

母相関係数の点推定値を求め,国語と数学には相関があるかどうか検定せよ.

[解 答] 帰無仮説 $H_0 : \rho = 0$ v.s. 対立仮説 $H_1 : \rho \neq 0$ を検定する.国語を x,数学を y とするとデータより

$$\sum_{i=1}^n x_i^2 = 61599, \quad \sum_{i=1}^n y_i^2 = 56045, \quad \sum_{i=1}^n x_i y_i = 58273$$

$$\sum_{i=1}^n x_i = 843, \quad \sum_{i=1}^n y_i = 813$$

$$s_{xx} = \sum_{i=1}^n x_i^2 - \frac{\left(\sum_{i=1}^n x_i\right)^2}{12} = 2378.25$$

$$s_{yy} = \sum_{i=1}^n y_i^2 - \frac{\left(\sum_{i=1}^n y_i\right)^2}{12} = 964.25$$

$$s_{xy} = \sum_{i=1}^n x_i y_i - \frac{\sum_{i=1}^n x_i \sum_{i=1}^n y_i}{12} = 1159.75$$

したがって定理 6.1 より

$$r = \frac{s_{xy}}{\sqrt{s_x s_y}} = 0.766, \quad \left| \frac{\sqrt{10}\, r}{\sqrt{1-r^2}} \right| = 3.766$$

となる.付表 3 より $t(10; 0.025) = 2.228$ だから $\left| \dfrac{\sqrt{10}\, r}{\sqrt{1-r^2}} \right| \geqq t(10; 0.025)$ となり,有意水準 5% で帰無仮説 H_0 は棄却される.国語と数学には相関があるといえる.

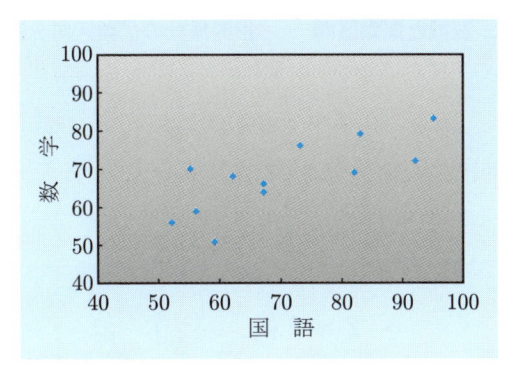

図 **6.1** 国語と数学の散布図

問 題

1.1 標本相関係数の実現値 r に対して $-1 \leqq r \leqq 1$ となることを示せ.

ヒント $\sum_{i=1}^{n}\{t(x_i - \overline{x}) + (y_i - \overline{y})\}^2$ を t の 2 次関数と考えて，判別式を使う.

1.2 $y_i = ax_i + c \ (i = 1, 2, \cdots, n)$ が成り立つとき $|r| = 1$ となることを示せ.

ヒント $y_i = ax_i + c$ を $\sum_{i=1}^{n}(y_i - \overline{y})^2$ と $\sum_{i=1}^{n}(x_i - \overline{x})(y_i - \overline{y})$ に代入する.

1.3 ある成分の抽出工程において，添加剤の量 x と抽出量 y に関連があるかどうか調べるために 10 個のサンプルを抽出した．その結果 $\overline{x} = 3.34, \overline{y} = 93.1, s_{xx} = 7.904, s_{yy} = 1762.9, s_{xy} = 94.76$ の値が得られた．添加剤の量と抽出量には相関があるかどうか有意水準 5% で検定せよ.

ヒント 標本相関係数の実現値を求めて検定する.

1.4 ある化学製品の合成時の反応温度 x とその製品の粘度 y の関係を見るために 10 個のデータをとったものが下記の表である．反応温度と粘度には相関があるかどうか有意水準 5% で検定せよ.

	1	2	3	4	5	6	7	8	9	10
反応温度 (x)	60	79	73	77	87	63	65	75	81	67
粘度 (y)	92.0	94.8	95.4	95.2	95.5	93.3	93.1	94.8	95.7	94.1

ヒント 標本相関係数の実現値を求めて検定する.

◆ フィッシャーの z-変換と信頼区間

相関係数の信頼区間を近似的に構成するために R に対して次のフィッシャーの z-変換

$$Z = \frac{1}{2} \log \frac{1+R}{1-R} \tag{6.1}$$

を利用する．母集団が 2 次元正規分布で標本数 n が大きいとき

$$\zeta = \frac{1}{2} \log \frac{1+\rho}{1-\rho}$$

とおくと，近似的に

$$Z \approx N\left(\zeta, \frac{1}{n-3}\right)$$

である．

相関係数の信頼区間 z-変換の逆変換を使うと，母相関係数 ρ の近似信頼区間を求めることができる．式 (6.1) の逆変換は

$$R = \frac{e^{2Z}-1}{e^{2Z}+1} \tag{6.2}$$

となるから，$z_{\alpha/2}$ を標準正規分布の上側 $\frac{\alpha}{2}$-点とすると

$$1-\alpha \approx P\left(\frac{e^{2Z_1}-1}{e^{2Z_1}+1} \leqq \rho \leqq \frac{e^{2Z_2}-1}{e^{2Z_2}+1}\right)$$

となる．ただし

$$Z_1 = Z - \frac{z_{\alpha/2}}{\sqrt{n-3}}, \quad Z_2 = Z + \frac{z_{\alpha/2}}{\sqrt{n-3}}$$

である．したがって標本相関係数の実現値

$$r = \frac{s_{xy}}{\sqrt{s_{xx}s_{yy}}}$$

を計算し，Z_1, Z_2 の実現値 z_1, z_2 に対して，ρ の信頼率 $1-\alpha$ の信頼区間は

$$\frac{e^{2z_1}-1}{e^{2z_1}+1} \leqq \rho \leqq \frac{e^{2z_2}-1}{e^{2z_2}+1}$$

で与えられる．

相関係数の仮説検定 帰無仮説 $H_0: \rho = \rho_0$（ρ_0 は既知の定数）に対して，標本数 n が大きいときフィッシャーの z-変換を使って近似的な検定ができる．$\zeta_0 = \frac{1}{2}\log\frac{1+\rho_0}{1-\rho_0}$ とするとき

$$U_0 = \sqrt{n-3}(Z-\zeta_0)$$

は H_0 の下で，近似的に標準正規分布 $N(0,1)$ にしたがう．したがって対立仮説が $H_1: \rho \neq \rho_0$ のときは，U_0 の実現値 $u_0 = \sqrt{n-3}(z-\zeta_0)$ に対して $|u_0| \geqq z_{\alpha/2}$ のとき有意水準 α で H_0 を棄却する．

例題 6.2 ─────────────────────── フィッシャーの z-変換 ─

フィッシャーの z-変換,すなわち

$$f(r) = \frac{1}{2}\log\frac{1+r}{1-r} \quad (-1 < r < 1)$$

は単調増加関数であることを示せ.

[解　答]　$f(r)$ を微分すると

$$f'(r) = \frac{1}{2} \times \frac{1-r}{1+r} \times \frac{1-r+(1+r)}{(1-r)^2}$$

$$= \frac{1}{1-r^2} > 0$$

したがって接線の傾きが常に正であるから,単調増加関数である.

問　題

2.1　式 (6.2) は逆変換になっていることを示せ.
　ヒント　$e^{\log a} = a$ を使う.

2.2　例題 6.1 のデータに基づいて,母相関係数 ρ の信頼係数 95% の信頼区間を求めよ.また母相関係数は $\rho = 0.5$ であるという帰無仮説を有意水準 5% で検定せよ.
　ヒント　$U_0 = \sqrt{n-3}(Z - \zeta_0)$ の実現値を求める.

2.3　錠剤を水にいれて形が完全に崩れるまでの時間(崩壊時間)x(秒)に対して,原料の練合せ時間 y(分)が関係するのではないかと考えられる.そこで 12 個のデータをとったものが下記の表である.母相関係数 ρ の信頼係数 95% の信頼区間を求めよ.

	1	2	3	4	5	6	7	8	9	10	11	12
崩壊時間 (x)	68	62	89	73	79	88	82	81	81	85	77	83
合せ時間 (y)	6.4	4.8	7.7	7.8	7.4	8.8	7.7	6.9	6.4	6.7	5.9	8.9

　ヒント　標本相関係数の実現値を求めフィッシャーの z-変換を使う.

6.2 回帰分析

回帰分析は，相関分析のときと同様にデータとしては 2 つの変量の n 個の組 $(x_1, y_1), (x_2, y_2), \cdots, (x_n, y_n)$ を分析の対象とし，x と y の関係を**回帰関数** $y = f(x)$ でとらえようとするものである．もとは 2 次元の確率ベクトルであるが，$X = x$ が与えられたものとして $(x_1, Y_1), (x_2, Y_2), \cdots, (x_n, Y_n)$ に次の統計モデルを仮定する．

$$Y_i = f(x_i) + \varepsilon_i \quad (i = 1, 2, \cdots, n)$$

ここで ε_i は互いに独立で，同じ正規分布 $N(0, \sigma_e^2)$ にしたがう確率変数とし，分散 σ_e^2 は未知とする．(x_i, y_i) を (x_i, Y_i) の実現値と考えて，**最小 2 乗法**を使って

$$\sum_{i=1}^n \Big(y_i - f(x_i)\Big)^2$$

を最小にする $f(x)$ を求める方法がよく利用される．回帰関数としては

$$f(x) = \beta_0 + \beta_1 x$$

という**回帰直線（線形単回帰）**が基本となる．

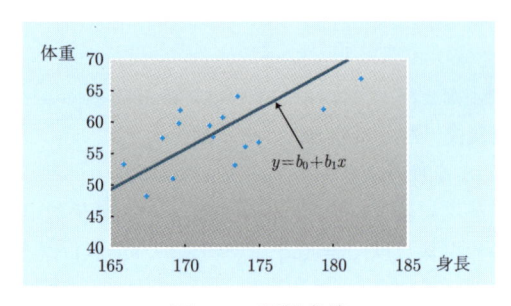

図 **6.2** 回帰直線

最小 2 乗法より

$$l(\beta_0, \beta_1) = \sum_{i=1}^n (y_i - \beta_0 - \beta_1 x_i)^2$$

とおくとき

$$\min_{\beta_0, \beta_1} l(\beta_0, \beta_1) \tag{6.3}$$

を満たす $\beta_0 = b_0$, $\beta_1 = b_1$ は

6.2 回帰分析

$$b_1 = \frac{s_{xy}}{s_{xx}} \tag{6.4}$$

$$b_0 = \overline{y} - b_1\overline{x} = \overline{y} - \frac{s_{xy}}{s_{xx}}\overline{x} \tag{6.5}$$

で与えられる. ただし $\overline{x} = \dfrac{1}{n}\sum_{i=1}^{n} x_i,\ s_{xx} = \sum_{i=1}^{n} x_i^2 - \dfrac{\left(\sum_{i=1}^{n} x_i\right)^2}{n}$ で, 残りは

$$\overline{Y} = \frac{1}{n}\sum_{i=1}^{n} Y_i$$

$$S_{xy} = \sum_{i=1}^{n} x_i Y_i - \frac{\left(\sum_{i=1}^{n} x_i\right)\left(\sum_{i=1}^{n} Y_i\right)}{n}$$

$$S_{yy} = \sum_{i=1}^{n} Y_i^2 - \frac{\left(\sum_{i=1}^{n} Y_i\right)^2}{n}$$

$$B_1 = \frac{S_{xy}}{s_{xx}}, \quad B_0 = \overline{Y} - B_1\overline{x}$$

の実現値である. ここで残差平方和を

$$S_e = \sum_{i=1}^{n}(Y_i - B_0 - B_1 x_i)^2$$

とおくと, これは分散 σ_e^2 に対する情報をもっており次の関係が成り立つ.

$$S_e = S_{yy} - \frac{S_{xy}^2}{s_{xx}} \tag{6.6}$$

ここで平方和 S_{yy} は

$$S_{yy} = \sum_{i=1}^{n}(Y_i - \overline{Y})^2 = \sum_{i=1}^{n}(B_0 + B_1 x_i - \overline{Y})^2 + S_e \tag{6.7}$$

と分解できる. 線形回帰モデルの当てはまりの尺度として**決定係数**(あるいは**寄与率**)

$$R^2 = \frac{\sum_{i=1}^{n}(B_0 + B_1 x_i - \overline{Y})^2}{\sum_{i=1}^{n}(Y_i - \overline{Y})^2} = \frac{S_{yy} - S_e}{S_{yy}} = 1 - \frac{S_e}{S_{yy}}$$

が利用される. R^2 が 1 に近いほど線形回帰モデルがうまく当てはまっていると解釈される.

正規分布の性質より次の定理が成り立つ.

> **定理 6.2** B_0, B_1, S_e は次の性質をもつ.
> (1) B_0 は正規分布 $N(\beta_0, (\frac{1}{n} + \frac{\overline{x}^2}{s_{xx}})\sigma_e^2)$ にしたがう.
> (2) B_1 は正規分布 $N(\beta_1, \frac{1}{s_{xx}}\sigma_e^2)$ にしたがう.
> (3) $x = x_0$ における $y_0 = \beta_0 + \beta_1 x_0$ の推定量 $Y_0 = B_0 + B_1 x_0$ は,正規分布
> $$N\left(\beta_0 + \beta_1 x_0, \left(\frac{1}{n} + \frac{(x_0 - \overline{x})^2}{s_{xx}}\right)\sigma_e^2\right)$$
> にしたがう.
> (4) $\frac{S_e}{\sigma_e^2}$ は自由度 $n-2$ の χ^2-分布にしたがい,B_0 と S_e は独立で,また B_1 と S_e も独立である.

分散 σ_e^2 の不偏推定量は次で与えられる.
$$V_e = \frac{S_e}{n-2}$$

信頼区間 定理 6.2 を使うと β_0, β_1 および特定の値 x_0 に対する $y_0 = \beta_0 + \beta_1 x_0$ の信頼係数 $1-\alpha$ の信頼区間が,実現値 b_0, b_1, s_{xx}, v_e を使って下記のように構成できる.

- $b_0 - t\left(n-2; \frac{\alpha}{2}\right)\sqrt{\left(\frac{1}{n} + \frac{\overline{x}^2}{s_{xx}}\right)v_e}$
  $\leqq \beta_0 \leqq b_0 + t\left(n-2; \frac{\alpha}{2}\right)\sqrt{\left(\frac{1}{n} + \frac{\overline{x}^2}{s_{xx}}\right)v_e}$

- $b_1 - t\left(n-2; \frac{\alpha}{2}\right)\sqrt{\frac{v_e}{s_{xx}}} \leqq \beta_1 \leqq b_1 + t\left(n-2; \frac{\alpha}{2}\right)\sqrt{\frac{v_e}{s_{xx}}}$

- $b_0 + b_1 x_0 - t\left(n-2; \frac{\alpha}{2}\right)\sqrt{\left(\frac{1}{n} + \frac{(x_0 - \overline{x})^2}{s_{xx}}\right)v_e}$
  $\leqq y_0 \leqq b_0 + b_1 x_0 + t\left(n-2; \frac{\alpha}{2}\right)\sqrt{\left(\frac{1}{n} + \frac{(x_0 - \overline{x})^2}{s_{xx}}\right)v_e}$

回帰係数の検定 回帰係数に対する帰無仮説 $H_0 : \beta_1 = 0$ の検定を考える.定理 6.2 より

$$\frac{B_1 - \beta_1}{\sqrt{V_e/s_{xx}}} \sim \quad \text{自由度 } n-2 \text{ の } t\text{-分布}$$

したがって対立仮説が $H_1 : \beta_1 \neq 0$ のときは,t-分布の上側 $\frac{\alpha}{2}$-点を使えば,実現値 b_1, v_e に対して

$$\left|\frac{b_1}{\sqrt{v_e/s_{xx}}}\right| \geqq t\left(n-2;\frac{\alpha}{2}\right)$$

のとき有意水準 α で帰無仮説 H_0 は棄却される．同様に β_0 についての検定も構成できる．

例題 6.3 ──────────────────── 最小 2 乗推定

式 (6.3) の解が (6.4), (6.5) の b_0, b_1 であることを示せ．

［解　答］ $l(\beta_0, \beta_1)$ を β_0, β_1 の 2 変数関数として，最小値を求めればよい．極値をとるのは連立方程式

$$\frac{\partial l}{\partial \beta_0} = -2\sum_{i=1}^{n}(y_i - \beta_0 - \beta_1 x_i) = 0$$

$$\frac{\partial l}{\partial \beta_1} = -2\sum_{i=1}^{n}(y_i - \beta_0 - \beta_1 x_i)x_i = 0$$

の解である．この方程式の解は s_{xx}, s_{yy}, s_{xy} を使うと

$$b_1 = \frac{s_{xy}}{s_{xx}}, \quad b_0 = \overline{y} - b_1\overline{x} = \overline{y} - \frac{s_{xy}}{s_{xx}}\overline{x}$$

で与えられる．方程式はこのただ 1 組の解をもち，$\beta_0, \beta_1 \to \pm\infty$ のとき $l(\beta_0, \beta_1) \to \infty$ だから，解 (b_0, b_1) が式 (6.3) を満足するものである．

▞▞▞▞ 問　題 ▞▞▞▞▞▞▞▞▞▞▞▞▞▞▞▞▞▞▞▞▞▞▞▞▞▞▞▞▞▞▞▞▞

3.1 $E(B_0) = \beta_0, E(B_1) = \beta_1$ となることを示せ．
　　ヒント $E(Y_i) = \beta_0 + \beta_1 x_i$ となることを使う．

3.2 式 (6.6), (6.7) が成り立つことを示せ．
　　ヒント 前半は $\overline{Y} - B_1\overline{x}$ を間に挟んで展開する．後半は S_e に B_0 の定義式を代入する．

3.3 次のデータは 10 人の男性の首回り (x cm) と腕の長さ (y cm) を測定したものである．y の x への回帰直線 $y = \beta_0 + \beta_1 x$ を求めよ．また帰無仮説 $\beta_1 = 0$ を有意水準 5% で検定せよ．

	1	2	3	4	5	6	7	8	9	10
首回り (x)	38	40	35	42	34	38	42	37	35	39
腕の長さ (y)	81	82	78	83	75	80	84	79	76	82

　　ヒント $\overline{x}, \overline{y}, s_{xx}, s_{xy}$ を求める．

6.3 重回帰分析

3つ以上の変量の組に対して，その中の1つを他の変量で説明しようというのが，**重回帰分析**である．データとして (y_1, x_{11}, x_{21}), (y_2, x_{12}, x_{22}), $\cdots$, (y_n, x_{1n}, x_{2n}) が得られたとする．このとき，y の x_1, x_2 への回帰として線形回帰関数

$$y = \beta_0 + \beta_1 x_1 + \beta_2 x_2$$

を考える．線形単回帰のときと同様に，最小2乗法を使って

$$\min_{\beta_0, \beta_1, \beta_2} l(\beta_0, \beta_1, \beta_2) = \min_{\beta_0, \beta_1, \beta_2} \sum_{i=1}^{n}(y_i - \beta_0 - \beta_1 x_{1i} - \beta_2 x_{2i})^2$$

の解 $\beta_0 = b_0, \beta_1 = b_1, \beta_2 = b_2$ を求める．ここで

$$\overline{y} = \frac{1}{n}\sum_{i=1}^{n} y_i, \quad \overline{x}_1 = \frac{1}{n}\sum_{i=1}^{n} x_{1i}, \quad \overline{x}_2 = \frac{1}{n}\sum_{i=1}^{n} x_{2i}$$

$$s_{x_1 x_1} = \sum_{i=1}^{n}(x_{1i} - \overline{x}_1)^2$$

$$s_{x_2 x_2} = \sum_{i=1}^{n}(x_{2i} - \overline{x}_2)^2$$

$$s_{x_1 y} = \sum_{i=1}^{n}(x_{1i} - \overline{x}_1)(y_i - \overline{y})$$

$$s_{x_2 y} = \sum_{i=1}^{n}(x_{2i} - \overline{x}_2)(y_i - \overline{y})$$

$$s_{x_1 x_2} = \sum_{i=1}^{n}(x_{1i} - \overline{x}_1)(x_{2i} - \overline{x}_2)$$

とおくと，解は

$$b_0 = \overline{y} - b_1 \overline{x}_1 - b_2 \overline{x}_2$$
$$b_1 = \frac{s_{x_2 x_2} s_{x_1 y} - s_{x_1 x_2} s_{x_2 y}}{s_{x_1 x_1} s_{x_2 x_2} - s_{x_1 x_2}^2}$$
$$b_2 = \frac{s_{x_1 x_1} s_{x_2 y} - s_{x_1 x_2} s_{x_1 y}}{s_{x_1 x_1} s_{x_2 x_2} - s_{x_1 x_2}^2}$$

となる．したがって回帰関数は

$$y = b_0 + b_1 x_1 + b_2 x_2$$

で与えられる．

例題 6.4 — 最小2乗推定

$$\boldsymbol{y} = \begin{pmatrix} y_1 \\ y_2 \\ \vdots \\ y_n \end{pmatrix}, \quad X = \begin{pmatrix} 1 & x_{11} & x_{21} \\ 1 & x_{12} & x_{22} \\ \vdots & \vdots & \vdots \\ 1 & x_{1n} & x_{2n} \end{pmatrix}, \quad \boldsymbol{\beta} = \begin{pmatrix} \beta_0 \\ \beta_1 \\ \beta_2 \end{pmatrix}$$

とおくと $l(\beta_0, \beta_1, \beta_2) = (\boldsymbol{y} - X\boldsymbol{\beta})^t (\boldsymbol{y} - X\boldsymbol{\beta})$ となることを示せ. また l の最小値を与える $\boldsymbol{\beta}$ は $\widehat{\boldsymbol{\beta}} = (X^tX)^{-1}X^t\boldsymbol{y}$ となることを示せ. ただし $\boldsymbol{a}^t$ は $\boldsymbol{a}$ の転置を表す.

[解 答] 定義より

$$X\boldsymbol{\beta} = \begin{pmatrix} \beta_0 + \beta_1 x_{11} + \beta_2 x_{21} \\ \beta_0 + \beta_1 x_{12} + \beta_2 x_{22} \\ \vdots \\ \beta_0 + \beta_1 x_{1n} + \beta_2 x_{2n} \end{pmatrix}$$

である. したがって

$$(\boldsymbol{y} - X\boldsymbol{\beta})^t (\boldsymbol{y} - X\boldsymbol{\beta}) = \sum_{i=1}^n (y_i - \beta_0 - \beta_1 x_{1i} - \beta_2 x_{2i})^2$$

が得られる.

また $X^t\boldsymbol{y} = (X^tX)\widehat{\boldsymbol{\beta}}$ であることに注意すると

$$\begin{aligned}
& (\boldsymbol{y} - X\boldsymbol{\beta})^t (\boldsymbol{y} - X\boldsymbol{\beta}) \\
&= \{\boldsymbol{y} - X\widehat{\boldsymbol{\beta}} + X(\widehat{\boldsymbol{\beta}} - \boldsymbol{\beta})\}^t \{\boldsymbol{y} - X\widehat{\boldsymbol{\beta}} + X(\widehat{\boldsymbol{\beta}} - \boldsymbol{\beta})\} \\
&= (\boldsymbol{y} - X\widehat{\boldsymbol{\beta}})^t (\boldsymbol{y} - X\widehat{\boldsymbol{\beta}}) + (\widehat{\boldsymbol{\beta}} - \boldsymbol{\beta})^t (X^t\boldsymbol{y} - X^tX\widehat{\boldsymbol{\beta}}) \\
&\quad + (\boldsymbol{y}^tX - \widehat{\boldsymbol{\beta}}^t X^tX)(\widehat{\boldsymbol{\beta}} - \boldsymbol{\beta}) + (\widehat{\boldsymbol{\beta}} - \boldsymbol{\beta})^t X^tX(\widehat{\boldsymbol{\beta}} - \boldsymbol{\beta}) \\
&= (\boldsymbol{y} - X\widehat{\boldsymbol{\beta}})^t (\boldsymbol{y} - X\widehat{\boldsymbol{\beta}}) + (\widehat{\boldsymbol{\beta}} - \boldsymbol{\beta})^t X^tX(\widehat{\boldsymbol{\beta}} - \boldsymbol{\beta}) \\
&\geqq (\boldsymbol{y} - X\widehat{\boldsymbol{\beta}})^t (\boldsymbol{y} - X\widehat{\boldsymbol{\beta}})
\end{aligned}$$

が成り立つ. ここで $(\widehat{\boldsymbol{\beta}} - \boldsymbol{\beta})^t X^tX(\widehat{\boldsymbol{\beta}} - \boldsymbol{\beta}) \geqq 0$ を使った. したがって最小値を与えるのは

$$\widehat{\boldsymbol{\beta}} = (X^tX)^{-1}X^t\boldsymbol{y}$$

である. この逆行列を具体的に計算した結果が b_0, b_1, b_2 である.

問　題

4.1 15 組のデータ (y_i, x_{1i}, x_{2i}) に対して，次の平均および平方和の実現値が得られた．y の x_1, x_2 への回帰関数を求めよ．

$$\overline{y} = 65.57, \quad \overline{x}_1 = 35.2, \quad \overline{x}_2 = 102.87$$
$$s_{x_1 x_1} = 2092, \quad s_{x_2 x_2} = 10174, \quad s_{yy} = 4779$$
$$s_{x_1 x_2} = 1078, \quad s_{x_1 y} = 1206, \quad s_{x_2 y} = 6888$$

[ヒント] b_0, b_1, b_2 を求める．

4.2 次のデータに基づいて，回帰関数 $y = \beta_0 + \beta_1 x_1 + \beta_2 x_2$ を推定せよ．

x_1	53	55	51	50	51	51	52	52	52	49
x_2	67	70	63	67	67	66	65	66	68	68
y	27	24	25	17	19	26	20	26	16	7

[ヒント] 各平均とそれぞれの組合せの平方和を求め，b_0, b_1, b_2 を求める．

問題の解答

第 1 章

問題 1.1 $A \cap B = \{$ハートの絵札を引く$\}$ となる．同様に $A^c = \{1$ から 10 までのカードを引く$\}$ であるから $A^c \cap B = \{1$ から 10 までのハートのカードを引く$\}$ となる．

問題 1.2 $\omega_i = \{i$ の目が出る$\}$ $(i = 1, 2, \cdots, 6)$ とおくと

$$A = \{\omega_2, \omega_4, \omega_6\}, \quad B = \{\omega_1, \omega_3, \omega_5\}, \quad C = \{\omega_1, \omega_2, \omega_3\}$$

となる．したがって $A \cap C = \{\omega_2\} = \{2$ の目が出る$\}$ となる．また $B \cup C = \{\omega_1, \omega_2, \omega_3, \omega_5\} = \{1, 2, 3, 5$ の目のどれかが出る$\}$ となる．$C^c = \{\omega_4, \omega_5, \omega_6\}$ であるから $A \cap C^c = \{\omega_4, \omega_6\} = \{4$ または 6 の目が出る$\}$ となる．定義より $A \cap B = \emptyset$ となる．

問題 2.1 (1) $\omega \in (A_1 \cap A_2)^c$ は $A_1 \cap A_2$ の余事象であるから，ω が属さない事象 A_i ($i = 1$ または 2) がある．したがってこの i について $\omega \in A_i^c$ であるから $\omega \in A_1^c \cup A_2^c$ が成り立つ．逆に $\omega \in A_1^c \cup A_2^c$ とすると，ω はどれかの A_i ($i = 1$ または 2) に属さない根元事象である．よって ω は $A_1 \cap A_2$ に含まれない．すなわち $\omega \in (A_1 \cap A_2)^c$ となり命題が成り立つ．

(2) $\omega \in B \cup (A_1 \cap A_2)$ とすると，$\omega \in B$ または，すべての i について $\omega \in A_i$ $(i = 1, 2)$ となる．したがって $\omega \in B$ のときは，すべての i について $\omega \in B \cup A_i$ $(i = 1, 2)$ となる．よって $\omega \in (B \cup A_1) \cap (B \cup A_2)$ が成り立つ．すべての i について $\omega \in A_i$ $(i = 1, 2)$ のときも，すべての i について $\omega \in B \cup A_i$ $(i = 1, 2)$ となる．よって $\omega \in (B \cup A_1) \cap (B \cup A_2)$ が成り立つ．逆も成り立つ．

問題 2.2 (1) $\Omega = B \cup B^c$, $A = A \cap \Omega$ であるから分配法則より

$$A = A \cap \Omega = A \cap (B \cup B^c) = (A \cap B) \cup (A \cap B^c)$$

(2) (1) より A と B の役割を代えると，$A = (A \cap B) \cup (A \cap B^c)$, $B = (B \cap A) \cup (B \cap A^c)$ であるから

$$A \cup B = \{(A \cap B) \cup (A \cap B^c)\} \cup \{(B \cap A) \cup (B \cap A^c)\}$$
$$= (A \cap B) \cup (A \cap B^c) \cup (A^c \cap B)$$

となる．

問題 3.1 問題 2.2 の事象の演算より
$$A \cup B = (A \cap B^c) \cup (A^c \cap B) \cup (A \cap B)$$
$$A = (A \cap B^c) \cup (A \cap B), \quad B = (A^c \cap B) \cup (A \cap B)$$
が成り立ち，$(A \cap B^c)$, $(A^c \cap B)$, $(A \cap B)$ は互いに排反だから
$$P(A \cup B) = P(A \cap B^c) + P(A^c \cap B) + P(A \cap B)$$
$$P(A) = P(A \cap B^c) + P(A \cap B), \quad P(B) = P(A^c \cap B) + P(A \cap B)$$
となる．第2式と第3式の和から第1式を辺々引くと
$$P(A) + P(B) - P(A \cup B) = P(A \cap B)$$
となり，移項すれば求める式である．

問題 3.2 事象の包含関係より $A \cap B \subset A \subset A \cup B$ となる．包含関係があると含む方の確率が大きいから前半の2つの不等式が成り立つ．また確率は0以上だから $P(A \cap B) \geqq 0$. これと式 (1.2) より
$$P(A \cup B) = P(A) + P(B) - P(A \cap B) \leqq P(A) + P(B)$$
が成り立つ．

問題 3.3 $P(A) = 1 - P(A^c) = 1 - 0.4 = 0.6$ である．したがって式 (1.2) から
$$P(A \cup B) = P(A) + P(B) - P(A \cap B) = 0.6 + 0.3 - 0.2 = 0.7$$
となる．

問題 3.4 A, B は排反だから $A \cap B = \varnothing$. 和事象に対する確率の式 (1.2) から
$$0.6 = P(A \cup B) = P(A) + P(B) - P(A \cap B) = 0.4 + P(B) - P(\varnothing) = 0.4 + P(B)$$
したがって $P(B) = 0.6 - 0.4 = 0.2$ である．

問題 3.5 式 (1.4) の余事象の確率より，$P(B) = 1 - P(B^c) = \dfrac{1}{3}$ である．A, B は排反，つまり $A \cap B = \varnothing$ とすると
$$P(A \cup B) = P(A) + P(B) - P(A \cap B) = \frac{3}{4} + \frac{1}{3} = \frac{13}{12} > 1$$
である．確率は必ず1以下だから排反にはなりえない．

問題 3.6 余事象の確率 (1.4) より
$$P\left(\bigcap_{i=1}^{n} A_i\right) = 1 - P\left(\left(\bigcap_{i=1}^{n} A_i\right)^c\right)$$
問題 2.1 のド・モルガンの法則より
$$P\left(\left(\bigcap_{i=1}^{n} A_i\right)^c\right) = P\left(\bigcup_{i=1}^{n} A_i^c\right).$$
さらに確率の和事象についての不等式 (1.3) より
$$P\left(\bigcup_{i=1}^{n} A_i^c\right) \leqq \sum_{i=1}^{n} P(A_i^c).$$
したがって
$$P\left(\bigcap_{i=1}^{n} A_i\right) \geqq 1 - \sum_{i=1}^{n} P(A_i^c).$$

第1章の解答

問題 3.7 (大きいサイコロの目, 小さいサイコロの目) とすると根元事象は
$$\omega_{ij} = (i,j) \quad (i = 1, 2, \cdots, 6;\ j = 1, 2, \cdots, 6)$$
の36個となる. A を目の和が3, B を和が5, C を和が7である事象とする. このとき
$$A = \{\omega_{12}, \omega_{21}\}, \quad B = \{\omega_{14}, \omega_{41}, \omega_{23}, \omega_{32}\},$$
$$C = \{\omega_{16}, \omega_{61}, \omega_{25}, \omega_{52}, \omega_{34}, \omega_{43}\}$$
となる. したがって $P(A) = \dfrac{2}{36},\ P(B) = \dfrac{4}{36},\ P(C) = \dfrac{6}{36}$ である.

問題 3.8 (1) 5回投げたとき5回表が出る事象を A とすると, 求める事象は A^c となる. したがって
$$P(A) = \frac{1}{2} \times \frac{1}{2} \times \frac{1}{2} \times \frac{1}{2} \times \frac{1}{2} = \frac{1}{32}$$
であるから, 求める確率は $P(A^c) = 1 - \dfrac{1}{32} = \dfrac{31}{32}$ である.

(2) 余事象を使って求める. 1回投げて5以外の目が出る確率は $\dfrac{5}{6}$ である. n 回投げて n 回ともすべて5以外の目が出る確率は $\left(\dfrac{5}{6}\right)^n$ となる. したがって式 (1.4) の余事象の確率から, n 回のうち少なくとも1回5の目が出る確率は $1 - \left(\dfrac{5}{6}\right)^n$ である. よって
$$1 - \left(\frac{5}{6}\right)^n \geqq 0.99$$
$$\left(\frac{5}{6}\right)^n \leqq 1 - 0.99 = 0.01$$
となる. 常用対数を利用すると
$$\log_{10}\left(\frac{5}{6}\right)^n \leqq \log_{10} 0.01 = -2$$
$$n \times (\log_{10} 5 - \log_{10} 6) \leqq -2$$
$$n \times (0.699 - 0.778) \leqq -2$$
となる. したがって $n \geqq 2/0.079 = 25.316$ となり, 最低26回投げないといけない.

問題 4.1 条件付き確率を考えるから $P(A) > 0$ とする. 任意の事象 B に対して
$$P_A(B) = \frac{P(A \cap B)}{P(A)}$$
である. 確率はすべて0以上で, $A \cap B \subset A$ だから $P(A \cap B) \leqq P(A)$ となる. したがって
$$0 \leqq P_A(B) = \frac{P(A \cap B)}{P(A)} \leqq 1$$
となり, 基本性質 (1) が成り立つ.

全事象 Ω に対して $A \cap \Omega = A$ であるから
$$P_A(\Omega) = \frac{P(A \cap \Omega)}{P(A)} = \frac{P(A)}{P(A)} = 1$$

となる．同様に $A \cap \emptyset = \emptyset$ であるから $P_A(\emptyset) = 0$ となり，基本性質 (2) が成り立つ．

排反な事象 B, C ($B \cap C = \emptyset$) に対して $(A \cap B) \cap (A \cap C) = A \cap B \cap C = \emptyset$ となる．したがって $A \cap B$ と $A \cap C$ は排反であり，排反な事象についての確率の基本性質 (3) から
$$P\big((A \cap B) \cup (A \cap C)\big) = P(A \cap B) + P(A \cap C)$$
となる．これを使うと
$$P_A(B \cup C) = \frac{P\big(A \cap (B \cup C)\big)}{P(A)} = \frac{P\big((A \cap B) \cup (A \cap C)\big)}{P(A)}$$
$$= \frac{P(A \cap B) + P(A \cap C)}{P(A)} = P_A(B) + P_A(C)$$
が成り立ち，基本性質 (3) が得られる．

問題 4.2 和事象についての等式 (1.2) より
$$P(A \cap B) = P(A) + P(B) - P(A \cup B) = 0.2 + 0.3 - 0.4 = 0.1$$
となる．したがって
$$P_A(B) = \frac{P(A \cap B)}{P(A)} = \frac{0.1}{0.2} = 0.5$$
である．

問題 4.3 条件付き確率の定義より左辺は $\dfrac{P(A \cap B)}{P(A)}$ で，右辺は $\dfrac{P(A) - P(B^c)}{P(A)}$ であるから
$$P(A \cap B) \geqq P(A) - P(B^c)$$
を示せばよい．$A = (A \cap B) \cup (A \cap B^c)$ と排反な事象の和として書けるから
$$P(A) = P(A \cap B) + P(A \cap B^c)$$
となる．また $A \cap B^c \subset B^c$ より，$P(A \cap B^c) \leqq P(B^c)$ が成り立つ．以上より
$$P(A \cap B) = P(A) - P(A \cap B^c) \geqq P(A) - P(B^c)$$
となり，求める不等式が得られる．

問題 4.4 (1) 球を元に戻さないので，事象 A が起こったかどうかで事象 B の確率は影響を受ける．したがって事象 A, B は独立ではない．乗法定理 (1.6) から
$$P(A \cap B) = P(A) P_A(B)$$
となる．ここで
$$P(A) = \frac{2}{6} = \frac{1}{3}, \qquad P_A(B) = \frac{4}{5}$$
となるから求める確率は $\dfrac{1}{3} \times \dfrac{4}{5} = \dfrac{4}{15}$ である．

(2) 2 番目に取り出すときもつぼの状況は最初と同じだから
$$P(A) = \frac{2}{6} = \frac{1}{3}, \qquad P_A(B) = \frac{4}{6} = \frac{2}{3} = P(B)$$
となり求める確率は $\dfrac{1}{3} \times \dfrac{2}{3} = \dfrac{2}{9}$ である．また事象 A, B は独立である．

問題 4.5 A, B, C を A, B, C が当たりくじを引く事象とする．A が最初にくじを引くか

ら $P(A) = \dfrac{2}{5}$ である．ここで $B = \{\text{A, B ともに当たる}\} \cup \{\text{A がはずれ，かつ B が当たる}\} = (A \cap B) \cup (A^c \cap B)$ で，$A \cap B$ と $A^c \cap B$ は排反だから乗法定理 (1.6) を使って

$$P(B) = P(A \cap B) + P(A^c \cap B) = P(A)P_A(B) + P(A^c)P_{A^c}(B)$$
$$= \dfrac{2}{5} \times \dfrac{1}{4} + \dfrac{3}{5} \times \dfrac{2}{4} = \dfrac{2}{5}$$

同様に
$$C = (A \cap B \cap C) \cup (A \cap B^c \cap C) \cup (A^c \cap B \cap C) \cup (A^c \cap B^c \cap C)$$

で，4つは互いに排反だから乗法定理 (1.7) を使って

$$\begin{aligned}P(C) &= P(A \cap B \cap C) + P(A \cap B^c \cap C) \\&\quad + P(A^c \cap B \cap C) + P(A^c \cap B^c \cap C) \\&= P(A)P_A(B)P_{A \cap B}(C) + P(A)P_A(B^c)P_{A \cap B^c}(C) \\&\quad + P(A^c)P_{A^c}(B)P_{A^c \cap B}(C) + P(A^c)P_{A^c}(B^c)P_{A^c \cap B^c}(C) \\&= \dfrac{2}{5} \times \dfrac{1}{4} \times \dfrac{0}{3} + \dfrac{2}{5} \times \dfrac{3}{4} \times \dfrac{1}{3} + \dfrac{3}{5} \times \dfrac{2}{4} \times \dfrac{1}{3} + \dfrac{3}{5} \times \dfrac{2}{4} \times \dfrac{2}{3} \\&= \dfrac{2}{5}\end{aligned}$$

問題 4.6 サイコロを A, B として，根元事象 $\omega_{ij} = \{\text{A の目が } i,\ \text{B の目が } j\}$ $(i = 1, \cdots, 6;\ j = 1, \cdots, 6)$ とする．E を一方の目が 5 である事象とし，F を一方の目が 4 である事象とする．このとき求める確率は $P_E(F)$ である．ここで

$$E = \{\omega_{51}, \omega_{52}, \omega_{53}, \omega_{54}, \omega_{55}, \omega_{56}, \omega_{15}, \omega_{25}, \omega_{35}, \omega_{45}, \omega_{65}\}$$

である．また $E \cap F = \{\omega_{54}, \omega_{45}\}$ であるから求める確率は

$$P_E(F) = \dfrac{P(E \cap F)}{P(E)} = \dfrac{2/36}{11/36} = \dfrac{2}{11}$$

問題 4.7 A, B は排反であるから $A \cap B = \emptyset$ である．よって

$$P(A \cap B) = 0 \neq P(A)P(B)$$

したがって独立ではない．

A, B を独立とすると

$$P(A \cap B) = P(A)P(B) > 0$$

となり $A \cap B \neq \emptyset$ である．したがって排反ではない．

問題 4.8 任意の事象 B に対して $A \cap B \subset A$ であるから，$0 \leqq P(A \cap B) \leqq P(A) = 0$ が成り立つ．したがって $P(A \cap B) = 0$ となる．よって

$$P(A \cap B) = 0 = 0 \times P(B) = P(A)P(B)$$

であるから，A, B は独立である．

問題 4.9 $P(A) = P(B) = P(C) = \dfrac{1}{2}$ が成り立つことに注意する．$A \cap B = \{\omega_1\}$ だから

$$P(A \cap B) = \dfrac{1}{4} = \dfrac{1}{2} \times \dfrac{1}{2} = P(A)P(B)$$

同様にして $P(A\cap C) = P(A)P(C)$, $P(B\cap C) = P(B)P(C)$ が成り立つ．したがってそれぞれの組合せに対して独立となる．他方

$$P(A\cap B\cap C) = P(\omega_1) = \frac{1}{4} \neq \frac{1}{2} \times \frac{1}{2} \times \frac{1}{2} = P(A)P(B)P(C)$$

となるから，A, B, C は互いに独立とはならない．

問題 4.10 (1) ド・モルガンの法則より $A^c \cap B^c = (A \cup B)^c$ である．したがって

$$1 = P_A(B) + P_{A^c}(B^c) = \frac{P(A\cap B)}{P(A)} + \frac{P(A^c \cap B^c)}{P(A^c)}$$
$$= \frac{P(A\cap B)}{P(A)} + \frac{1 - P(A\cup B)}{1 - P(A)}$$

となる．分母を払って式 (1.2) を使うと

$$P(A)\{1 - P(A)\} = P(A\cap B)\{1 - P(A)\} + P(A)\{1 - P(A) - P(B) + P(A\cap B)\}$$
$$= P(A\cap B) - P(A\cap B)P(A) + P(A)\{1 - P(A)\}$$
$$\quad - P(A)P(B) + P(A)P(A\cap B)$$
$$= P(A\cap B) - P(A)P(B) + P(A)\{1 - P(A)\}$$

が成り立つ．したがって $P(A\cap B) - P(A)P(B) = 0$, すなわち $P(A\cap B) = P(A)P(B)$ が成り立ち，独立がいえる．

(2) 条件より

$$\frac{P(A\cap B)}{P(A)} = \frac{P(A^c \cap B)}{P(A^c)}$$

余事象の確率 (1.4) より $P(A^c) = 1 - P(A)$ となる．これを代入して変形すると

$$\{1 - P(A)\}P(A\cap B) = P(A)P(A^c \cap B),$$
$$P(A\cap B) = P(A)\{P(A\cap B) + P(A^c \cap B)\}$$

ここで $B = (A\cap B) \cup (A^c \cap B)$ と表され，2 つは排反事象だから $P(B) = P(A\cap B) + P(A^c \cap B)$ となる．よって $P(A\cap B) = P(A)P(B)$ が成り立ち，独立となる．

問題 5.1 (1) 和事象の等式 (1.2) と事象 A, B が排反より

$$0.5 = P(A\cup B) = P(A) + P(B) - P(A\cap B) = 0.3 + P(B) - 0$$

となる．したがって $P(B) = 0.5 - 0.3 = 0.2$ である．

(2) 和事象の等式 (1.2) と事象 A, B の独立性より

$$0.5 = P(A\cup B) = P(A) + P(B) - P(A\cap B)$$
$$= P(A) + P(B) - P(A)P(B) = 0.3 + P(B) - 0.3P(B)$$

となる．したがって $0.7P(B) = 0.5 - 0.3 = 0.2$ となり $P(B) = \dfrac{2}{7}$ である．

(3) 条件付き確率の定義より

$$P_B(A) = \frac{P(A\cap B)}{P(B)} = 0.4$$

だから $P(A\cap B) = 0.4P(B)$ となる．これを和事象の等式 (1.2) に代入して

$$0.5 = P(A\cup B) = P(A) + P(B) - 0.4P(B) = 0.3 + 0.6P(B)$$

第 1 章の解答   151

となる．したがって $0.6P(B) = 0.2$ となり $P(B) = \dfrac{1}{3}$ である．

問題 5.2 $P(B) = 1 - P(B^c) = 1 - 0.7 = 0.3$ である．したがって
$$P(A \cap B) = 0.18 = 0.6 \times 0.3 = P(A)P(B)$$
となり A と B は独立である．$A = (A \cap B) \cup (A \cap B^c)$ であり，$(A \cap B) \cap (A \cap B^c) = \emptyset$ であるから
$$0.6 = P(A) = P(A \cap B) + P(A \cap B^c) = 0.18 + P(A \cap B^c)$$
となる．よって $P(A \cap B^c) = 0.6 - 0.18 = 0.42$ である．したがって
$$P(A \cap B^c) = 0.42 = 0.6 \times 0.7 = P(A)P(B^c)$$
が成り立つから A と B^c は独立である．

問題 5.3 (1) 乗法定理 (1.6) より
$$P(A \cap B) = P(A)P_A(B) = 0.4 \times 0.3 = 0.12$$
(2) 和事象についての等式 (1.2) より
$$P(A \cup B) = P(A) + P(B) - P(A \cap B) = 0.4 + 0.5 - 0.12 = 0.78$$
(3) 条件付き確率の定義より
$$P_B(A) = \frac{P(B \cap A)}{P(B)} = \frac{0.12}{0.5} = 0.24$$
(4) $A = (A \cap B) \cup (A \cap B^c)$ で $(A \cap B) \cap (A \cap B^c) = \emptyset$ だから
$$0.4 = P(A) = P(A \cap B) + P(A \cap B^c) = 0.12 + P(A \cap B^c)$$
である．したがって $P(A \cap B^c) = 0.4 - 0.12 = 0.28$ である．よって
$$P_A(B^c) = \frac{0.28}{0.4} = 0.7$$

【別解】(4) 問題 4.1 より条件付き確率 $P_A(\cdot)$ は確率の基本性質を満たすから，余事象の確率 (1.4) より
$$P_A(B^c) = 1 - P_A(B) = 1 - 0.3 = 0.7$$

問題 5.4 D をサイコロを振って 1 または 2 の目が出る事象とする．E を白球を取り出す事象とする．このとき $E = (E \cap D) \cup (E \cap D^c)$ で，2 つの事象は排反であるから
$$P(E) = P(E \cap D) + P(E \cap D^c) = P(D)P_D(E) + P(D^c)P_{D^c}(E)$$
$$= \frac{2}{6} \times \frac{3}{5} + \frac{4}{6} \times \frac{2}{6} = \frac{19}{45}$$

問題 5.5 52 枚を等確率で選ぶことになるから
$$P(A) = \frac{13}{52}, \quad P(B) = \frac{4}{52}$$
また $A \cap B = \{$ハートのエースを引く$\}$ となるから，$P(A \cap B) = \dfrac{1}{52}$ となり
$$P(A \cap B) = \frac{1}{52} = \frac{13}{52} \times \frac{4}{52} = P(A)P(B)$$
が成り立つ．したがって A と B は独立となる．同様に $A \cap C = \{$ハートの絵札を引く$\}$ となるから $P(A \cap C) = \dfrac{3}{52}$ となる．また $P(C) = \dfrac{3}{52}$ であるから

であるから A と C は独立ではない.

問題 5.6 (1) 条件より
$$P_B(A) = \frac{P(B \cap A)}{P(B)} = \frac{0.3}{0.5} = 0.6 = P(A)$$
また $A = (B \cap A) \cup (B^c \cap A)$ と余事象の確率 (1.4) より
$$P(B^c \cap A) = P(A) - P(B \cap A) = 0.6 - 0.3 = 0.3$$
$$P(B^c) = 1 - P(B) = 1 - 0.5 = 0.5$$
したがって
$$P_{B^c}(A) = \frac{P(B^c \cap A)}{P(B^c)} = \frac{0.3}{0.5} = 0.6 = P(A)$$

(2) 同様に
$$P_A(B) = \frac{P(A \cap B)}{P(A)} = \frac{0.3}{0.6} = 0.5 = P(B)$$
また $B = (A \cap B) \cup (A^c \cap B)$ で,排反だから
$$P(A^c \cap B) = P(B) - P(A \cap B) = 0.2$$
となる.余事象の確率 (1.4) より $P(A^c) = 1 - P(A) = 0.4$ となるから
$$P_{A^c}(B) = \frac{P(A^c \cap B)}{P(A^c)} = \frac{0.2}{0.4} = 0.5 = P(B)$$

問題 6.1 二項定理 (1.8) より
$$(x+y)^5 = \sum_{k=0}^{5} {}_5\mathrm{C}_k x^k y^{5-k}$$
で,求める係数は $k = 2$ であるから
$${}_5\mathrm{C}_2 = \frac{5!}{2!\,3!} = \frac{5 \times 4}{2} = 10$$
となる.

問題 6.2 (1) $(1+1)^n$ に二項定理 (1.8) を適用すると
$$2^n = (1+1)^n = \sum_{i=0}^{n} {}_n\mathrm{C}_i 1^i 1^{n-i} = \sum_{i=0}^{n} {}_n\mathrm{C}_i = 1 + {}_n\mathrm{C}_1 + {}_n\mathrm{C}_2 + \cdots + {}_n\mathrm{C}_n$$

(2) 二項定理 (1.8) より $x = 1, y = -1$ とすると
$$1 - {}_n\mathrm{C}_1 + {}_n\mathrm{C}_2 - \cdots + (-1)^n {}_n\mathrm{C}_n = (1-1)^n = 0$$

(3) 組合せの定義より n でくくり出すと
$${}_n\mathrm{C}_1 - 2{}_n\mathrm{C}_2 + 3{}_n\mathrm{C}_3 - \cdots + (-1)^{n-1} n {}_n\mathrm{C}_n$$
$$= n\left\{{}_{n-1}\mathrm{C}_0 - {}_{n-1}\mathrm{C}_1 + {}_{n-1}\mathrm{C}_2 - \cdots + (-1)^{n-1} {}_{n-1}\mathrm{C}_{n-1}\right\}$$
が成り立つ. (2) よりカッコの中は 0 となり,等式が成り立つ.

問題 6.3 最初に 4 人を選ぶ組合せは ${}_{12}\mathrm{C}_4$ で,残り 8 人から 4 人を選ぶ組合せは ${}_8\mathrm{C}_4$ である.よって 3 つのグループに分ける方法は

$$_{12}\mathrm{C}_4 \times {}_8\mathrm{C}_4 = \frac{12!}{4!\,8!} \times \frac{8!}{4!\,4!} = \frac{12!}{4!\,4!\,4!} = \frac{(12 \times \cdots \times 5) \times 4!}{4!\,4!\,4!} = 34650$$

問題 6.4　(1)　A, B を 1 人と考えると 7 人を並べる方法は 7! である．またそれぞれについて AB, BA の順番の入れ替えがあるから，求める方法は $2 \times 7! = 10080$ となる．

(2)　A と B で 3 人が囲まれた 5 人を 1 人と考えると，4 人を並べる方法で 4! である．3 人を選んで並べる方法は $_6\mathrm{P}_3$ である．AB, BA の順番の入れ替えがあるから求める並べ方は
$$4! \times {}_6\mathrm{P}_3 \times 2 = 5760$$

問題 6.5　すべての取り出し方は $_{13}\mathrm{C}_4$ で，白球が 2 個の取り出し方は $_5\mathrm{C}_2 \times {}_8\mathrm{C}_2$ である．よって求める確率は
$$\frac{{}_5\mathrm{C}_2 \times {}_8\mathrm{C}_2}{{}_{13}\mathrm{C}_4} = \frac{56}{143}$$

問題 6.6　全部で 12 個の球があるから 2 個取り出し方は $_{12}\mathrm{C}_2$ である．2 個とも黒の取り出し方は $_5\mathrm{C}_2$ 通りだから，求める確率は
$$\frac{{}_5\mathrm{C}_2}{{}_{12}\mathrm{C}_2} = \frac{5}{33}$$
となる．また赤が 1，白が 1 の取り出し方は $_3\mathrm{C}_1 \times {}_4\mathrm{C}_1$ 通りだから，求める確率は
$$\frac{{}_3\mathrm{C}_1 \times {}_4\mathrm{C}_1}{{}_{12}\mathrm{C}_2} = \frac{2}{11}$$

問題 7.1　E をサイコロを振ったとき 1 または 2 の目が出る事象とする．F を取り出した球が白球である事象とする．求める確率は $P_F(E)$ である．ここで条件から分かっている確率は
$$P(E) = \frac{1}{3}, \quad P(E^c) = \frac{2}{3}, \quad P_E(F) = \frac{3}{7}, \quad P_{E^c}(F) = \frac{5}{9}$$
である．$\Omega = E \cup E^c$ に注意してベイズの定理 (1.9) を使うと
$$P_F(E) = \frac{P(E)P_E(F)}{P(E)P_E(F) + P(E^c)P_{E^c}(F)}$$
$$= \frac{1/3 \times 3/7}{1/3 \times 3/7 + 2/3 \times 5/9} = \frac{27}{97} = 0.278$$

問題 7.2　E を母親が体質 A をもつ事象，F を子どもが体質 A をもつ事象とする．求める確率は $P_F(E)$ である．ここで条件より
$$P(E) = 0.7, \quad P(E^c) = 0.3, \quad P_E(F) = 0.85, \quad P_{E^c}(F) = 0.6$$
である．$\Omega = E \cup E^c$ であるから，ベイズの定理 (1.9) を使うと
$$P_F(E) = \frac{P(E)P_E(F)}{P(E)P_E(F) + P(E^c)P_{E^c}(F)}$$
$$= \frac{0.7 \times 0.85}{0.7 \times 0.85 + 0.3 \times 0.6} = \frac{119}{155} = 0.768$$

問題 7.3　E_1, E_2, E_3 を A から取り出した球がそれぞれ，赤球，白球，黒球の事象とする．同様に F を B から取り出した球が黒球の事象とする．このとき求める確率は $P_F(E_3)$ である．$\Omega = E_1 \cup E_2 \cup E_3$ で E_1, E_2, E_3 は互いに排反であることに注意する．条件より

である.

$$P(E_1) = \frac{2}{10}, \quad P(E_2) = \frac{3}{10}, \quad P(E_3) = \frac{5}{10}$$

$$P_{E_1}(F) = \frac{2}{11}, \quad P_{E_2}(F) = \frac{2}{11}, \quad P_{E_3}(F) = \frac{3}{11}$$

である.ベイズの定理 (1.9) を使うと

$$P_F(E_3) = \frac{P(E_3)P_{E_3}(F)}{P(E_1)P_{E_1}(F) + P(E_2)P_{E_2}(F) + P(E_3)P_{E_3}(F)}$$
$$= \frac{5/10 \times 3/11}{2/10 \times 2/11 + 3/10 \times 2/11 + 5/10 \times 3/11} = \frac{3}{5}$$

第 2 章

問題 1.1 X の取りうる値とその確率および $|X-3|$ の値は

X の値	1	2	3	4	5	6	計
確率	$\frac{1}{6}$	$\frac{1}{6}$	$\frac{1}{6}$	$\frac{1}{6}$	$\frac{1}{6}$	$\frac{1}{6}$	1
$|X-3|$ の値	2	1	0	1	2	3	

したがって

Y の値	0	1	2	3	計
確率	$\frac{1}{6}$	$\frac{2}{6}$	$\frac{2}{6}$	$\frac{1}{6}$	1

が求める分布である.

問題 1.2 サイコロを A, B として $\omega_{ij} = ($A の目が i, B の目が $j) \ (i = 1, \cdots, 6; \ j = 1, \cdots, 6)$ とおく.36 通りは等確率で

$$\{X = 0\} = \{\omega_{11}, \omega_{22}, \omega_{33}, \omega_{44}, \omega_{55}, \omega_{66}\}$$
$$\{X = 1\} = \{\omega_{12}, \omega_{21}, \omega_{23}, \omega_{32}, \omega_{34}, \omega_{43}, \omega_{45}, \omega_{54}, \omega_{56}, \omega_{65}\}$$
$$\{X = 2\} = \{\omega_{13}, \omega_{31}, \omega_{24}, \omega_{42}, \omega_{35}, \omega_{53}, \omega_{46}, \omega_{64}\}$$
$$\{X = 3\} = \{\omega_{14}, \omega_{41}, \omega_{25}, \omega_{52}, \omega_{36}, \omega_{63}\}$$
$$\{X = 4\} = \{\omega_{15}, \omega_{51}, \omega_{26}, \omega_{62}\}$$
$$\{X = 5\} = \{\omega_{16}, \omega_{61}\}$$

よって X の分布は次で与えられる.

Y の値	0	1	2	3	4	5	計
確率	$\frac{6}{36}$	$\frac{10}{36}$	$\frac{8}{36}$	$\frac{6}{36}$	$\frac{4}{36}$	$\frac{2}{36}$	1

問題 1.3 (1) 確率の和は 1 であるから

$$c\left(\frac{1}{4} + \frac{2}{4} + \frac{3}{4} + \frac{4}{4}\right) = c \times \frac{10}{4} = 1$$

したがって $c = \dfrac{2}{5}$ となる．この c を使うと
$$P(X > 2) = P(X = 3) + P(X = 4) = \frac{\frac{2}{5} \times 3}{4} + \frac{\frac{2}{5} \times 4}{4} = \frac{3}{10} + \frac{4}{10} = \frac{7}{10}$$
(2) 等比級数の和の公式から
$$c \sum_{k=1}^{\infty} \left(\frac{1}{4}\right)^{k-1} = \frac{c}{1 - \frac{1}{4}} = \frac{4c}{3} = 1$$
したがって $c = \dfrac{3}{4}$ である．この c を使うと
$$P(X > 2) = 1 - P(X \leqq 2) = 1 - (P(X = 1) + P(X = 2)) = 1 - \left(\frac{3}{4} + \frac{3}{16}\right) = \frac{1}{16}$$

問題 1.4 4 個とも 1 である確率は
$$\frac{1}{6} \times \frac{1}{6} \times \frac{1}{6} \times \frac{1}{6} = \frac{1}{6^4} = \frac{1}{1296}$$
特定の 2 個が 1 の目で，2 個がそれ以外の確率は
$$\frac{1^2}{6^2} \times \frac{5^2}{6^2} = \frac{5^2}{6^4}$$
したがって 4 個から 2 個取り出す組合せについて同じ確率となるから，求める確率は
$$_4\mathrm{C}_2 \times \frac{5^2}{6^4} = \frac{5^2}{6^3} = \frac{25}{216}$$

問題 1.5 (1) 二項分布の定義 (2.1) より
$$P(X = 2) = {}_5\mathrm{C}_2 \times 0.2^2 \times (1 - 0.2)^{5-2} = 0.2048$$
(2) $P(1 \leqq X \leqq 3) = P(X = 1) + P(X = 2) + P(X = 3)$ だから
$$P(1 \leqq X \leqq 3) = {}_5\mathrm{C}_1 \times 0.2^1 \times (1 - 0.2)^{5-1} + {}_5\mathrm{C}_2 \times 0.2^2 \times (1 - 0.2)^{5-2}$$
$$+ {}_5\mathrm{C}_3 \times 0.2^3 \times (1 - 0.2)^{5-3}$$
$$= 0.6656$$
(3) 余事象の確率 (1.4) より
$$P(X \neq 3) = 1 - P(X = 3) = 1 - {}_5\mathrm{C}_3 \times 0.2^3 \times (1 - 0.2)^{5-3} = 0.9488$$

問題 1.6 1 人の人が 1 月 1 日生まれである確率は $\dfrac{1}{365}$ である．したがって 300 人の中で 1 月 1 日生まれの人数を X とおくと X は二項分布 $B\left(300, \dfrac{1}{365}\right)$ にしたがう．よって求める確率は
$$P(X = 0) = {}_{300}\mathrm{C}_0 \times \left(\frac{1}{365}\right)^0 \times \left(\frac{364}{365}\right)^{300} = 0.4391$$
確率が非常に小さいのでポアソン分布 $\lambda = 300 \times \dfrac{1}{365}$ での近似を考えると求める確率の近似は
$$P(X = 0) \approx \exp\left(-\frac{300}{365}\right) \frac{\left(\frac{300}{365}\right)^0}{0!} = 0.4396$$

問題 2.1 (1) 一様分布 $U(0,2)$ の密度関数を $f(x)$ とおくと
$$P(X \leqq 1) = \int_{-\infty}^{1} f(x)dx = \int_{-\infty}^{0} 0 dx + \int_{0}^{1} \frac{1}{2} dx = \frac{1}{2}$$
(2) (1) と同様にして
$$P(X \leqq 2.4) = \int_{-\infty}^{2.4} f(x)dx = \int_{-\infty}^{0} 0 dx + \int_{0}^{2} \frac{1}{2} dx + \int_{2}^{2.4} 0 dx = 1$$

問題 2.2 (1) 密度関数は全区間での積分が 1 であるから
$$1 = \int_{-\infty}^{\infty} f(x)dx = \int_{-\infty}^{0} 0 dx + \int_{0}^{\infty} cxe^{-x} dx$$
$$= c\left\{\left[x(-e^{-x})\right]_0^{\infty} + \int_0^{\infty} e^{-x} dx\right\} = c\left[-e^{-x}\right]_0^{\infty} = c$$
したがって $c = 1$ となる.

$c = 1$ であるから
$$P(X > 2) = \int_2^{\infty} f(x)dx = \int_2^{\infty} xe^{-x} dx$$
$$= \left[x(-e^{-x})\right]_2^{\infty} + \int_2^{\infty} e^{-x} dx = 2e^{-2} + \left[-e^{-x}\right]_2^{\infty} = 3e^{-2}$$
となる.

(2) (1) と同様に
$$1 = \int_{-\infty}^{\infty} f(x)dx = c\left\{\int_{-\infty}^{-1} 0 dx + \int_{-1}^{0} (-x) dx + \int_0^2 x dx\right\}$$
$$= c\left(\left[-\frac{x^2}{2}\right]_{-1}^{0} + \left[\frac{x^2}{2}\right]_0^2\right) = c\left(\frac{1}{2} + 2\right) = c\frac{5}{2}$$
よって $c = \frac{2}{5}$ となる.

$c = \frac{2}{5}$ であるから
$$P(0.5 < X \leqq 1) = \frac{2}{5} \int_{0.5}^{1} f(x)dx = \frac{2}{5} \int_{0.5}^{1} x dx$$
$$= \frac{2}{5} \left[\frac{x^2}{2}\right]_{0.5}^{1} = \frac{2}{5}\left(\frac{1}{2} - \frac{1}{8}\right) = \frac{3}{20}$$
となる.

問題 2.3 $a \leqq 0$ のとき, 確率は 0 だから $a > 0$ を考えればよい. 密度関数の定義より
$$0.1 = \int_{-\infty}^{a} f(x)dx = \int_0^a 2e^{-2x} dx = \left[-e^{-2x}\right]_0^a = 1 - e^{-2a}$$
よって $e^{-2a} = 1 - 0.1 = 0.9$ となる. 両辺の対数をとって $-2a = \log 0.9$ だから $a = -\dfrac{\log 0.9}{2} = 0.0527$ である. 同様にして
$$0.1 = \int_b^{\infty} f(x)dx = \left[-e^{-2x}\right]_b^{\infty} = e^{-2b}$$

よって $-2b = \log 0.1$ となり，対数をとって $b = -\dfrac{\log 0.1}{2} = 1.1513$ である．

問題 2.4 指数分布の定義より $a \leqq 0$ のときは確率は 1 になる．よって $a > 0$ として考えると

$$\frac{1}{2} = P(X > a) = \int_a^\infty \frac{1}{2} e^{-x/2} dx = \left[-e^{-x/2}\right]_a^\infty = e^{-a/2}$$

したがって

$$\frac{1}{2} = e^{-a/2}, \quad \log \frac{1}{2} = -\frac{a}{2}, \quad a = -2 \log \frac{1}{2} = 1.3863$$

問題 2.5 X^2 の分布を考えると $x < 0$ のとき $P(X^2 \leqq x) = 0$ である．$0 \leqq x \leqq 1$ のときを考えると

$$P(X^2 \leqq x) = P(-\sqrt{x} \leqq X \leqq \sqrt{x}) = \int_{-\sqrt{x}}^{\sqrt{x}} \frac{1}{2} dt = \left[\frac{t}{2}\right]_{-\sqrt{x}}^{\sqrt{x}} = \frac{1}{2}(2\sqrt{x}) = \sqrt{x}$$

$1 < x$ のときは $P(X^2 \leqq x) = 1$ になる．よって密度関数は

$$f(x) = \begin{cases} \dfrac{1}{2} x^{-1/2} & (0 \leqq x \leqq 1) \\ 0 & (その他) \end{cases}$$

問題 3.1 (1) 正規分布の標準化より $\dfrac{X-3}{2}$ は標準正規分布 $N(0,1)$ にしたがう．よって Z を標準正規分布にしたがう確率変数とすると

$$P(X \geqq 3.5) = P\left(\frac{X-3}{2} \geqq \frac{3.5-3}{2}\right) = P(Z \geqq 0.25)$$

付表 1 より求める確率は 0.4013 となる．

(2) 同様にして

$$P(X \leqq 5) = P\left(\frac{X-3}{2} \leqq \frac{5-3}{2}\right)$$
$$= P(Z \leqq 1) = 1 - P(Z > 1) = 1 - 0.1587 = 0.8413$$

(3) (1), (2) と同様に

$$P(0 \leqq X \leqq 4) = P\left(\frac{0-3}{2} \leqq \frac{X-3}{2} \leqq \frac{4-3}{2}\right) = P(-1.5 \leqq Z \leqq 0.5)$$
$$= 1 - (P(Z \geqq 0.5) + P(Z \leqq -1.5))$$

標準正規分布の密度関数は原点について線対称だから $P(Z \leqq -1.5) = P(Z \geqq 1.5)$ である．よって求める確率は

$$P(0 \leqq X \leqq 4) = 1 - (0.3085 + 0.0668) = 0.6247$$

問題 3.2 (1) 正規分布の標準化より $\dfrac{X-\mu}{\sigma}$ は標準正規分布 $N(0,1)$ にしたがう．よって Z を標準正規分布にしたがう確率変数とすると 付表 1 より

$$P(\mu - \sigma \leqq X \leqq \mu + \sigma) = P\left(\frac{\mu-\sigma-\mu}{\sigma} \leqq \frac{X-\mu}{\sigma} \leqq \frac{\mu+\sigma-\mu}{\sigma}\right)$$
$$= P(-1 \leqq Z \leqq 1) = 1 - 2P(Z \geqq 1) = 0.6826$$

(2) 同様にして
$$P(\mu - 2\sigma \leqq X \leqq \mu + 2\sigma) = P\left(\frac{\mu - 2\sigma - \mu}{\sigma} \leqq \frac{X - \mu}{\sigma} \leqq \frac{\mu + 2\sigma - \mu}{\sigma}\right)$$
$$= P(-2 \leqq Z \leqq 2) = 1 - 2P(Z \geqq 2) = 0.9544$$

問題 3.3 (1) 正規分布の密度関数の定義 (2.3) から
$$P(X \leqq -c) = \int_{-\infty}^{-c} \frac{1}{\sqrt{2\pi}\,\sigma} \exp\left\{-\frac{x^2}{2\sigma^2}\right\} dx.$$
$t = -x$ と変数変換すると $x = 0$ について線対称だから
$$P(X \leqq -c) = -\int_{\infty}^{c} \frac{1}{\sqrt{2\pi}\,\sigma} \exp\left\{-\frac{t^2}{2\sigma^2}\right\} dt$$
$$= \int_{c}^{\infty} \frac{1}{\sqrt{2\pi}\,\sigma} \exp\left\{-\frac{t^2}{2\sigma^2}\right\} dt = P(X \geqq c)$$

(2) (1) と余事象の確率 (1.4) より
$$P(X \leqq c) = P(X \geqq -c) = 1 - P(X < -c)$$
X は連続型の確率変数であるから $1 - P(X < -c) = 1 - P(X \leqq -c)$ となり，求める等式が成り立つ．

問題 3.4 (1) 標準化より $\dfrac{X-2}{2}$ と $\dfrac{Y-3}{3}$ は標準正規分布 $N(0,1)$ にしたがう．よって Z を標準正規分布にしたがう確率変数とすると <u>付表 1</u> より
$$P(X - 2 \leqq -2) = P\left(\frac{X-2}{2} \leqq -1\right) = P(Z \leqq -1) = P(Z \geqq 1) = 0.1587,$$
$$P(Y - 3 \leqq -2) = P\left(\frac{Y-3}{3} \leqq -\frac{2}{3}\right) = P\left(Z \leqq -\frac{2}{3}\right) = P\left(Z \geqq \frac{2}{3}\right) = 0.2514$$
したがって不等式が成り立つ．

(2) 同様にして
$$P(X - 2 \leqq 2) = P\left(\frac{X-2}{2} \leqq 1\right) = P(Z \leqq 1) = 1 - P(Z \geqq 1) = 0.8413,$$
$$P(Y - 3 \leqq 2) = P\left(\frac{Y-3}{3} \leqq \frac{2}{3}\right) = P\left(Z \leqq \frac{2}{3}\right) = 1 - P\left(Z \geqq \frac{2}{3}\right) = 0.7486$$
したがって不等式が成り立つ．

問題 3.5 (1) 標準化より $\dfrac{X-\mu_1}{\sigma_1}$ と $\dfrac{Y-\mu_2}{\sigma_2}$ は標準正規分布 $N(0,1)$ にしたがう．よって Z を標準正規分布にしたがう確率変数とすると
$$P(X - \mu_1 \leqq -c) = P\left(\frac{X-\mu_1}{\sigma_1} \leqq -\frac{c}{\sigma_1}\right) = P\left(Z \leqq -\frac{c}{\sigma_1}\right),$$
$$P(Y - \mu_2 \leqq -c) = P\left(\frac{Y-\mu_2}{\sigma_2} \leqq -\frac{c}{\sigma_2}\right) = P\left(Z \leqq -\frac{c}{\sigma_2}\right)$$
ここで $\sigma_1 < \sigma_2$ で $c > 0$ だから $-\dfrac{c}{\sigma_1} < -\dfrac{c}{\sigma_2}$ である．したがって

$$\left\{Z \leqq -\frac{c}{\sigma_1}\right\} \subset \left\{Z \leqq -\frac{c}{\sigma_2}\right\}$$

であるから不等式が成り立つ．

(2) (1) と同様にして
$$P(X - \mu_1 \leqq c) = P\left(\frac{X - \mu_1}{\sigma_1} \leqq \frac{c}{\sigma_1}\right) = P\left(Z \leqq \frac{c}{\sigma_1}\right),$$
$$P(Y - \mu_2 \leqq c) = P\left(\frac{Y - \mu_2}{\sigma_2} \leqq \frac{c}{\sigma_2}\right) = P\left(Z \leqq \frac{c}{\sigma_2}\right)$$

ここで $\sigma_1 < \sigma_2$ で $c > 0$ だから $\frac{c}{\sigma_1} > \frac{c}{\sigma_2}$ である．したがって (1) と同様に不等式が成り立つ．

問題 3.6 $a < 0$ のときは明らかであるから，$0 \leqq a < b$ の場合を考えればよい．条件より
$$P(|X - \mu| \leqq a) = P(-a \leqq X - \mu \leqq a) = P(X - \mu \leqq a) - P(X - \mu < -a),$$
$$P(|X - \mu| \leqq b) = P(-b \leqq X - \mu \leqq b) = P(X - \mu \leqq b) - P(X - \mu < -b)$$

となる．ここで
$$\{X - \mu \leqq a\} \subset \{X - \mu \leqq b\}, \quad \{X - \mu \leqq -b\} \subset \{X - \mu \leqq -a\}$$

であるから
$$P(X - \mu \leqq a) \leqq P(X - \mu \leqq b),$$
$$P(X - \mu < -b) \leqq P(X - \mu < -a)$$

したがって
$$P(X - \mu \leqq a) - P(X - \mu < -a) \leqq P(X - \mu \leqq b) - P(X - \mu < -b)$$

となり，不等式が成り立つ．

問題 3.7 正規分布の標準化より Z を標準正規分布にしたがう確率変数とすると Z の密度関数は原点について線対称だから
$$P(|X - 2| \leqq 1) = P(-1 \leqq X - 2 \leqq 1) = P\left(-\frac{1}{2} \leqq \frac{X - 2}{2} \leqq \frac{1}{2}\right)$$
$$= P\left(-\frac{1}{2} \leqq Z \leqq \frac{1}{2}\right) = 1 - (P(Z < -0.5) + P(Z > 0.5)) = 1 - 2P(Z > 0.5)$$
$$= 1 - 2 \times 0.3085 = 0.3830$$

同様にして
$$P(|Y - 3| \leqq 1) = P(-1 \leqq Y - 3 \leqq 1) = P\left(-\frac{1}{3} \leqq \frac{Y - 3}{3} \leqq \frac{1}{3}\right)$$
$$= P\left(-\frac{1}{3} \leqq Z \leqq \frac{1}{3}\right) = 1 - (P(Z < -0.33) + P(Z > 0.33))$$
$$= 1 - 2P(Z > 0.33) = 1 - 2 \times 0.3707 = 0.2586$$

したがって不等式が成り立つ．

問題 3.8 問題 3.5 と同じ解法を使う．正規分布の標準化より Z を標準正規分布にしたが

う確率変数とすると Z の密度関数は原点について線対称より

$$P(|X-\mu_1| \leqq c) = P(-c \leqq X-\mu_1 \leqq c) = P\left(-\frac{c}{\sigma_1} \leqq \frac{X-\mu_1}{\sigma_1} \leqq \frac{c}{\sigma_1}\right)$$
$$= P\left(-\frac{c}{\sigma_1} \leqq Z \leqq \frac{c}{\sigma_1}\right) = 1 - \left(P\left(Z < -\frac{c}{\sigma_1}\right) + P\left(Z > \frac{c}{\sigma_1}\right)\right)$$
$$= 1 - 2P\left(Z > \frac{c}{\sigma_1}\right)$$

同様にして

$$P(|Y-\mu_2| \leqq c) = P(-c \leqq Y-\mu_2 \leqq c) = P\left(-\frac{c}{\sigma_2} \leqq \frac{Y-\mu_2}{\sigma_2} \leqq \frac{c}{\sigma_2}\right)$$
$$= P\left(-\frac{c}{\sigma_2} \leqq Z \leqq \frac{c}{\sigma_2}\right) = 1 - \left(P\left(Z < -\frac{c}{\sigma_2}\right) + P\left(Z > \frac{c}{\sigma_2}\right)\right)$$
$$= 1 - 2P\left(Z > \frac{c}{\sigma_2}\right)$$

ここで $\sigma_1 < \sigma_2$ より $\frac{c}{\sigma_1} > \frac{c}{\sigma_2}$ となる．したがって $P(Z > \frac{c}{\sigma_1}) < P(Z > \frac{c}{\sigma_2})$ が成り立ち，不等式が成り立つ．

問題 4.1 分布関数を $F(x)$ とする．$x_1 < x_2$ に対して $A = \{X \leqq x_1\}$，$B = \{X \leqq x_2\}$ とおくと，$A \subset B$ であるから

$$F(x_1) = P(X \leqq x_1) \leqq P(X \leqq x_2) = F(x_2)$$

したがって広義単調増加関数である．

問題 4.2 (1) 分布関数の定義 (2.4) より

$$F(x) = \begin{cases} 0 & (x < -1) \\ \dfrac{1}{3} & (-1 \leqq x < 0) \\ \dfrac{2}{3} & (0 \leqq x < 1) \\ 1 & (1 \leqq x) \end{cases}$$

(2) 同様に $x < 1$ のとき $F(x) = 0$ となり，$1 \leqq x < 2$ のとき $F(x) = \dfrac{1}{15}$ である．

$2 \leqq x < 3$ のとき $\quad F(x) = \dfrac{1}{15} + \dfrac{2}{15} = \dfrac{1}{5}$

$3 \leqq x < 4$ のとき $\quad F(x) = \dfrac{1}{15} + \dfrac{2}{15} + \dfrac{3}{15} = \dfrac{2}{5}$

$4 \leqq x < 5$ のとき $\quad F(x) = \dfrac{1}{15} + \dfrac{2}{15} + \dfrac{3}{15} + \dfrac{4}{15} = \dfrac{2}{3}$

$5 \leqq x$ のとき $F(x) = 1$ となる．

問題 4.3 (1) 連続型の確率変数の定義と定積分の性質より

$$P(X = x) = \int_x^x f(t)dt = 0$$

(2) 密度関数の不定積分が $F(x)$ で，1点をとる確率は 0 だから

第 2 章の解答   **161**

$$P(a \leq X \leq b) = P(a < X < b) = \int_a^b f(x)dx = \Big[F(x)\Big]_a^b = F(b) - F(a)$$

である.

問題 4.4 (1) $x \leq 0$ のとき $F(x) = 0$ である. $0 < x < 1$ のとき
$$F(x) = \int_0^x 2t dt = \Big[t^2\Big]_0^x = x^2$$
となり, $1 \leq x$ に対しては $F(x) = 1$ となる.

(2) $x \leq 1$ のとき $F(x) = 0$ である. $1 < x$ のとき
$$F(x) = \int_1^x \frac{1}{t^2} dt = \Big[-\frac{1}{t}\Big]_1^x = 1 - \frac{1}{x}$$

(3) $\dfrac{1}{1+x^2}$ の不定積分は $\tan^{-1} x$ であるから, $-\infty < x < \infty$ に対して
$$F(x) = \int_{-\infty}^x \frac{1}{\pi(1+t^2)} dt = \frac{1}{\pi}\Big[\tan^{-1} t\Big]_{-\infty}^x = \frac{1}{2} + \frac{1}{\pi}\tan^{-1} x$$

問題 4.5 連続型であるから分布関数は点 $x = 1$ で連続である. したがって $c = 1$ となる. また密度関数は $F(x)$ の微分となるから
$$f(x) = \begin{cases} 0 & (x < 0) \\ 2x & (0 \leq x < 1) \\ 0 & (1 \leq x) \end{cases}$$

問題 4.6 正規分布の標準化より $\dfrac{X-\mu}{\sigma}$ は標準正規分布 $N(0,1)$ にしたがう. よって X の分布関数を $F(x)$, 標準正規分布の分布関数を $\Phi(x)$ とおくと
$$F(x) = P(X \leq x) = P\left(\frac{X-\mu}{\sigma} \leq \frac{x-\mu}{\sigma}\right) = \Phi\left(\frac{x-\mu}{\sigma}\right)$$
したがって両辺を微分すると
$$f(x) = \frac{1}{\sigma}\phi\left(\frac{x-\mu}{\sigma}\right)$$

問題 5.1 (X,Y) のとりうる値は (i,j) $(i,j=1,2,3,4;\ i \neq j)$ の 12 通りである. すべて等確率であるから求める同時分布は

X\Y	1	2	3	4	計
1	0	$\frac{1}{12}$	$\frac{1}{12}$	$\frac{1}{12}$	$\frac{1}{4}$
2	$\frac{1}{12}$	0	$\frac{1}{12}$	$\frac{1}{12}$	$\frac{1}{4}$
3	$\frac{1}{12}$	$\frac{1}{12}$	0	$\frac{1}{12}$	$\frac{1}{4}$
4	$\frac{1}{12}$	$\frac{1}{12}$	$\frac{1}{12}$	0	$\frac{1}{4}$
計	$\frac{1}{4}$	$\frac{1}{4}$	$\frac{1}{4}$	$\frac{1}{4}$	1

X の周辺分布は横についての和だから

X の値	1	2	3	4	計
確率	$\frac{1}{4}$	$\frac{1}{4}$	$\frac{1}{4}$	$\frac{1}{4}$	1

Y の周辺分布は縦についての和だから，X の分布と同じ離散型一様分布である.

問題 5.2 X の周辺密度関数 $g(x)$ は $f(x,y)$ を y について積分すればよいから $x \leqq 0$ のときは $g(x) = 0$ となる. $0 < x \leqq 1$ のときは

$$g(x) = \int_{-\infty}^{\infty} f(x,y)dy = \int_0^{1-x} 2dy = 2(1-x)$$

となる. $1 < x$ のときは $g(x) = 0$ である. Y についても同様で，周辺確率密度関数 $h(y)$ は

$$h(y) = \begin{cases} 2(1-y) & (0 < y \leqq 1) \\ 0 & (その他) \end{cases}$$

問題 5.3 全領域 $\boldsymbol{R}^2$ で積分すると 1 となるから

$$1 = \int_{-\infty}^{\infty}\int_{-\infty}^{\infty} f(x,y)dxdy = \int_0^{\infty}\int_0^{\infty} ce^{-x-y}dxdy$$

$$= c\int_0^{\infty} e^{-x}\left[-e^{-y}\right]_0^{\infty}dx = c\int_0^{\infty} e^{-x}dx = c\left[-e^{-x}\right]_0^{\infty} = c$$

したがって $c = 1$ である. X の周辺確率密度関数 $g(x)$ は，$f(x,y)$ を y で積分すればよいから，$x < 0$ のときは $g(x) = 0$ となる. $0 \leqq x$ のときは

$$g(x) = \int_0^{\infty} e^{-x-y}dy = e^{-x}$$

Y についても同様で，周辺確率密度関数 $h(y)$ は

$$h(y) = \begin{cases} e^{-y} & (0 \leqq y) \\ 0 & (その他) \end{cases}$$

問題 5.4 X の周辺分布は Y をすべての領域で積分すればよいから

$$P(X = i) = \frac{1}{3}\int_{-\infty}^{\infty} f_i(y)dy = \frac{1}{3}\int_0^{\infty}\frac{1}{i}e^{-y/i}dy = \frac{1}{3}$$

したがって X の周辺分布は離散型一様分布となる. また Y の周辺分布は X のとりうる値についての和を求めればよいから

$$P(a \leqq Y \leqq b) = \frac{1}{3}\int_a^b f_1(y)dy + \frac{1}{3}\int_a^b f_2(y)dy + \frac{1}{3}\int_a^b f_3(y)dy$$

よって Y の密度関数は

$$f(y) = \begin{cases} \dfrac{1}{3}e^{-y} + \dfrac{1}{6}e^{-y/2} + \dfrac{1}{9}e^{-y/3} & (y \geqq 0) \\ 0 & (その他) \end{cases}$$

問題 6.1 条件より

$$P(X=0) = P(X=1) = \frac{1}{2}, \quad P(Y=0) = \frac{1}{3}, \quad P(Y=1) = \frac{2}{3}$$

$$P(X=0, Y=0) = P(1 \text{ の目が出る}) = \frac{1}{6} = \frac{1}{2} \times \frac{1}{3}$$
$$= P(X=0)\,P(Y=0),$$

第2章の解答

$$P(X=0, Y=1) = P(3 \text{ または } 5 \text{ の目が出る}) = \frac{1}{3} = \frac{1}{2} \times \frac{2}{3}$$
$$= P(X=0)\,P(Y=1),$$
$$P(X=1, Y=0) = P(2 \text{ の目が出る}) = \frac{1}{6} = \frac{1}{2} \times \frac{1}{3}$$
$$= P(X=1)\,P(Y=0),$$
$$P(X=1, Y=1) = P(4 \text{ または } 6 \text{ の目が出る}) = \frac{1}{3} = \frac{1}{2} \times \frac{2}{3}$$
$$= P(X=1)\,P(Y=1)$$

となるから，X と Y は独立である．

問題 6.2 X, Y は独立であるから，同時確率はそれぞれの確率の積になる．したがって
$$P(X \leqq x, Y \leqq y) = P(X \leqq x)\,P(Y \leqq y) = F(x)F(y)$$
$$P(Z \leqq z) = P(\max\{X, Y\} \leqq z) = P(X \leqq z, Y \leqq z) = \{F(z)\}^2$$

問題 7.1 $Z = X + Y$ とおくと Z のとりうる値は $k = 0, 1, \cdots, n_1 + n_2$ である．また $Z = k$ となるのは $(X, Y) = (0, k), (1, k-1), \cdots, (k-1, 1), (k, 0)$ のときである．したがって X と Y の独立性より

$$P(Z = k) = \sum_{m=0}^{k} P(X = m, Y = k - m) = \sum_{m=0}^{k} P(X = m)\,P(Y = k - m)$$
$$= \sum_{m=0}^{k} {}_{n_1}C_m p^m (1-p)^{n_1 - m} \, {}_{n_2}C_{k-m} p^{k-m} (1-p)^{n_2 - (k-m)}$$
$$= p^k (1-p)^{n_1 + n_2 - k} \sum_{m=0}^{k} {}_{n_1}C_m \times {}_{n_2}C_{k-m}$$

ここで <u>例題 1.6</u> の (2) より $\sum_{m=0}^{k} {}_{n_1}C_m \times {}_{n_2}C_{k-m} = {}_{n_1+n_2}C_k$ となるから

$$P(Z = k) = {}_{n_1+n_2}C_k\, p^k (1-p)^{n_1 + n_2 - k}$$

である．したがって Z は二項分布 $B(n_1 + n_2, p)$ にしたがう．

問題 7.2 $Z = X + Y$ とおくと Z は $0, 1, 2, \cdots$ をとる確率変数である．また $Z = k$ となるのは $(X, Y) = (0, k), (1, k-1), \cdots, (k-1, 1), (k, 0)$ のときである．したがって X と Y の独立性より

$$P(Z = k) = \sum_{m=0}^{k} P(X = m, Y = k - m) = \sum_{m=0}^{k} P(X = m)\,P(Y = k - m)$$
$$= e^{-(\lambda_1 + \lambda_2)} \sum_{m=0}^{k} \frac{\lambda_1^m}{m!} \frac{\lambda_2^{k-m}}{(k-m)!} = e^{-(\lambda_1 + \lambda_2)} \frac{1}{k!} \sum_{m=0}^{k} \frac{k!}{m!\,(k-m)!} \lambda_1^m \lambda_2^{k-m}$$
$$= e^{-(\lambda_1 + \lambda_2)} \frac{1}{k!} \sum_{m=0}^{k} {}_kC_m \lambda_1^m \lambda_2^{k-m} = e^{-(\lambda_1 + \lambda_2)} \frac{(\lambda_1 + \lambda_2)^k}{k!}$$

となる．したがって $X+Y$ はポアソン分布 $Po(\lambda_1 + \lambda_2)$ にしたがう．

問題 7.3 Z の分布関数を $H(z)$ とおくと Z の分布は連続型であるから

$$H(z) = P(Z \leqq z) = P(X - Y \leqq z) = P(Y - X \geqq -z) = 1 - P(Y - X < -z)$$

X と Y は同じ分布にしたがうから，$X - Y$ と $Y - X$ は同じ分布にしたがう．よって

$$H(z) = 1 - P(Y - X < -z) = 1 - H(-z)$$

最初と最後を z で微分すると求める等式が得られる．

問題 8.1 $\Phi(X)$ の分布関数 $F(x)$ を考える．$0 \leqq \Phi(X) \leqq 1$ であるから，$x \leqq 0$ のとき $F(x) = 0$ で，$1 \leqq x$ のとき $F(x) = 1$ となる．$0 < x < 1$ のときを考える．分布関数は $\Phi(x)$ 単調増加関数であるから，逆関数が $\Phi^{-1}(x)$ が存在する．したがって

$$P\Big(\Phi(X) \leqq x\Big) = P\Big(\Phi^{-1}(\Phi(X)) \leqq \Phi^{-1}(x)\Big)$$

逆関数の性質より $\Phi^{-1}(\Phi(x)) = x$ だから

$$P\Big(\Phi(X) \leqq x\Big) = P\Big(X \leqq \Phi^{-1}(x)\Big) = \Phi(\Phi^{-1}(x))$$

となる．再び逆関数の性質より $\Phi(\Phi^{-1}(x)) = x$ である．以上より

$$F(x) = \begin{cases} 0 & (x \leqq 0) \\ x & (0 < x < 1) \\ 1 & (1 \leqq x) \end{cases}$$

これは一様分布 $U(0,1)$ の分布関数である．

問題 8.2 式 (2.6) より標本平均 $\overline{X}$ の分布は $N\left(0, \dfrac{1}{n}\right)$ だから，標準化すると $\sqrt{n}(\overline{X})$ は標準正規分布にしたがう．Z を標準正規分布にしたがう確率変数とする．

(1) X_1 は標準正規分布 $N(0,1)$ にしたがうから

$$P(-1 \leqq X_1 \leqq 1) = 1 - (P(Z < -1) + P(Z > 1)) = 1 - 2P(Z \geqq 1)$$

付表 1 より $P(-1 \leqq X_1 \leqq 1) = 1 - 2 \times 0.1587 = 0.6826$ となる．

(2) $\dfrac{X_1 + X_2}{\sqrt{2}}$ は標準正規分布にしたがうから

$$P\left(-\sqrt{2} \leqq \frac{X_1 + X_2}{\sqrt{2}} \leqq \sqrt{2}\right) = 1 - 2P(Z \geqq \sqrt{2}) = 1 - 2 \times P(Z \geqq 1.41)$$
$$= 1 - 2 \times 0.793 = 1 - 0.1586 = 0.8414$$

(3) $\dfrac{1}{\sqrt{5}}(X_1 + X_2 + \cdots + X_5)$ は標準正規分布にしたがうから

$$P\left(-\sqrt{5} \leqq \frac{X_1 + X_2 + \cdots + X_5}{\sqrt{5}} \leqq \sqrt{5}\right) = 1 - 2P(Z \geqq \sqrt{5}) = 1 - 2 \times P(Z \geqq 2.24)$$
$$= 1 - 2 \times 0.0125 = 0.9750$$

問題 8.3 $U_1, U_2, \cdots, U_m, U_{m+1}, \cdots, U_{m+n}$ を互いに独立で同じ正規分布 $N(0,1)$ にし

たがう確率変数とすると，χ^2-分布の導き方から X の分布は
$$U_1^2 + U_2^2 + \cdots + U_m^2$$
の分布と同じである．同様に Y の分布は
$$U_{m+1}^2 + U_{m+2}^2 + \cdots + U_{m+n}^2$$
と同じである．したがって $X + Y$ の分布は
$$U_1^2 + U_2^2 + \cdots + U_m^2 + U_{m+1}^2 + U_{m+2}^2 + \cdots + U_{m+n}^2$$
と同じである．すなわち $X + Y$ の分布は自由度 $m + n$ の χ^2-分布である．

問題 8.4 F-分布の導出法より $\dfrac{X_1}{14} \Big/ \dfrac{X_2}{20}$ は自由度 $(14, 20)$ の F-分布にしたがう．したがって
$$P(X_1 \geqq X_2 f) = P\left(\frac{X_1/14}{X_2/20} \geqq \frac{20}{14}f\right) = 0.01$$
となる．自由度 $(14, 20)$ の F-分布の上側 1% 点は<u>付表 5</u> より 3.130 である．よって
$$\frac{20}{14}f = 3.130$$
となり，$f = 2.191$ である．

問題 9.1 ガンマ分布の密度関数の定義から $f(x) \geqq 0$ は明らかである．また変数変換 $t = \dfrac{x}{\beta}$ をすると
$$\int_{-\infty}^{\infty} f(x)dx = \int_0^{\infty} \frac{1}{\Gamma(\alpha)\beta^\alpha} x^{\alpha-1} e^{-x/\beta} dx$$
$$= \int_0^{\infty} \frac{1}{\Gamma(\alpha)} t^{\alpha-1} e^{-t} dt$$
ガンマ関数の定義より積分は 1 となる．

問題 9.2 ベータ分布の密度関数の定義から $f(x) \geqq 0$ は明らかである．また全区間で積分をとると
$$\int_{-\infty}^{\infty} f(x)dx = \int_0^1 \frac{1}{B(\alpha, \beta)} x^{\alpha-1}(1-x)^{\beta-1} dx$$
ベータ関数の定義より積分は 1 となる．

問題 9.3 同時密度関数が正であるのは明らかである．Σ が対角行列で対角成分を σ_{ii} ($i = 1, \cdots, p$) とすると，逆行列 Σ^{-1} は対角行列で対角成分は $\dfrac{1}{\sigma_{ii}}$ となる．ここで
$$(\boldsymbol{x} - \boldsymbol{\mu})^t \Sigma^{-1} (\boldsymbol{x} - \boldsymbol{\mu}) = \sum_{i=1}^p \frac{1}{\sigma_{ii}}(x_i - \mu_i)^2$$
が成り立つから同時密度関数は
$$f(\boldsymbol{x}) = \frac{1}{\sqrt{|\Sigma|}\,(2\pi)^{p/2}} \exp\left\{-\frac{1}{2}(\boldsymbol{x} - \boldsymbol{\mu})^t \Sigma^{-1} (\boldsymbol{x} - \boldsymbol{\mu})\right\}$$
$$= \frac{1}{\sqrt{|\Sigma|}\,(2\pi)^{p/2}} \exp\left\{-\sum_{i=1}^p \frac{1}{2\sigma_{ii}}(x_i - \mu_i)^2\right\}$$

となる．さらに行列式の性質から
$$|\Sigma| = \prod_{i=1}^{p} \sigma_{ii}$$
である．したがって同時密度関数は
$$f(\boldsymbol{x}) = \prod_{i=1}^{p} \frac{1}{\sqrt{2\pi\sigma_{ii}}} \exp\left\{-\frac{1}{2\sigma_{ii}}(x_i - \mu_i)^2\right\}$$
よって
$$\int \cdots \int_{\boldsymbol{R}^p} f(\boldsymbol{x}) dx_1 \cdots dx_p = \prod_{i=1}^{p} \int_{-\infty}^{\infty} \frac{1}{\sqrt{2\pi\sigma_{ii}}} \exp\left\{-\frac{1}{2\sigma_{ii}}(x_i - \mu_i)^2\right\} dx_i$$
ここで
$$\frac{1}{\sqrt{2\pi\sigma_{ii}}} \exp\left\{-\frac{1}{2\sigma_{ii}}(x_i - \mu_i)^2\right\}$$
は正規分布 $N(\mu_i, \sigma_{ii})$ の密度関数であるから，全区間での積分は 1 となる．以上より分布の性質を満たすことが分かる．

第3章

問題 1.1 X は $2, 3, \cdots, 12$ の値をとる変数であり，X のとるおのおのの値に対して，以下の確率が対応する．

表 サイコロの目の和の確率

X の値	2	3	4	5	6	7	8	9	10	11	12	計
確率	$\frac{1}{36}$	$\frac{2}{36}$	$\frac{3}{36}$	$\frac{4}{36}$	$\frac{5}{36}$	$\frac{6}{36}$	$\frac{5}{36}$	$\frac{4}{36}$	$\frac{3}{36}$	$\frac{2}{36}$	$\frac{1}{36}$	1

また平均の定義式 (3.1) より
$$E(X) = 2 \times \frac{1}{36} + 3 \times \frac{2}{36} + \cdots + 12 \times \frac{1}{36} = 7$$

問題 1.2 X のとりうる値は $0, 1, 2, 3$ で，1枚投げたときの表の出る確率と裏の出る確率は同じだから
$$P(X=0) = \frac{1}{8}, \quad P(X=1) = \frac{3}{8}, \quad P(X=2) = \frac{3}{8}, \quad P(X=3) = \frac{1}{8}$$
したがって平均は式 (3.1) より
$$E(X) = 0 \times \frac{1}{8} + 1 \times \frac{3}{8} + 2 \times \frac{3}{8} + 3 \times \frac{1}{8} = \frac{3}{2}$$

問題 1.3 (1) 連続型の平均の定義式 (3.1) より
$$E(X) = \int_{-\infty}^{\infty} xf(x)dx = \int_0^1 2x^2 dx = \left[\frac{2}{3}x^3\right]_0^1 = \frac{2}{3}$$
(2) 同じく定義式 (3.2) より

第 3 章の解答

$$E(X) = \int_{-\infty}^{\infty} xf(x)dx = \lim_{b\to\infty}\int_1^b \frac{1}{x}dx = \lim_{b\to\infty}\Big[\log x\Big]_1^b = \lim_{b\to\infty}\log b = \infty$$

となり，平均は存在しない．

問題 1.4 $f(x)$ は $x = c$ で対称だから $f(-x+c) = f(x+c)$ が成り立つ．期待値の定義式 (3.2) より

$$E(X) = \int_{-\infty}^{\infty} xf(x)dx$$

である．$t = x - c$ と変数変換すると $x = t + c$ だから

$$E(X) = \int_{-\infty}^{\infty}(t+c)f(t+c)dt = \int_{-\infty}^{\infty}tf(t+c)dx + c\int_{-\infty}^{\infty}f(t+c)dt$$

ここで $g(t) = tf(t+c)$ とおくと $g(-t) = -g(t)$ となる．原点について線対称な関数の積分は 0 だから第 1 項の積分は 0 となる．また f は密度関数だから

$$\int_{-\infty}^{\infty} f(t+c)dt = 1$$

したがって $E(X) = c$ が成り立つ．

問題 1.5 $f(x)$ は確率密度関数だから

$$1 = \int_{-\infty}^{\infty} f(x)dx = \int_0^1 (a + bx^2)dx = \Big[ax + \frac{b}{3}x^3\Big]_0^1 = a + \frac{b}{3}$$

また平均が $\frac{2}{3}$ より

$$\frac{2}{3} = \int_{-\infty}^{\infty} xf(x)dx = \int_0^1 (ax + bx^3)dx = \Big[\frac{a}{2}x^2 + \frac{b}{4}x^4\Big]_0^1 = \frac{a}{2} + \frac{b}{4}$$

この連立方程式を解くと $a = \frac{1}{3}, b = 2$ となる．

問題 2.1 期待値の定義 (3.1) より

$$E(X) = (1+2+3+4+5)\times\frac{1}{5} = 3$$

同様にして式 (3.3) より

$$E(X^2) = (1^2 + 2^2 + 3^2 + 4^2 + 5^2)\times\frac{1}{5} = 11,$$

$$E[(X+2)^2] = [(1+2)^2 + (2+2)^2 + (3+2)^2 + (4+2)^2 + (5+2)^2]\times\frac{1}{5}$$
$$= 27$$

問題 2.2 連続型確率変数の関数の期待値の性質 (3.4) より

$$E(Y) = E(2X - 1) = \int_{-\infty}^{\infty}(2x-1)f(x)dx$$
$$= \int_0^1 (2x-1)2xdx = \Big[\frac{4}{3}x^3 - x^2\Big]_0^1 = \frac{4}{3} - 1 = \frac{1}{3}$$

同様にして

$$E(Z) = E(X^3) = \int_{-\infty}^{\infty} x^3 f(x)dx = \int_0^1 2x^4 dx = \Big[\frac{2}{5}x^5\Big]_0^1 = \frac{2}{5}$$

問題 2.3 連続型確率変数の期待値の定義 (3.2) より

$$E(X) = \int_{-\infty}^{\infty} xf(x)dx = \int_{-2}^{4} \frac{x^2+2x}{18}dx = \frac{1}{18}\left[\frac{x^3}{3}+x^2\right]_{-2}^{4}$$
$$= \frac{1}{18}\left(\frac{64}{3}+16+\frac{8}{3}-4\right) = 2$$

確率変数の関数の期待値の性質 (3.4) より

$$E[(X+2)^2] = \int_{-\infty}^{\infty}(x+2)^2 f(x)dx = \int_{-2}^{4}\frac{(x+2)^3}{18}dx = \frac{1}{18}\left[\frac{(x+2)^4}{4}\right]_{-2}^{4}$$
$$= \frac{1296}{18 \times 4} = 18$$

問題 3.1 $2n+1$ 個の点を等確率でとるから,期待値の定義 (3.1) より

$$E(X) = \sum_{i=-n}^{n} i \times \frac{1}{2n+1} = \frac{1}{2n+1}\left\{-\sum_{i=-n}^{1}(-i)+0+\sum_{i=1}^{n}i\right\}$$
$$= \frac{1}{2n+1}\left\{-\sum_{i=1}^{n}i+\sum_{i=1}^{n}i\right\} = 0$$

したがって期待値の線形性 (3.5) より

$$E(Y) = E(5X+3) = 5E(X)+3 = 3$$

同様にして

$$E(X^2) = \sum_{i=-n}^{n} i^2 \times \frac{1}{2n+1} = \frac{1}{2n+1}\left\{\sum_{i=-n}^{1}(i)^2+0+\sum_{i=1}^{n}i^2\right\}$$
$$= \frac{1}{2n+1}\left\{\sum_{i=1}^{n}i^2+\sum_{i=1}^{n}i^2\right\} = \frac{2}{2n+1}\frac{n(n+1)(2n+1)}{6} = \frac{n(n+1)}{3}$$

したがって期待値の線形性 (3.5) より

$$E(Z) = E(3X^2+1) = 3E(X^2)+1 = n(n+1)+1 = n^2+n+1$$

問題 3.2 X の周辺密度関数 $g(x)$ は $f(x,y)$ を y について積分すればよいから

$$g(x) = \begin{cases} 2(1-x) & (0<x\leqq 1) \\ 0 & (その他) \end{cases}$$

となる. Y についても同様で,周辺確率密度関数 $h(y)$ は

$$h(y) = \begin{cases} 2(1-y) & (0<y\leqq 1) \\ 0 & (その他) \end{cases}$$

期待値の線形性 (3.6) より $E(2X+4Y+3) = 2E(X)+4E(Y)+3$ となる. それぞれの期待値を周辺分布で求めると

$$E(X) = \int_{-\infty}^{\infty} xg(x)dx = \int_{0}^{1} 2x(1-x)dx = \left[x^2-\frac{2}{3}x^3\right]_{0}^{1} = \frac{1}{3},$$
$$E(Y) = \int_{-\infty}^{\infty} yh(y)dx = \int_{0}^{1} 2y(1-y)dy = \left[y^2-\frac{2}{3}y^3\right]_{0}^{1} = \frac{1}{3}$$

第 3 章の解答

よって求める期待値は
$$E(2X + 4Y + 3) = 2 \times \frac{1}{3} + 4 \times \frac{1}{3} + 3 = 5$$
となる．同様に
$$E(X^2) = \int_{-\infty}^{\infty} x^2 g(x)dx = \int_0^1 2x^2(1-x)dx = \left[\frac{2}{3}x^3 - \frac{1}{2}x^4\right]_0^1 = \frac{1}{6},$$
$$E(Y^2) = \int_{-\infty}^{\infty} y^2 g(y)dx = \int_0^1 2y^2(1-y)dy = \left[\frac{2}{3}y^3 - \frac{1}{2}y^4\right]_0^1 = \frac{1}{6}.$$

したがって $E(X^2 + Y^2) = \frac{1}{3}$ である．

問題 3.3 X の周辺分布は Y をすべての領域で積分すればよいから
$$P(X = i) = \frac{1}{3} \int_{-\infty}^{\infty} f_i(y)dy = \int_0^{\infty} \frac{1}{i} e^{-(1/i)y} dy = \frac{1}{3}$$
したがって X の周辺分布は離散型一様分布となる．また Y の周辺分布は X のとりうる値についての和を求めればよいから
$$P(a \leqq Y \leqq b) = \frac{1}{3} \int_a^b f_1(y)dy + \frac{1}{3} \int_a^b f_2(y)dy + \frac{1}{3} \int_a^b f_3(y)dy$$
よって Y の周辺密度関数は
$$f(y) = \begin{cases} \frac{1}{3}e^{-y} + \frac{1}{6}e^{-(1/2)y} + \frac{1}{9}e^{-(1/3)y} & (y \geqq 0) \\ 0 & (その他) \end{cases}$$
で与えられる．

それぞれの期待値を周辺分布で求めると式 (3.1) より
$$E(X) = 1 \times \frac{1}{3} + 2 \times \frac{1}{3} + 3 \times \frac{1}{3} = 2$$
Y の期待値は部分積分を使うと
$$E(Y) = \int_0^{\infty} y \left\{ \frac{1}{3}e^{-y} + \frac{1}{6}e^{-(1/2)y} + \frac{1}{9}e^{-(1/3)y} \right\} dy$$
$$= \left[y \left\{ -\frac{1}{3}e^{-y} - \frac{1}{3}e^{-(1/2)y} - \frac{1}{3}e^{-(1/3)y} \right\} \right]_0^{\infty}$$
$$- \int_0^{\infty} \left\{ -\frac{1}{3}e^{-y} - \frac{1}{3}e^{-(1/2)y} - \frac{1}{3}e^{-(1/3)y} \right\} dy$$
$$= \left[-\frac{1}{3}e^{-y} - \frac{2}{3}e^{-(1/2)y} - e^{-(1/3)y} \right]_0^{\infty} = \frac{1}{3} + \frac{2}{3} + 1 = 2$$

以上より $E(2X + 4Y + 3) = 2E(X) + 4E(Y) + 3 = 15$ となる．

問題 4.1 X は $1, 2, \cdots, 6$ の値をとる離散型一様分布となる．したがって
$$E(X) = \frac{1}{6}(1 + 2 + 3 + 4 + 5 + 6) = 3.5$$
となる．

問題 4.2 期待値の定義より

$$E(X) = \lim_{\substack{a \to -\infty \\ b \to \infty}} \int_a^b \frac{x}{\pi(1+x^2)} dx = \frac{1}{\pi} \lim_{\substack{a \to -\infty \\ b \to \infty}} \left[\frac{1}{2}\log(1+x^2)\right]_a^b$$

$$= \frac{1}{2\pi} \lim_{\substack{a \to -\infty \\ b \to \infty}} \{\log(1+b^2) - \log(1+a^2)\}$$

となる．したがって極限は a, b の取り方に依存してしまい，収束しない（すなわち積分は存在しない）．したがって期待値は存在しない．

問題 4.3 $f(x)$ を自由度 n の t-分布の密度関数とすると，$n \geq 2$ のとき

$$\int_{-\infty}^{\infty} |x|f(x)dx < \infty$$

すなわち広義積分が存在する．また密度関数は $x = 0$ について対称なので $f(-x) = f(x)$ であるから

$$\int_{-\infty}^{\infty} xf(x)dx = \int_{-\infty}^{0} xf(x) + \int_{0}^{\infty} xf(x)dx$$

$$= -\int_{0}^{\infty} xf(x)dx + \int_{0}^{\infty} xf(x)dx = 0$$

問題 4.4 平均の定義とガンマ関数の性質 $\Gamma(\alpha+1) = \alpha\Gamma(\alpha)$ より

$$E(X) = \int_0^{\infty} \frac{x}{\Gamma(\alpha)\beta^\alpha} x^{\alpha-1} e^{-x/\beta} dx$$

$$= \int_0^{\infty} \frac{\alpha\beta}{\alpha\Gamma(\alpha)\beta^{\alpha+1}} x^{\alpha+1-1} e^{-x/\beta} dx$$

$$= \alpha\beta \int_0^{\infty} \frac{1}{\Gamma(\alpha+1)\beta^{\alpha+1}} x^{\alpha+1-1} e^{-x/\beta} dx$$

となる．ここで被積分関数はガンマ分布の密度関数の1つであるから，$E(X) = \alpha\beta$ である．

問題 4.5 ベータ関数に対して

$$B(\alpha, \beta) = \frac{\alpha+\beta}{\alpha} B(\alpha+1, \beta)$$

が成り立つ．平均の定義より

$$E(X) = \int_0^1 \frac{x}{B(\alpha,\beta)} x^{\alpha-1}(1-x)^{\beta-1} dx$$

$$= \frac{\alpha}{\alpha+\beta} \int_0^1 \frac{1}{B(\alpha+1,\beta)} x^{\alpha+1-1}(1-x)^{\beta-1} dx = \frac{\alpha}{\alpha+\beta}$$

となる．ここで最後の等式の被積分関数は，ベータ分布の密度関数の1つであるから，積分は1になることを使っている．

問題 5.1 期待値の線形性 (3.5) より $E(aX+b) = aE(X) + b$ となる．よって分散の定義 (3.7) より次が成り立つ．

$$V(aX+b) = E[\{aX+b - E(aX+b)\}^2] = E[\{aX - aE(X)\}^2]$$

$$= a^2 E[\{X - E(X)\}^2] = a^2 V(X)$$

第 3 章の解答

問題 5.2 期待値の線形性より

$$E[(X-a)^2]$$
$$= E[\{X - E(X) + (E(X) - a)\}^2]$$
$$= E[\{X - E(X)\}^2 + 2(X - E(X))(E(X) - a) + \{E(X) - a\}^2]$$
$$= E[\{X - E(X)\}^2] + 2(E(X) - a)E[X - E(X)] + \{E(X) - a\}^2$$
$$= E[\{X - E(X)\}^2] + \{E(X) - a\}^2$$
$$\geqq E[\{X - E(X)\}^2]$$

したがって $a = E(X)$ のとき最小となる．

問題 5.3 X^2 の期待値を求めると

$$E(X^2) = \int_a^b x^2 \frac{1}{b-a} dx = \frac{a^2 + ab + b^2}{3}$$

となる．したがって分散は

$$V(X) = \frac{a^2 + ab + b^2}{3} - \frac{(a+b)^2}{4} = \frac{(b-a)^2}{12}$$

問題 5.4 Γ 関数の性質より

$$\Gamma\left(\frac{n+4}{2}\right) = \frac{(n+2)n}{4}\Gamma\left(\frac{n}{2}\right)$$

この等式を利用して積分の中を書き換えると

$$E(X^2) = \int_0^\infty x^2 \frac{1}{2^{n/2}\Gamma(\frac{n}{2})} x^{(n/2)-1} e^{-(x/2)} dx$$

$$= n(n+2) \int_0^\infty \frac{1}{2^{(n+4)/2}\Gamma(\frac{n+4}{2})} x^{(n+4)/2-1} e^{-(x/2)} dx$$

被積分関数は，自由度 $n+4$ の χ^2-分布の確率密度関数であるから，$E(X^2) = n(n+2)$ となる．よって $E(X) = n$ より

$$V(X) = n(n+2) - n^2 = 2n$$

問題 5.5 確率密度関数であるから

$$1 = \int_{-\infty}^\infty f(x)dx = c\int_0^\infty xe^{-(x^2/2)}dx = c\left[-e^{-(x^2/2)}\right]_0^\infty = ce^0 = c$$

したがって $c = 1$ である．次に平均の定義 (3.2) から

$$E(X) = \int_{-\infty}^\infty xf(x)dx = \int_0^\infty x^2 e^{-(x^2/2)}dx$$

$$= \left[x(-e^{-(x^2/2)})\right]_0^\infty + \int_0^\infty e^{-(x^2/2)}dx = \int_0^\infty e^{-(x^2/2)}dx$$

標準正規分布の密度関数の性質より

$$E(X) = \int_0^\infty e^{-(x^2/2)}dx = \frac{\sqrt{\pi}}{\sqrt{2}}$$

分散を求めるために 2 乗の期待値を求める．

$$E(X^2) = \int_{-\infty}^{\infty} x^2 f(x)dx = \int_0^{\infty} x^3 e^{-(x^2/2)} dx$$
$$= \left[x^2(-e^{-(x^2/2)})\right]_0^{\infty} + \int_0^{\infty} 2xe^{-(x^2/2)} dx = \left[-2e^{-(x^2/2)}\right]_0^{\infty} = 2$$

したがって
$$V(X) = E(X^2) - \{E(X)\}^2 = 2 - \frac{\pi}{2}$$

問題 5.6 連続型の定義 (3.4) より平均は
$$\mu = E(X) = \int_{-\infty}^{\infty} xf(x)dx = \int_0^1 6x^2(1-x)dx = \left[2x^3 - \frac{3}{2}x^4\right]_0^1 = \frac{1}{2}$$

となる．2 乗の期待値を計算すると
$$E(X^2) = \int_{-\infty}^{\infty} x^2 f(x)dx = \int_0^1 6x^3(1-x)dx = \left[\frac{3}{2}x^4 - \frac{6}{5}x^5\right]_0^1 = \frac{3}{10}$$

よって分散は
$$\sigma^2 = E(X^2) - \{E(X)\}^2 = \frac{3}{10} - \frac{1}{4} = \frac{1}{20}$$

したがって $\mu - 2\sigma = 0.0528$, $\mu + 2\sigma = 0.9472$ となる．分布関数は $0 < x < 1$ に対して
$$F(x) = \int_0^x 6t(1-t)dt = \left[3t^2 - 2t^3\right]_0^x = 3x^2 - 2x^3$$

となる．よって
$$P(\mu - 2\sigma < X < \mu + 2\sigma) = P(0.0528 < X < 0.9472)$$
$$= F(0.9472) - F(0.0528) = 0.9919 - 0.0081 = 0.9838$$

問題 6.1 ベルヌーイ分布 (2.5) の定義より
$$E(X_i) = 0 \times P(X_i = 0) + 1 \times P(X_i = 1) = p$$

となる．また
$$E(X_i^2) = 0^2 \times P(X_i = 0) + 1^2 \times P(X_i = 1) = p$$

したがって
$$V(X_i) = E(X_i^2) - \{E(X_i)\}^2 = p - p^2 = p(1-p)$$

独立な確率変数の和の分散はそれぞれの分散の和になるから
$$V(X) = V\left(\sum_{i=1}^n X_i\right) = \sum_{i=1}^n V(X_i) = np(1-p)$$

問題 6.2 期待値の線形性 (3.6) より
$$E(T) = E(2X + Y) = 2E(X) + E(Y) = 2\mu_1 + \mu_2$$

分散についての定理 3.3 の公式 (3) より
$$V(T) = V(2X + Y) = 4V(X) + V(Y) + 4\operatorname{Cov}(X, Y) = 4\sigma_1^2 + \sigma_2^2 + 4\sigma_{12}$$

同様に
$$V(U) = V(X - 2Y) = V(X) + 4V(Y) - 4\operatorname{Cov}(X, Y) = \sigma_1^2 + 4\sigma_2^2 - 4\sigma_{12}$$

また共分散についての定理 3.3 の公式 (2), (5) より
$$\mathrm{Cov}(T,U) = \mathrm{Cov}(2X+Y, X-2Y)$$
$$= \mathrm{Cov}(2X+Y, X) + \mathrm{Cov}(2X+Y, -2Y)$$
$$= \mathrm{Cov}(2X, X) + \mathrm{Cov}(Y, X) + \mathrm{Cov}(2X, -2Y) + \mathrm{Cov}(Y, -2Y)$$
$$= 2V(X) + \mathrm{Cov}(X,Y) - 4\mathrm{Cov}(X,Y) - 2V(Y)$$
$$= 2\sigma_1^2 - 2\sigma_2^2 - 3\sigma_{12}$$

問題 6.3 期待値の線形性 (3.6) より $E(aX+bY+c) = aE(X)+b(Y)+c$ だから，同様に期待値の線形性 (3.6) を使って
$$V(aX+bY+c) = E[\{aX+bY+c-(aE(X)+b(Y)+c)\}^2]$$
$$= E[\{a(X-E(X))+b(Y-E(Y))\}^2]$$
$$= E[a^2\{X-E(X)\}^2 + 2a\{X-E(X)\}\{Y-E(Y)\} + b^2\{Y-E(Y)\}^2]$$
$$= a^2 E[\{(X-E(X)\}^2] + 2ab E[\{X-E(X)\}\{Y-E(Y)\}]$$
$$\quad + b^2 E[\{Y-E(Y)\}^2]$$
$$= a^2 V(X) + b^2 V(Y) + 2ab\,\mathrm{Cov}(X,Y)$$

問題 6.4 共分散についての定理 3.3 の公式 (2), (5) より
$$\mathrm{Cov}(U,W) = \mathrm{Cov}(X+Y, X-Y) = \mathrm{Cov}(X, X-Y) + \mathrm{Cov}(Y, X-Y)$$
$$= \mathrm{Cov}(X,X) - \mathrm{Cov}(X,Y) + \mathrm{Cov}(Y,X) - \mathrm{Cov}(Y,Y)$$
$$= V(X) - V(Y) = 0$$

問題 7.1 表の出る回数を X とおくと，X は二項分布 $B(10000, 0.5)$ にしたがう．$E(X) = 10000 \times 0.5 = 5000$, $V(X) = 10000 \times 0.5 \times 0.5 = 2500$ だから，ド・モアブル-ラプラスの定理より G を標準正規分布にしたがう確率変数とすると
$$P(4900 \leqq X \leqq 5100) = P\left(\frac{4900-5000}{\sqrt{2500}} \leqq \frac{X-5000}{\sqrt{2500}} \leqq \frac{5100-5000}{\sqrt{2500}}\right)$$
$$= P\left(-2 \leqq \frac{X-5000}{50} \leqq 2\right)$$
$$\approx P(-2 \leqq G \leqq 2) = 1 - 2P(G \geqq 2) = 1 - 2 \times 0.0228 = 0.9544$$

問題 7.2 $X_1, X_2, \cdots, X_n$ は互いに独立で，ベルヌーイ分布の定義 (2.5) より $X_i^2 = X_i$ だから
$$E(X_i) = 1 \times p + 0 \times (1-p) = p,$$
$$V(X_i) = E(X_i^2) - \{E(X_i)\}^2 = E(X_i) - \{E(X_i)\}^2 = p - p^2 = p(1-p)$$
したがって中心極限定理より
$$P\left(\frac{\sqrt{n}(\overline{X}-p)}{\sqrt{p(1-p)}} \leqq x\right) \approx \Phi(x)$$

となる.ただし $\Phi(x)$ は標準正規分布の分布関数とする.このとき $n\overline{X} = X$ であるから

$$\frac{\sqrt{n}(\overline{X} - p)}{\sqrt{p(1-p)}} = \frac{n(\overline{X} - p)}{\sqrt{np(1-p)}} = \frac{X - np}{\sqrt{np(1-p)}}$$

となりド・モアブル-ラプラスの定理が得られる.

第4章

問題 1.1 $(X_i - \overline{X})^2$ を展開して $n\overline{X} = \sum_{i=1}^{n} X_i$ を使うと

$$S = \sum_{i=1}^{n}(X_i - \overline{X})^2 = \sum_{i=1}^{n}\{X_i^2 - 2\overline{X}X_i + (\overline{X})^2\}$$

$$= \sum_{i=1}^{n} X_i^2 - 2\overline{X}\sum_{i=1}^{n} X_i + n(\overline{X})^2$$

$$= \sum_{i=1}^{n} X_i^2 - 2n(\overline{X})^2 + n(\overline{X})^2 = \sum_{i=1}^{n} X_i^2 - n(\overline{X})^2$$

$$= \sum_{i=1}^{n} X_i^2 - \frac{\left(\sum_{i=1}^{n} X_i\right)^2}{n}$$

が成り立つ.

問題 1.2 X を下記の分布にしたがう離散型確率変数とする.

$$P(X = x_i) = p_i \quad (i = 1, 2, \cdots, n)$$

また平均と分散を $\mu = E(X)$, $\sigma^2 = V(X)$ とすると,分散の定義より,定数 $k > 0$ に対して

$$\sigma^2 = \sum_{i=1}^{n}(x_i - \mu)^2 p_i = \sum_{\{i:|x_i-\mu|<k\}}(x_i - \mu)^2 p_i + \sum_{\{i:|x_i-\mu|\geqq k\}}(x_i - \mu)^2 p_i$$

$$\geqq \sum_{\{i:|x_i-\mu|\geqq k\}}(x_i - \mu)^2 p_i \geqq k^2 \sum_{\{i:|x_i-\mu|\geqq k\}} p_i = k^2 P(|X - \mu| \geqq k)$$

が成り立つ.したがって両辺を k^2 で割れば求める不等式である.

問題 1.3 標本平均の性質(定理 2.2)より $\overline{X}$ は正規分布 $N(\mu, \frac{4}{9})$ にしたがうから標準化して

$$\frac{3(\overline{X} - \mu)}{2} \sim N(0,1)$$

が成り立つ.したがって正確な確率は

$$P(|\overline{X} - \mu| \geqq 1) = P\left(\left|\frac{3(\overline{X} - \mu)}{2}\right| \geqq \frac{3}{2}\right) = 2P(Z \geqq 1.5) = 0.1336$$

である.ただし Z は標準正規分布 $N(0,1)$ にしたがう確率変数である.ここで $V(\overline{X}) = \frac{4}{9}$ であるから,チェビシェフの不等式より

$$P(|\overline{X} - \mu| \geqq 1) \leqq \frac{4}{9} = 0.4444$$

となる．この場合のチェビシェフの不等式の評価はかなり緩いものであることが分かる．

問題 1.4 $X_1, X_2, \cdots, X_n$ を互いに独立で同じベルヌーイ分布 (2.5) にしたがう確率変数とするとき $\sum_{i=1}^{n} X_i$ は二項分布 $B(n,p)$ にしたがう．したがって $\dfrac{X}{n}$ と $\dfrac{1}{n}\sum_{i=1}^{n} X_i$ は同じ分布にしたがう．また $E(X_i) = p$ であるから任意の $k > 0$ に対して

$$P\left(\left|\frac{X}{n} - p\right| \geqq k\right) = P\left(\left|\frac{1}{n}\sum_{i=1}^{n} X_i - p\right| \geqq k\right)$$

となる．標本平均についての大数の法則より

$$\lim_{n \to \infty} P\left(\left|\frac{X}{n} - p\right| \geqq k\right) = \lim_{n \to \infty} P\left(\left|\frac{1}{n}\sum_{i=1}^{n} X_i - p\right| \geqq k\right) = 0$$

すなわち $\dfrac{X}{n}$ は p の一致推定量である．

問題 1.5 条件より $V(X) = E(X^2) - \{E(X)\}^2 = 8 - 4 = 4$ である．また余事象の確率 (1.4) より

$$P(-2 < X < 6) = P(-4 < X - 2 < 4) = P(|X-2| < 4) = 1 - P(|X-2| \geqq 4)$$

ここでチェビシェフの不等式より

$$P(|X-2| \geqq 4) \leq \frac{4}{16} = \frac{1}{4}$$

となる．したがって $P(-2 < X < 6) \geqq 1 - \dfrac{1}{4} = \dfrac{3}{4}$ が成り立つ．

問題 1.6 X の分布より

$$E(X) = (-1) \times \frac{1}{8} + 0 \times \frac{6}{8} + 1 \times \frac{1}{8} = 0$$

$$V(X) = E(X^2) - \{E(X)\}^2 = (-1)^2 \times \frac{1}{8} + 0^2 \times \frac{6}{8} + 1^2 \times \frac{1}{8} - 0^2 = \frac{1}{4}$$

となる．ここでチェビシェフの不等式を用いると $P(|X - E(X)| \geqq 1) = P(|X| \geqq 1) = \frac{1}{4}$ であるから，$P(|X| \geqq 1) = \sigma^2$ である．

問題 2.1 二項分布の平均より $E(X) = np$ である．したがって期待値の線形性 (3.5) より

$$E\left(\frac{X}{n}\right) = \frac{1}{n}E(X) = \frac{1}{n}np = p$$

となる．よって $\dfrac{X}{n}$ は p の不偏推定量である．

問題 2.2 ポアソン分布の平均（表 3.5）より $E(X_i) = \lambda$ である．標本平均は母集団分布の平均の不偏推定量であるから $\overline{X}$ は λ の不偏推定量である．

問題 2.3 指数分布の平均（表 3.5）の性質から $E(X_i) = \frac{1}{\theta}$ である．標本平均は母集団分布の平均の不偏推定量（式 (4.1)）であるから $\frac{1}{\theta}$ の不偏推定量である．

問題 2.4 一様分布の平均（表 3.5）より $E(X_i) = \frac{\theta}{2}$ である．したがって標本平均の期待値より $E(\overline{X}) = \frac{\theta}{2}$ となる．期待値の線形性 (3.5) より

$$E(2\overline{X}) = 2E(\overline{X}) = 2 \times \frac{\theta}{2} = \theta$$

である．すなわち $2\overline{X}$ は θ の不偏推定量となる．

問題 3.1 標本不偏分散の期待値は母集団分布の分散であることに注意する．ポアソン分布

の分散は $V(X_i) = \lambda$ であったから $\dfrac{1}{n-1}\sum_{i=1}^{n}(X_i - \overline{X})^2$ は λ の不偏推定量である.

問題 3.2 期待値の線形性 (3.5) より $E[(X_i - X_j)^2] = 2\sigma^2$ $(i \neq j)$ を示せばよい. ここで平均 $\mu = E(X_i)$ を間に挟んで変形すると

$$E[(X_i - X_j)^2] = E[\{(X_i - \mu) - (X_j - \mu)\}^2]$$
$$= E[(X_i - \mu)^2 + 2(X_i - \mu)(X_j - \mu) + (X_j - \mu)^2]$$
$$= E[(X_i - \mu)^2] + 2E[(X_i - \mu)(X_j - \mu)] + E[(X_j - \mu)^2]$$

である. ここで X_i と X_j は独立だから

$$E[(X_i - \mu)(X_j - \mu)] = E(X_i - \mu)E(X_j - \mu) = 0$$

となる. よって $E[(X_i - X_j)^2] = 2\sigma^2$ が成り立つ.

後半は $\overline{X}$ を間に挟んで変形すると

$$\sum_{1 \leqq i < j \leqq n}(X_i - X_j)^2 = \frac{1}{2}\sum_{i=1}^{n}\sum_{j=1}^{n}(X_i - X_j)^2 = \frac{1}{2}\sum_{i=1}^{n}\sum_{j=1}^{n}\{X_i - \overline{X} - (X_j - \overline{X})\}^2$$
$$= \frac{1}{2}\sum_{i=1}^{n}\sum_{j=1}^{n}\{(X_i - \overline{X})^2 + 2(X_i - \overline{X})(X_j - \overline{X}) + (X_j - \overline{X})^2\}$$
$$= \frac{1}{2}\sum_{i=1}^{n}\sum_{j=1}^{n}\{(X_i - \overline{X})^2 + (X_j - \overline{X})^2\} + \sum_{i=1}^{n}\sum_{j=1}^{n}(X_i - \overline{X})(X_j - \overline{X})$$

である. ここで標本平均の性質より $n\overline{X} = \sum_{i=1}^{n} X_i$ であるから

$$\sum_{i=1}^{n}\sum_{j=1}^{n}(X_i - \overline{X})(X_j - \overline{X}) = \sum_{i=1}^{n}(X_i - \overline{X})\sum_{j=1}^{n}(X_j - \overline{X}) = 0$$

が成り立つ. したがって $\sum_{1 \leqq i < j \leqq n}(X_i - X_j)^2 = n\sum_{i=1}^{n}(X_i - \overline{X})^2$ であるから $U = V$ となる.

問題 3.3 問題 3.2 と同様にして前半は $E[(X_i - X_j)(Y_i - Y_j)] = 2\,\mathrm{Cov}(X, Y)$ $(i \neq j)$ を示せばよい. $\mu_x = E(X_i)$, $\mu_y = E(Y_i)$ とおくと $i \neq j$ であるから

$$E[(X_i - X_j)(Y_i - Y_j)] = E[\{X_i - \mu_x - (X_j - \mu_x)\}\{Y_i - \mu_y - (Y_j - \mu_y)\}]$$
$$= E[(X_i - \mu_x)(Y_i - \mu_y)] - E[(X_i - \mu_x)(Y_j - \mu_y)]$$
$$\quad - E[(X_j - \mu_x)(Y_i - \mu_y)] + E[(X_j - \mu_x)(Y_j - \mu_y)]$$
$$= 2\,\mathrm{Cov}(X, Y) - E(X_i - \mu_x)E(Y_j - \mu_y) - E(X_j - \mu_x)E(Y_i - \mu_y)$$
$$= 2\,\mathrm{Cov}(X, Y)$$

となり, 不偏推定量であることが分かる.

後半は 問題 3.2 と同様に

$$\frac{1}{n(n-1)}\sum_{1 \leqq i < j \leqq n}(X_i - X_j)(Y_i - Y_j) = \frac{1}{2n(n-1)}\sum_{1=1}^{n}\sum_{i=1}^{n}(X_i - X_j)(Y_i - Y_j)$$

となる. $\overline{X}$, $\overline{Y}$ を間に挟んで変形すると

$$\sum_{1=1}^{n}\sum_{i=1}^{n}(X_i - X_j)(Y_i - Y_j)$$
$$= \sum_{1=1}^{n}\sum_{i=1}^{n}\{X_i - \overline{X} - (X_j - \overline{X})\}\{Y_i - \overline{Y} - (Y_j - \overline{Y})\}$$
$$= \sum_{1=1}^{n}\sum_{i=1}^{n}\{(X_i - \overline{X})(Y_i - \overline{Y}) - (X_i - \overline{X})(Y_j - \overline{Y})$$
$$\quad - (X_j - \overline{X})(Y_i - \overline{Y}) + (X_j - \overline{X})(Y_j - \overline{Y})\}$$
$$= n\sum_{i=1}^{n}(X_i - \overline{X})(Y_i - \overline{Y}) + n\sum_{j=1}^{n}(X_j - \overline{X})(Y_j - \overline{Y})$$
$$\quad - \sum_{i=1}^{n}\sum_{j=1}^{n}(X_i - \overline{X})(Y_j - \overline{Y}) - \sum_{i=1}^{n}\sum_{j=1}^{n}(X_j - \overline{X})(Y_i - \overline{Y})$$
$$= 2n\sum_{1=1}^{n}(X_i - \overline{X})(Y_i - \overline{Y})$$

となり，等号が成り立つことが分かる．ここで $n\overline{X} = \sum_{i=1}^{n} X_i$, $n\overline{Y} = \sum_{i=1}^{n} Y_i$ より，i, j がクロスするところは 0 になることを使っている．

問題 4.1 $x_1, x_2, \cdots, x_n$ を実現値とすると，尤度関数および対数尤度関数は
$$L(\theta) = \prod_{i=1}^{n} \theta e^{-\theta x_i}, \quad l(\theta) = \sum_{i=1}^{n} \log \theta - \theta \sum_{i=1}^{n} x_i$$
となる．$l(\theta)$ を θ で微分して方程式 $\dfrac{dl(\theta)}{d\theta} = \dfrac{n}{\theta} - \sum_{i=1}^{n} x_i = 0$ を解くと
$$\widehat{\theta} = \dfrac{n}{\sum_{i=1}^{n} x_i} = \dfrac{1}{\overline{x}}$$
が得られる．$l(\theta)$ の増減を見ると $\widehat{\theta}$ で最大となることが分かる．したがって θ の最尤推定量は $\dfrac{1}{\overline{X}}$ で与えられる．

問題 4.2 $x_1, x_2, \cdots, x_n$ を実現値とすると，尤度関数および対数尤度関数は
$$L(p) = \prod_{i=1}^{n} p^{x_i}(1-p)^{1-x_i}, \quad l(p) = \log p \sum_{i=1}^{n} x_i + \log(1-p) \sum_{i=1}^{n} (1 - x_i)$$
となる．$l(p)$ を p で微分して方程式 $\dfrac{dl(p)}{dp} = \dfrac{1}{p}\sum_{i=1}^{n} x_i - \dfrac{1}{1-p}\sum_{i=1}^{n}(1 - x_i) = 0$ を解くと
$$(1-p)\sum_{i=1}^{n} x_i = p \sum_{i=1}^{n}(1 - x_i), \quad \sum_{i=1}^{n} x_i = np, \quad \widehat{p} = \dfrac{1}{n}\sum_{i=1}^{n} x_i$$
が得られる．$l(p)$ の増減を見ると $\widehat{p}$ で最大となることが分かる．したがって p の最尤推定量は $\overline{X}$ で与えられる．

問題 4.3 $x_1, x_2, \cdots, x_n$ を実現値とすると，尤度関数は
$$L(\theta) = \prod_{i=1}^{n} \dfrac{1}{\theta} = \dfrac{1}{\theta^n}, \quad (0 \leqq x_1, x_2, \cdots, x_n \leqq \theta)$$
となる．$x_M = \max\{x_1, x_2, \cdots, x_n\}$ とおくと，θ が小さい方が尤度関数は大きくなるが，$x_M \leqq \theta$ であるから $\widehat{\theta} = x_M$ のとき最大となる．したがって最尤推定量は $X_M =$

$\max\{X_1, X_2, \cdots, X_n\}$ となる.

問題 5.1 混乱を避けるために $\tau = \sigma^2$ とおく. $x_1, x_2, \cdots, x_n$ を実現値とすると, 対数尤度関数は
$$l(\mu, \tau) = -\frac{n}{2}\log(2\pi\tau) - \frac{1}{2\tau}\sum_{i=1}^{n}(x_i - \mu)^2$$
となる. この 2 変数関数の最大値は 1 変数のときと同様に, 連立方程式
$$\frac{\partial l(\mu, \tau)}{\partial \mu} = \frac{1}{\tau}\sum_{i=1}^{n}(x_i - \mu) = 0, \quad \frac{\partial l(\mu, \tau)}{\partial \tau} = -\frac{n}{2\tau} + \frac{1}{2\tau^2}\sum_{i=1}^{n}(x_i - \mu)^2 = 0$$
の解が候補となる. 最初の式より $\mu = \overline{x}$ となり, 2 番目の式に代入して $\tau = \dfrac{\sum_{i=1}^{n}(x_i - \overline{x})^2}{n}$ が求める解である. $\mu \to \pm\infty$ のとき, および $\tau \to 0, \infty$ のとき $l(\mu, \tau) \to -\infty$ だから関数の増減を調べると, $\mu = \overline{x}, \tau = \dfrac{\sum_{i=1}^{n}(x_i - \overline{x})^2}{n}$ のとき最大値をとることが分かる. すなわち平均 μ および分散 τ の最尤推定値は, $\overline{x}$ と $\dfrac{\sum_{i=1}^{n}(x_i - \overline{x})^2}{n}$ となる. したがって正規母集団のときの最尤推定量は
$$\widehat{\mu} = \overline{X}, \quad \widehat{\sigma}^2 = \frac{1}{n}\sum_{i=1}^{n}(X_i - \overline{X})^2$$
である.

問題 5.2 x_1, x_2, x_3 を実現値とすると, $x_3 = n - x_1 - x_2$ であるから尤度関数および対数尤度関数は
$$L(p_1, p_2) = \frac{n!}{x_1! \, x_2! \, (n - x_1 - x_2)!} p_1^{x_1} p_2^{x_2} (1 - p_1 - p_2)^{n - x_1 - x_2}$$
$$l(p_1, p_2) = \log(n!) - \log(x_1!) - \log(x_2!) - \log\{(n - x_1 - x_2)!\}$$
$$+ x_1 \log p_1 + x_2 \log p_2 + (n - x_1 - x_2)\log(1 - p_1 - p_2)$$
となる. $l(p_1, p_2)$ を p_1, p_2 で偏微分して 0 とおくと
$$\frac{\partial l(p_1, p_2)}{\partial p_1} = \frac{x_1}{p_1} - \frac{n - x_1 - x_2}{1 - p_1 - p_2} = 0, \quad \frac{\partial l(p_1, p_2)}{\partial p_2} = \frac{x_2}{p_2} - \frac{n - x_1 - x_2}{1 - p_1 - p_2} = 0$$
となる. それぞれの分母を払うと
$$x_1(1 - p_1 - p_2) = p_1(n - x_1 - x_2), \quad x_2(1 - p_1 - p_2) = p_2(n - x_1 - x_2)$$
となる. さらに
$$x_1(1 - p_2) = p_1(n - x_2), \quad x_2(1 - p_1) = p_2(n - x_1)$$
となる. これを解くと $\widehat{p_1} = \dfrac{x_1}{n}, \widehat{p_2} = \dfrac{x_2}{n}$ が得られる. 2 変数関数の増減を考えると $\widehat{p_1}, \widehat{p_2}$ で最大となることが分かる. したがって最尤推定量は $\widehat{p_1} = \dfrac{X_1}{n}, \widehat{p_2} = \dfrac{X_2}{n}$ となる.

問題 5.3 $x_1, x_2, \cdots, x_n$ を実現値とすると, 尤度関数は
$$L(\theta, \tau) = \prod_{i=1}^{n}\frac{1}{\tau - \theta} = \frac{1}{(\tau - \theta)^n} \quad (\theta \leqq x_1, x_2, \cdots, x_n \leqq \tau)$$
となる. したがって θ はなるべく大きく, τ はなるべく小さい方が尤度関数の値は大きくなる.

$\theta \leqq x_1, x_2, \cdots, x_n \leqq \tau$ の制約があるから $\theta = x_m = \min\{x_1, x_2, \cdots, x_n\}$, $\tau = x_M = \max\{x_1, x_2, \cdots, x_n\}$ のときに最大となる．したがって

$$\hat{\theta} = X_m = \min\{X_1, X_2, \cdots, X_n\}, \quad \hat{\tau} = X_M = \max\{X_1, X_2, \cdots, X_n\}$$

が最尤推定量である．

問題 6.1 信頼区間の幅は $2 \times z_{\alpha/2} \frac{1}{\sqrt{n}}$ となる．したがって 95% の信頼区間の場合は $z_{0.025} = 1.96$ より

$$2 \times 1.96 \times \frac{1}{\sqrt{n}} \leqq 1, \quad 3.92 \leqq \sqrt{n}, \quad (3.92)^2 \leqq n, \quad 15.36 \leqq n$$

となる．したがって標本数を 16 以上にすればよい．

99% の信頼区間は $z_{0.005} = 2.576$ より

$$2 \times 2.576 \times \frac{1}{\sqrt{n}} \leqq 1, \quad 5.152 \leqq \sqrt{n}, \quad (5.152)^2 \leqq n, \quad 26.54 \leqq n$$

となる．したがって標本数を 27 以上にすればよい．

問題 6.2 $n = 50$, $\sigma = \sqrt{25} = 5$ であるから信頼係数 95% の母平均の信頼区間は $z_{0.025} = 1.96$ より

$$168.5 - 1.96 \times \frac{5}{\sqrt{50}} \leqq \mu \leqq 168.5 + 1.96 \times \frac{5}{\sqrt{50}}$$
$$167.114 \leqq \mu \leqq 169.886$$

である．同様に信頼係数 99% の母平均の信頼区間は $z_{0.005} = 2.576$ より

$$168.5 - 2.576 \times \frac{5}{\sqrt{50}} \leqq \mu \leqq 168.5 + 2.576 \times \frac{5}{\sqrt{50}}$$
$$166.678 \leqq \mu \leqq 170.322$$

となる．

問題 6.3 データより $\overline{x} = 20.639$ であるから母平均の信頼係数 95% の信頼区間は $z_{0.025} = 1.96$ より

$$20.639 - 1.96 \times \sqrt{\frac{1.21}{10}} \leqq \mu \leqq 20.639 + 1.96 \times \sqrt{\frac{1.21}{10}}$$
$$19.957 \leqq \mu \leqq 21.321$$

となる．

問題 7.1 データより $n = 15$, $\overline{x} = 25.6$, $s = 5.48$ であるから，標本不偏分散は $v = \frac{5.48}{14} = 0.391$ となる．$t(14; 0.025) = 2.145$ より母平均の信頼係数 95% の信頼区間は

$$25.6 - 2.145 \times \sqrt{\frac{0.391}{15}} \leqq \mu \leqq 25.6 + 2.145 \times \sqrt{\frac{0.391}{15}}$$
$$25.253 \leqq \mu \leqq 25.947$$

となる．

問題 7.2 データより

$$n = 10, \quad \overline{x} = 130.03, \quad s = 133.961, \quad v = 14.885$$

である．また $t(9;0.025)=2.262$ であるから，母平均の信頼係数 95% の信頼区間は

$$130.03 - 2.262 \times \sqrt{\frac{14.885}{10}} \leqq \mu \leqq 130.03 + 2.262 \times \sqrt{\frac{14.885}{10}}$$
$$127.270 \leqq \mu \leqq 132.790$$

である．母平均の信頼係数 99% の信頼区間は，$t(9;0.005)=3.250$ だから

$$130.03 - 3.250 \times \sqrt{\frac{14.885}{10}} \leqq \mu \leqq 130.03 + 3.250 \times \sqrt{\frac{14.885}{10}}$$
$$126.065 \leqq \mu \leqq 133.995$$

となる．

問題 7.3 母平均の信頼係数 $1-\alpha$ の区間の幅は

$$2 \times t\left(n-1;\frac{\alpha}{2}\right)\sqrt{\frac{v}{n}}$$

となる．もとのデータは同じだから n と v は同じである．自由度も同じであるから，上側 $\frac{\alpha}{2}$-点の定義から $t(n-1;0.025) < t(n-1;0.005)$ である．したがって

$$2 \times t(n-1;0.025)\sqrt{\frac{v}{n}} < 2 \times t(n-1;0.005)\sqrt{\frac{v}{n}}$$

が成り立つ．

問題 8.1 式 (4.2) の $v=\frac{s}{n-1}$ より $s=(n-1)v=19\times 8.56=162.64$ となる．したがって $\chi^2(19;0.975)=8.907$, $\chi^2(19;0.025)=32.85$ であるから，母分散の信頼係数 95% の信頼区間は

$$\frac{162.64}{32.85} \leqq \sigma^2 \leqq \frac{162.64}{8.907}, \quad 4.951 \leqq \sigma^2 \leqq 18.260$$

となる．

問題 8.2 データより $n=13$. $\overline{x}=7.908$ より $s=\sum_{i=1}^{13}(x_i-\overline{x})^2=0.0124$ である．また $\chi^2(12;0.975)=4.404$, $\chi^2(12;0.025)=23.337$ であるから，母分散の信頼係数 95% の信頼区間は

$$\frac{0.0124}{23.337} \leqq \sigma^2 \leqq \frac{0.0124}{4.404}, \quad 5.3\times 10^{-4} \leqq \sigma^2 \leqq 2.81\times 10^{-3}$$

となる．

問題 8.3 母分散の信頼区間より

$$1-\alpha = P\left(\frac{S}{\chi^2(n-1;\frac{\alpha}{2})} \leqq \sigma^2 \leqq \frac{S}{\chi^2(n-1;1-\frac{\alpha}{2})}\right)$$

である．不等式に現れる項はすべて正であるから平方根をとっても不等号の向きは変わらない．よって

$$1-\alpha = P\left(\sqrt{\frac{S}{\chi^2(n-1;\frac{\alpha}{2})}} \leqq \sigma \leqq \sqrt{\frac{S}{\chi^2(n-1;1-\frac{\alpha}{2})}}\right)$$

が成り立つ．したがって実現値 s に対して，標準偏差 σ の信頼係数 $1-\alpha$ の信頼区間は

$$\sqrt{\frac{s}{\chi^2(n-1;\frac{\alpha}{2})}} \leqq \sigma \leqq \sqrt{\frac{s}{\chi^2(n-1;1-\frac{\alpha}{2})}}$$

となる.

例題 4.8 より母分散 σ^2 の信頼係数 95% の信頼区間は $0.0064 \leqq \sigma^2 \leqq 0.0367$ である. 各項の平方根をとると, 標準偏差 σ の信頼係数 95% の信頼区間は

$$0.08 \leqq \sigma \leqq 0.192$$

である.

問題 9.1 (1) 区間の幅が 2 以下だから

$$2 \times z_{0.025}\sqrt{\frac{1.44}{m} + \frac{2.25}{m}} \leqq 2$$

となる. $z_{0.025} = 1.96$ だから

$$1.96\sqrt{\frac{3.69}{m}} \leqq 1, \quad 1.96\sqrt{3.69} \leqq \sqrt{m}$$

よって $(1.96)^2 \times 3.69 \leqq m$ となり $14.17 \leqq m$ であるから m を 15 以上にする必要がある.

(2) (1) と同様にして区間の幅が 2 以下だから

$$2 \times z_{0.025}\sqrt{\frac{1.44}{m} + \frac{2.25}{2m}} \leqq 2$$

となる. $z_{0.025} = 1.96$ だから

$$1.96\sqrt{\frac{5.13}{2m}} \leqq 1, \quad 1.96\sqrt{5.13} \leqq \sqrt{2m}$$

よって $(1.96)^2 \times 5.13 \leqq 2m$ となり $9.85 \leqq m$ であるから m を 10 以上にする必要がある. 全体の標本数は $3m = 30$ 以上であることに注意する.

逆に $m = 2n$ のときを考えると区間の幅が 2 以下だから

$$2 \times z_{0.025}\sqrt{\frac{1.44}{2n} + \frac{2.25}{n}} \leqq 2$$

となる. $z_{0.025} = 1.96$ だから

$$1.96\sqrt{\frac{5.94}{2n}} \leqq 1, \quad 1.96\sqrt{5.94} \leqq \sqrt{2n}$$

よって $(1.96)^2 \times 5.94 \leqq 2n$ となり $11.41 \leqq n$ であるから n を 12 以上にする必要がある. 全体の標本数は $3n = 36$ 以上である.

問題 9.2 区間の幅が 1.6 以下で, $z_{0.025} = 1.96$ だから

$$2 \times 1.96\sqrt{\frac{2.0}{20} + \frac{1.0}{n}} \leqq 1.6$$

となる. したがって両辺の 2 乗をとって

$$15.366 \times \left(\frac{2.0}{20} + \frac{1.0}{n}\right) \leqq 2.56, \quad \frac{2}{20} + \frac{1.0}{n} \leqq 0.166, \quad 15.016 \leqq n$$

であるから, B からは 16 個以上の標本が必要である.

問題 9.3 母平均の差の信頼係数 95% の信頼区間は

$$\overline{x} - \overline{y} - z_{0.025}\sqrt{\frac{40}{12} + \frac{60}{16}} \leq \mu_1 - \mu_2 \leq \overline{x} - \overline{y} + z_{0.025}\sqrt{\frac{40}{12} + \frac{60}{16}}$$

である．それぞれの値を代入すると

$$301.067 - 319.875 - 1.96 \times \sqrt{\frac{40}{12} + \frac{60}{16}} \leq \mu_1 - \mu_2$$

$$\leq 301.067 - 319.875 + 1.96 \times \sqrt{\frac{40}{12} + \frac{60}{16}}$$

$$-24.024 \leq \mu_1 - \mu_2 \leq -13.592$$

が求める信頼区間である．

問題 10.1　共通の分散の推定値は

$$v = \frac{1}{15 + 18 - 2}(s_1 + s_2) = 0.868$$

である．付表 3 より $t(31; 0.025) = 2.040$ だから，母平均の差の信頼係数 95% の信頼区間は

$$25.65 - 27.54 - 2.040 \times \sqrt{\left(\frac{1}{15} + \frac{1}{18}\right) \times 0.868}$$

$$\leq \mu_1 - \mu_2 \leq 25.65 - 27.54 + 2.040 \times \sqrt{\left(\frac{1}{15} + \frac{1}{18}\right) \times 0.868}$$

$$-2.554 \leq \mu_1 - \mu_2 \leq -1.226$$

となる．

問題 10.2　期待値の線形性 (3.5) から

$$E(V) = \frac{1}{m + n - 2}\left[E\left\{\sum_{i=1}^{m}(X_i - \overline{X})^2\right\} + E\left\{\sum_{j=1}^{n}(Y_j - \overline{Y})^2\right\}\right]$$

となる．標本不偏分散の期待値が分散になるから $E(S) = (n-1)\sigma^2$ である．したがって

$$E\left[\sum_{i=1}^{m}(X_i - \overline{X})^2\right] = (m-1)\sigma^2, \quad E\left[\sum_{j=1}^{n}(Y_j - \overline{Y})^2\right] = (n-1)\sigma^2$$

が成り立つ．よって $E(V) = \dfrac{1}{m + n - 2}\{(m-1)\sigma^2 + (n-1)\sigma^2\} = \sigma^2$ となり，不偏推定量である．

問題 10.3　データから $m = 10, n = 12$ より

$$\overline{x} = 64.80, \quad \overline{y} = 75.67, \quad s_1 = 959.60, \quad s_2 = 992.67$$

である．したがって共通の分散の推定値は

$$v = \frac{1}{10 + 12 - 2}(s_1 + s_2) = 97.61$$

である．付表 3 より $t(20; 0.025) = 2.086$ だから，母平均の差の信頼係数 95% の信頼区間は

第 4 章の解答　　　　　　　　　　　　　　　　　183

$$64.80 - 75.67 - 2.086 \times \sqrt{\left(\frac{1}{10} + \frac{1}{12}\right) \times 97.61}$$
$$\leqq \mu_1 - \mu_2 \leqq 64.80 - 75.67 + 2.086 \times \sqrt{\left(\frac{1}{10} + \frac{1}{12}\right) \times 97.61}$$
$$-19.694 \leqq \mu_1 - \mu_2 \leqq -2.046$$

となる.

問題 11.1　$m = 16$, $n = 20$ でそれぞれの不偏分散の実現値は
$$v_1 = \frac{435}{15} = 29, \quad v_2 = \frac{186}{19} = 9.789$$
となる. したがってウェルチの方法による近似の自由度は $d = 22.878$ となる. よって
$$t(d; 0.025) = 0.122 \times t(22; 0.025) + 0.878 \times t(23; 0.025) = 2.070$$
である. 平均の差の信頼係数 95% の信頼区間は
$$2250 - 2245 - 2.070 \times \sqrt{\frac{29}{16} + \frac{9.789}{20}} \leqq \mu_1 - \mu_2$$
$$\leqq 2250 - 2245 + 2.070 \times \sqrt{\frac{29}{16} + \frac{9.789}{20}}$$
$$1.860 \leqq \mu_1 - \mu_2 \leqq 8.140$$

問題 11.2　前半の部分は $m = n$, $v_1 = v_2$ を代入すると
$$d = \frac{\left(\frac{2v_1}{m}\right)^2}{\left(\frac{v_1}{m}\right)^2/(m-1) + \left(\frac{v_1}{m}\right)^2/(m-1)} = \frac{4}{1/(m-1) + 1/(m-1)} = 2(m-1)$$
となる. これは等分散が仮定できるときの自由度となる.

後半も同様に $m = n$, $v_2 = 2v_1$ を代入すると
$$d = \frac{\left(\frac{3v_1}{m}\right)^2}{\left(\frac{v_1}{m}\right)^2/(m-1) + 4\left(\frac{v_1}{m}\right)^2/(m-1)} = \frac{9}{1/(m-1) + 4/(m-1)} = \frac{9}{5}(m-1)$$
となる. これは等分散が仮定できるときの自由度より小さくなっている.

問題 11.3　変換前のデータに基づく不偏分散の実現値をそれぞれ v_1, v_2, d とし, c 倍した変換後のデータに基づく不偏分散の実現値をそれぞれ v_1^*, v_2^*, d^* とおく. このとき
$$v_1^* = \frac{1}{m-1} \sum_{i=1}^{m} (cx_i - c\bar{x})^2 = c^2 v_1$$
となる. 同様に $v_2^* = c^2 v_2$ となるから
$$d^* = \frac{\left(\frac{v_1^*}{m} + \frac{v_2^*}{n}\right)^2}{\left(\frac{v_1^*}{m}\right)^2/(m-1) + \left(\frac{v_2^*}{n}\right)^2/(n-1)} = \frac{\left(\frac{c^2 v_1}{m} + \frac{c^2 v_2}{n}\right)^2}{\left(\frac{c^2 v_1}{m}\right)^2/(m-1) + \left(\frac{c^2 v_2}{n}\right)^2/(n-1)}$$
である. 分母・分子を c^4 で割れば $d^* = d$ が成り立つことが分かる.

問題 11.4　分散の情報がないのでウェルチの方法を使う. $m = 11$, $n = 8$ でそれぞれの平均と平方和を求めると

$$\overline{x} = 95.182, \quad s_1 = 2751.636, \quad v_1 = 275.164$$
$$\overline{y} = 70.875, \quad s_2 = 294.875, \quad v_2 = 42.125$$

となる．近似の自由度は $d = 13.781$ となるから

$$t(d; 0.025) = 0.219 \times t(13; 0.025) + 0.781 \times t(14; 0.025) = 2.148$$

である．したがって平均の差の信頼係数 95％ の信頼区間は式 (4.10) に代入すると

$$95.182 - 70.875 - 2.148 \times \sqrt{\frac{275.164}{11} + \frac{42.125}{8}}$$
$$\leqq \mu_1 - \mu_2 \leqq 95.182 - 70.875 - 2.148 \times \sqrt{\frac{275.164}{11} + \frac{42.125}{8}}$$
$$12.485 \leqq \mu_1 - \mu_2 \leqq 36.128$$

となる．

問題 12.1　データより $\overline{p} = \dfrac{8}{400} = 0.02$ で $z_{0.025} = 1.96$ であるから，不良率 p の信頼係数 95％ の信頼区間は式 (4.11) より

$$0.02 - 1.96 \times \sqrt{\frac{0.02 \times (1 - 0.02)}{400}} \leqq p \leqq 0.02 + 1.96 \times \sqrt{\frac{0.02 \times (1 - 0.02)}{400}}$$
$$0.00628 \leqq p \leqq 0.03372$$

となる．また $z_{0.005} = 2.576$ であるから，不良率 p の信頼係数 99％ の信頼区間は

$$0.02 - 2.576 \times \sqrt{\frac{0.02 \times (1 - 0.02)}{400}} \leqq p \leqq 0.02 + 2.576 \times \sqrt{\frac{0.02 \times (1 - 0.02)}{400}}$$
$$0.00197 \leqq p \leqq 0.03803$$

である．

問題 12.2　支持率であるから，支持する人のみ考えればよい．したがって $\overline{p} = \dfrac{325}{1000} = 0.325$ で $z_{0.025} = 1.96$ であるから，不良率 p の信頼係数 95％ の信頼区間は

$$0.325 - 1.96 \times \sqrt{\frac{0.325 \times (1 - 0.325)}{1000}} \leqq p \leqq 0.325 + 1.96 \times \sqrt{\frac{0.325 \times (1 - 0.325)}{1000}}$$
$$0.296 \leqq p \leqq 0.354$$

となる．

問題 12.3　データより $\overline{p}_1 = \dfrac{8}{400} = 0.04$，$\overline{p}_2 = \dfrac{15}{250} = 0.06$ で $z_{0.025} = 1.96$ であるから，不良率の差の信頼係数 95％ の信頼区間は式 (4.12) より

$$0.04 - 0.06 - 1.96 \times \sqrt{\frac{0.04 \times (1 - 0.04)}{200} + \frac{0.06 \times (1 - 0.06)}{250}} \leqq p_1 - p_2$$
$$\leqq 0.04 - 0.06 - 1.96 \times \sqrt{\frac{0.04 \times (1 - 0.04)}{200} + \frac{0.06 \times (1 - 0.06)}{250}}$$
$$-0.0601 \leqq p_1 - p_2 \leqq 0.0201$$

となる．

問題 13.1　$\overline{X}, \overline{Y}$ をそれぞれの標本平均とする．分散が等しいから共通の分散の不偏推定

量（式 (4.7)）
$$V = \frac{1}{m+n-2}\left\{\sum_{i=1}^{m}(X_i - \overline{X})^2 + \sum_{i=1}^{n}(Y_i - \overline{Y})^2\right\}$$
を使う．両側信頼区間の構成法と同様にして
$$1 - \alpha = P\left(-t(m+n-2;\alpha) \leqq \frac{\overline{X} - \overline{Y} - (\mu_1 - \mu_2)}{\sqrt{\left(\frac{1}{m}+\frac{1}{n}\right)V}}\right)$$
となる．確率の中を変形すると
$$1 - \alpha = P\left(\mu_1 - \mu_2 \leqq \overline{X} - \overline{Y} + t(m+n-2;\alpha)\sqrt{\left(\frac{1}{m}+\frac{1}{n}\right)V}\right)$$
である．実現値 $\overline{x}$, $\overline{y}$, v を代入して母平均の差の信頼係数 $1-\alpha$ の左片側信頼区間は
$$-\infty < \mu_1 - \mu_2 \leqq \overline{x} - \overline{y} + t(m+n-2;\alpha)\sqrt{\left(\frac{1}{m}+\frac{1}{n}\right)v}$$
で与えられる．同様に
$$1 - \alpha = P\left(\overline{X} - \overline{Y} - t(m+n-2;\alpha)\sqrt{\left(\frac{1}{m}+\frac{1}{n}\right)V} \leqq \mu_1 - \mu_2\right)$$
である．したがって，実現値 $\overline{x}$, $\overline{y}$, v を代入して母平均の差の信頼係数 $1-\alpha$ の右片側信頼区間は
$$\overline{x} - \overline{y} - t(m+n-2;\alpha)\sqrt{\left(\frac{1}{m}+\frac{1}{n}\right)v} \leqq \mu_1 - \mu_2 < \infty$$
となる．

問題 13.2 データより $\overline{x} = 67.083$, $s = 2350.917$, $v = 213.720$ であるから，$t(11;0.025) = 2.201$ を使って信頼係数 95% の両側信頼区間は
$$67.083 - 2.201\sqrt{\frac{213.720}{12}} \leqq \mu \leqq 67.083 + 2.201\sqrt{\frac{213.720}{12}}$$
$$57.795 \leqq \mu \leqq 76.372$$
となる．また $t(11;0.05) = 1.796$ より，信頼係数 95% の右片側信頼区間は
$$67.083 - 1.796\sqrt{\frac{213.720}{12}} \leqq \mu < \infty$$
$$59.504 \leqq \mu < \infty$$
である．

問題 13.3 データより $\overline{x} = 0.506$, $\overline{y} = 0.399$, $s_1 = 0.01804$, $s_2 = 0.01989$ となる．等分散であるから共通の分散の推定値は
$$v = \frac{1}{10+9-2}(s_1 + s_2) = 0.00223$$
である．$t(17;0.025) = 2.110$ を使うと母平均の差の信頼係数 95% の両側信頼区間は式 (4.8) より

$$0.506 - 0.399 - 2.110 \times \sqrt{\left(\frac{1}{10} + \frac{1}{9}\right) \times 0.00223} \leqq \mu_1 - \mu_2$$

$$\leqq 0.506 - 0.399 + 2.110 \times \sqrt{\left(\frac{1}{10} + \frac{1}{9}\right) \times 0.00223}$$

$$0.0613 \leqq \mu_1 - \mu_2 \leqq 0.1529$$

となる．また $t(17; 0.05) = 1.740$ より，信頼係数 95% の左片側信頼区間は

$$-\infty < \mu_1 - \mu_2 \leqq 0.506 - 0.399 + 1.740 \times \sqrt{\left(\frac{1}{10} + \frac{1}{9}\right) \times 0.00223}$$

$$-\infty < \mu_1 - \mu_2 \leqq 0.1449$$

である．

第5章

問題 1.1 対立仮説が正しいとき検定統計量は大きな値をとる確率が高くなる．検定統計量 $U_0 = \sqrt{n}(\overline{X} - \mu_0)/\sigma$ は帰無仮説が正しいとき標準正規分布にしたがう．よって実現値を u_0 とすると $u_0 \geqq z_\alpha$ であるから

$$P\left(\frac{\sqrt{n}(\overline{X} - \mu_0)}{\sigma} \geqq u_0\right) = P(Z \geqq u_0) \leqq P(Z \geqq z_\alpha) = \alpha$$

となる．ただし Z は標準正規分布にしたがう確率変数とする．よって有意確率は α 以下になる．

問題 1.2 帰無仮説 $H_0 : \mu = 15.0$ v.s. 対立仮説 $H_1 : \mu \neq 15.0$ を有意水準 5% で検定する．データより検定統計量の実現値は

$$u_0 = \frac{\sqrt{20} \times (15.94 - 15.0)}{2} = 2.102$$

$z_{0.025} = 1.96$ であるから $|u_0| \geqq 1.96$ より有意水準 5% で H_0 は棄却される．

問題 1.3 帰無仮説 $H_0 : \mu = 95.0$ v.s. 対立仮説 $H_1 : \mu \neq 95.0$ を有意水準 5% で検定する．データより $\overline{x} = 96.39$ であるから，検定統計量の実現値は

$$u_0 = \frac{\sqrt{10} \times (96.39 - 95.0)}{\sqrt{1.4}} = 3.715$$

$z_{0.025} = 1.96$ であるから $|u_0| \geqq 1.96$ より有意水準 5% で H_0 は棄却される．

問題 2.1 対立仮説が正しいとき，検定統計量の絶対値が大きくなる確率が高くなる．また帰無仮説が正しいとき，検定統計量 T_0 は自由度 $n-1$ の t-分布にしたがう．よって T_0 の実現値を t_0 とすると，$|t_0| \geqq t(n-1; \frac{\alpha}{2})$ のとき $\{|T_0| \geqq |t_0|\} \subset \{|T_0| \geqq t(n-1; \frac{\alpha}{2})\}$ となる．ゆえに有意確率に対して

$$P\left(\left|\frac{\sqrt{n}(\overline{X} - \mu_0)}{\sqrt{V}}\right| \geqq |t_0|\right) = P(|T_0| \geqq |t_0|) \leqq P\left(|T_0| \geqq t\left(n-1; \frac{\alpha}{2}\right)\right) = \alpha$$

が成り立つ．したがって有意確率は α 以下になる．

問題 2.2 帰無仮説 $H_0 : \mu = 120.0$ v.s. 対立仮説 $H_1 : \mu \neq 120.0$ を有意水準 5% で検定する．$\overline{x} = 121.2$, $v = \frac{25.9}{19} = 1.363$ であるから

$$t_0 = \frac{\sqrt{20} \times (121.2 - 120.0)}{\sqrt{1.363}} = 4.596$$

である．付表 3 より $t(19; 0.025) = 2.093$ だから，$|t_0| \geqq t(19; 0.025)$ となり有意水準 5% で帰無仮説 H_0 は棄却される．

問題 2.3 帰無仮説 $H_0 : \mu = 70.0$ v.s. 対立仮説 $H_1 : \mu \neq 70.0$ を有意水準 5% で検定する．データより $\overline{x} = 71.4$, $s = 48.4$, $v = 5.378$ である．したがって

$$t_0 = \frac{\sqrt{10} \times (71.4 - 70.0)}{\sqrt{5.378}} = 1.909$$

となる．付表 3 より $t(9; 0.025) = 2.262$ であるから，$|t_0| < t(9; 0.025)$ より有意水準 5% で帰無仮説 H_0 は棄却されない．

問題 3.1 帰無仮説 $H_0 : \sigma^2 = 0.4$ v.s. 対立仮説 $H_1 : \sigma^2 > 0.4$ を有意水準 5% で検定する．$s = 15.45$ だから，検定統計量の実現値は

$$\frac{s}{\sigma_0^2} = \frac{15.45}{0.4} = 38.625$$

である．付表 4 より $\chi^2(14; 0.05) = 23.685$ であるから，有意水準 5% で帰無仮説 H_0 は棄却される．バラツキは大きくなったといえる．

問題 3.2 帰無仮説 $H_0 : \sigma^2 = 4000$ v.s. 対立仮説 $H_1 : \sigma^2 > 4000$ を有意水準 5% で検定する．データから $s = 72450$ だから，検定統計量の実現値

$$\frac{s}{\sigma_0^2} = \frac{72450}{4000} = 18.113$$

である．付表 4 より $\chi^2(9; 0.05) = 16.919$ であるから，有意水準 5% で帰無仮説 H_0 は棄却される．バラツキは大きくなったといえる．

問題 3.3 両側検定で，有意水準 α で棄却されないのは，平方和の実現値に対して

$$\chi^2\left(n - 1; 1 - \frac{\alpha}{2}\right) < \frac{s}{\sigma_0^2} < \chi^2(n - 1; \alpha)$$

のときである．不等式の逆数をとるとすべて正であるから

$$\frac{1}{\chi^2(n - 1; 1 - \frac{\alpha}{2})} > \frac{\sigma_0^2}{s} > \frac{1}{\chi^2(n - 1; \alpha)}$$

$$\frac{s}{\chi^2(n - 1; 1 - \frac{\alpha}{2})} > \sigma_0^2 > \frac{s}{\chi^2(n - 1; \alpha)}$$

となる．他方，信頼係数 $1 - \alpha$ の信頼区間は，実現値 s に対して

$$\frac{s}{\chi^2(n - 1; \alpha)} \leqq \sigma^2 \leqq \frac{s}{\chi^2(n - 1; 1 - \frac{\alpha}{2})}$$

であるから，σ_0^2 は信頼区間に含まれる．

問題 4.1 帰無仮説 $H_0 : \mu_1 = \mu_2$ v.s. 対立仮説 $H_1 : \mu_1 \neq \mu_2$ を有意水準 5% で検定する．検定統計量の実現値は

$$u_0 = \frac{115.24 - 114.95}{\sqrt{\frac{0.4^2}{15} + \frac{0.3^2}{16}}} = 2.272$$

である．$z_{0.025} = 1.96$ であるから有意水準 5% で帰無仮説 H_0 は棄却される．

問題 4.2 標本平均の実現値の差を d とおくと，検定統計量の実現値に対して有意水準 5% で棄却されるのは

$$|u_0| = \left| \frac{d}{\sqrt{\frac{1}{12} + \frac{2}{15}}} \right| \geqq z_{0.025} = 1.96$$

のときである．したがって不等式を変形して $|d| \geqq 1.96 \times \sqrt{\frac{1}{12} + \frac{2}{15}} = 0.912$ のとき棄却される．

問題 4.3 帰無仮説 $H_0 : \mu_1 = \mu_2$ v.s. 対立仮説 $H_1 : \mu_1 \neq \mu_2$ について有意水準 5%で検定する．データより $m = 11$, $n = 12$ で，各標本平均の実現値は

$$\overline{x} = 32.079, \quad \overline{y} = 34.147$$

したがって検定統計量 U_0 の実現値は

$$u_0 = \frac{\overline{x} - \overline{y}}{\sqrt{\frac{0.4}{11} + \frac{0.6}{12}}} = -7.036$$

付表 2 より $|u_0| = 7.036 \geqq 1.96 = z_{0.025}$ だから，有意水準 5%で H_0 は棄却される．2 台の機械による違いがある．

問題 4.4 帰無仮説 $H_0 : \mu_1 = \mu_2$ v.s. 対立仮説 $H_1 : \mu_1 > \mu_2$ の検定を考える．検定統計量 U_0 は帰無仮説が正しければ標準正規分布にしたがうことに注意する．実現値は

$$u_0 = \frac{\overline{x} - \overline{y}}{\sqrt{\frac{0.025}{9} + \frac{0.025}{9}}} = 2.817$$

である．したがって Z を標準正規分布にしたがう確率変数とすると求める有意確率は付表 1 より $P(U_0 \geqq 2.817) = P(Z \geqq 2.817) = 0.0024$ となる．

問題 5.1 それぞれの標本平均を考えると

$$\overline{X} \sim N\left(\mu_1, \frac{\sigma^2}{m}\right), \quad \overline{Y} \sim N\left(\mu_2, \frac{\sigma^2}{n}\right)$$

である．したがって $\overline{X} - \overline{Y} \sim N\left(\mu_1 - \mu_2, \left(\frac{1}{m} + \frac{1}{n}\right)\sigma^2\right)$ だから，H_0 の下で

$$\frac{\overline{X} - \overline{Y} - \delta_0}{\sqrt{\left(\frac{1}{m} + \frac{1}{n}\right)\sigma^2}} \sim N(0, 1)$$

となる．また共通の分散の推定量 V は δ_0 の影響を受けないから帰無仮説が正しいとき

$$T_0 = \frac{\overline{X} - \overline{Y} - \delta_0}{\sqrt{\left(\frac{1}{m} + \frac{1}{n}\right)V}}$$

は自由度 $m + n - 2$ の t-分布にしたがう．よって実現値に対して $|t_0| \geqq t(m+n-2; \frac{\alpha}{2})$

のとき帰無仮説 H_0 を棄却すればよい．

問題 5.2　例題 5.5 の計算より $\overline{x} = 7.99$, $\overline{y} = 8.93$, $v = 0.518$ であったから母平均の差に対する信頼係数 95% の信頼区間は

$$\overline{x} - \overline{y} - 2.101\sqrt{\left(\frac{1}{10} + \frac{1}{10}\right)v} \leqq \mu_1 - \mu_2 \leqq \overline{x} - \overline{y} + 2.101\sqrt{\left(\frac{1}{10} + \frac{1}{10}\right)v}$$

$$-1.616 \leqq \mu_1 - \mu_2 \leqq -0.264$$

となる．この信頼区間は帰無仮説に相当する $\mu_1 - \mu_2 = 0$ を含んでいない．

問題 5.3　データより $\overline{x} = 45.3/11 = 4.118$, $\overline{y} = 47.5/12 = 3.958$ で，共通の分散の実現値は $v = 2.524$ となるから検定統計量の実現値は

$$t_0 = \frac{\overline{x} - \overline{y}}{\sqrt{\left(\frac{1}{11} + \frac{1}{12}\right)v}} = 0.241$$

である．$t(21; 0.05) = 1.721$ より，$t_0 < t(21; 0.05)$ だから，有意水準 5% で H_0 は棄却されない．

問題 5.4　帰無仮説 $H_0 : \mu_1 = \mu_2$ v.s. 対立仮説 $H_1 : \mu_1 > \mu_2$ を有意水準 5%で検定する．データより

$$\overline{x} = 72.80, \quad \overline{y} = 69.545$$

$$s_1 = \sum_{i=1}^{10}(x_i - \overline{x})^2 = 959.60, \quad s_2 = \sum_{i=1}^{12}(y_i - \overline{y})^2 = 1046.727$$

$$v = \frac{1}{10 + 11 - 2}(959.60 + 1046.727) = 105.596$$

したがって検定統計量 T_0 の実現値は

$$t_0 = \frac{\overline{x} - \overline{y}}{\sqrt{\left(\frac{1}{10} + \frac{1}{11}\right)v}} = 0.725$$

付表 3 より $t(19; 0.05) = 1.729$ であるから $t_0 \leqq t(19; 0.05)$ となり，有意水準 5%で H_0 は棄却されない．このデータから文系の方が理系より国語の学力があるとはいえない．

問題 6.1　対応する平方和を S_1, S_2 とすると，不偏分散の定義より $m = n$ だから

$$S_1 = \sum_{i=1}^{n}(X_i - \overline{X})^2 = (m-1)V_1, \quad S_2 = \sum_{i=1}^{n}(Y_i - \overline{Y})^2 = (m-1)V_2$$

である．また共通の不偏分散推定量の定義より

$$V = \frac{1}{m + m - 2}(S_1 + S_2) = \frac{1}{2(m-1)}\{(m-1)V_1 + (m-1)V_2\} = \frac{1}{2}(V_1 + V_2)$$

となる．最初と最後の項に $\frac{2}{m}$ を掛けると

$$\frac{2}{m}V = \frac{V_1}{m} + \frac{V_2}{m}$$

が成り立ち，求める等式となる．

問題 6.2　V_1, V_2 に対応する平方和を S_1, S_2 とすると，不偏分散の定義より

$$S_1 = \sum_{i=1}^{n}(X_i - \overline{X})^2 = (m-1)V_1, \quad S_2 = \sum_{i=1}^{n}(Y_i - \overline{Y})^2 = (n-1)V_2$$

である．また共通の不偏分散推定量の定義より $V_1 = V_2$ だから
$$V = \frac{1}{m+n-2}(S_1 + S_2) = \frac{1}{m+n-2}\{(m-1)V_1 + (n-1)V_1\} = V_1$$
となる．したがって
$$\frac{V_1}{m} + \frac{V_2}{n} = \frac{V_1}{m} + \frac{V_1}{n} = \left(\frac{1}{m} + \frac{1}{n}\right)V_1 = \left(\frac{1}{m} + \frac{1}{n}\right)V$$
が成り立ち，求める等式となる．

問題 6.3 共通の不偏分散推定量の実現値は
$$v = \frac{1}{10+12-2}(s_1 + s_2) = 0.551$$
となる．したがって検定統計量の実現値は
$$t_0 = \frac{65.78 - 64.1}{\sqrt{\left(\frac{1}{10} + \frac{1}{12}\right)0.551}} = 5.287$$
となる．$|t_0| \geq 2.086 = t(20; 0.025)$ であるから，有意水準 5% で帰無仮説 H_0 は棄却される．例題 5.6 の v_1, v_2 の値が近いこともあってそれほど違わない結果が出ている．

問題 6.4 帰無仮説 $H_0 : \mu_1 = \mu_2$ v.s. 対立仮説 $H_1 : \mu_1 > \mu_2$ を有意水準 5% で検定する．データより
$$\overline{x} = 97.636, \quad \overline{y} = 75.2, \quad v_1 = 233.455, \quad v_2 = 56.622$$
である．したがって検定統計量の実現値は
$$\tilde{t}_0 = \frac{\overline{x} - \overline{y}}{\sqrt{\frac{v_1}{11} + \frac{v_2}{10}}} = 4.327$$
となる．近似の自由度を求めると
$$d = \frac{\left(\frac{v_1}{11} + \frac{v_2}{10}\right)^2}{\left(\frac{v_1}{11}\right)^2/10 + \left(\frac{v_2}{10}\right)^2/9} = 14.872$$
だから $t(14.872; 0.05)$ の近似
$$t(14.872; 0.05) = 0.128 \times t(14; 0.05) + 0.872 \times t(15; 0.05) = 1.754$$
が得られる．$\tilde{t}_0 \geq t(14.872; 0.05)$ であるから，有意水準 5% で仮説 H_0 は棄却される．洗浄化処理は有効と判断される．

問題 7.1 それぞれの分散の不偏推定量は
$$V_1 = \frac{1}{m-1}\sum_{i=1}^{m}(X_i - \overline{X})^2, \quad V_2 = \frac{1}{n-1}\sum_{i=1}^{n}(Y_i - \overline{Y})^2$$
とすると，帰無仮説 $H_0 : \sigma_1^2 = \sigma_2^2$ が正しいとき
$$F_0 = \frac{V_1}{V_2}$$
は自由度 $(m-1, n-1)$ の F-分布にしたがう．また対立仮説が正しいとき V_1 の方が V_2 より大きくなく確率が大である．したがって実現値 f_0 と F-分布の上側 α-点 $F(m-1, n-1; \alpha)$ に対して $f_0 \geq F(m-1, n-1; \alpha)$ のとき有意水準 α で帰無仮説

H_0 を棄却し，$f_0 < F(m-1, n-1; \alpha)$ のとき棄却しないという片側検定が求めるものである．

問題 7.2 帰無仮説 $H_0 : \sigma_1^2 = \sigma_2^2$ v.s. 対立仮説 $H_1 : \sigma_1^2 \neq \sigma_2^2$ を有意水準 5% で検定する．不偏分散の実現値は

$$v_1 = \frac{s_1}{14} = 8.857, \quad v_2 = \frac{s_2}{16} = 15.875$$

となるから，大きい方の値を分子にもっていくと

$$f_0 = \frac{15.875}{8.857} = 1.792$$

となる．$F(16, 14; 0.025) = 2.923$ より $f_0 < F(16, 14; 0.025)$ となり，有意水準 5% で帰無仮説 H_0 は棄却されない．現在の段階では分散が異なるとはいえない．

問題 7.3 正規分布の性質より $\frac{X_i - \mu_1}{\sigma_1} \sim N(0, 1)$ である．したがって

$$\sum_{i=1}^{m} \frac{(X_i - \mu_1)^2}{\sigma_1^2} \quad \sim \quad \text{自由度 } m \text{ の} \chi^2\text{-分布}$$

となる．同様に

$$\sum_{i=1}^{n} \frac{(Y_i - \mu_2)^2}{\sigma_2^2} \quad \sim \quad \text{自由度 } n \text{ の} \chi^2\text{-分布}$$

である．これを利用すると帰無仮説 H_0 が正しいときに

$$F_0 = \frac{\frac{1}{m}\sum_{i=1}^{m}(X_i - \mu_1)^2}{\frac{1}{n}\sum_{i=1}^{n}(Y_i - \mu_2)^2} = \frac{V_1^*}{V_2^*}$$

は自由度 (m, n) の F-分布にしたがう．したがって検定統計量の実現値に対して $f_0 \leq F(m, n; 1 - \frac{\alpha}{2})$ または $F(m, n; \frac{\alpha}{2}) \leq f_0$ のとき帰無仮説 H_0 を棄却する検定が構成できる．

問題 8.1 帰無仮説 $H_0 : \mu_1 = \mu_2$ v.s. 対立仮説 $H_1 : \mu_1 > \mu_2$ を有意水準 5% で検定する．データより

$$\bar{z} = 2.933, \quad s_z = 300.933, \quad v_z = 21.495$$

となる．したがって検定統計量の実現値は

$$t_0 = \frac{2.933}{\sqrt{21.495/15}} = 2.450$$

である．$t(14; 0.05) = 1.761$ であるから有意水準 5% で帰無仮説 H_0 は棄却される．すなわち降圧剤は効果があるといえる．

問題 8.2 帰無仮説 $H_0 : \mu_1 = \mu_2$ v.s. 対立仮説 $H_1 : \mu_1 \neq \mu_2$ を有意水準 5% で検定する．巻き始めから巻き終わりを引くと

フィルム	1	2	3	4	5	6	7	8	9	10
$z = x - y$	0	1	1	2	0	-1	1	2	-3	-4

となる．したがって
$$\overline{z} = -0.1, \quad v_z = \frac{1}{9}\sum_{i=1}^{10}(z_i - \overline{z})^2 = 4.1$$
となる．したがって検定統計量の実現値は
$$t_0 = \frac{\overline{z}}{\sqrt{v_z/10}} = \frac{-0.1}{\sqrt{0.41}} = -0.156$$
である．付表 3 より $t(9; 0.025) = 2.262$ だから $|t_0| < t(9; 0.025)$ となり，有意水準 5% で帰無仮説 H_0 は棄却されない．いまのところ差がないといえる．

問題 8.3 帰無仮説 $H_0 : p = 0.03$ v.s. 対立仮説 $H_1 : p > 0.03$ を有意水準 5% で検定する．データより検定統計量の実現値は
$$u_0 = \frac{18 - 300 \times 0.03}{\sqrt{300 \times 0.03 \times (1 - 0.03)}} = 3.046$$
である．$z_{0.05} = 1.645$ より有意水準 5% で帰無仮説 H_0 は棄却される．不良率は大きくなったといえる．

母不良率の信頼係数 95% の信頼区間を求めると $\overline{p} = \frac{x}{n} = 0.06$ だから
$$\frac{x}{n} - z_{0.025}\sqrt{\frac{\overline{p}(1-\overline{p})}{n}} \leqq p \leqq \frac{x}{n} + z_{0.025}\sqrt{\frac{\overline{p}(1-\overline{p})}{n}}$$
$$0.06 - 1.96 \times \sqrt{\frac{0.06 \times 0.94}{300}} \leqq p \leqq 0.06 + 1.96 \times \sqrt{\frac{0.06 \times 0.94}{300}}$$
$$0.0331 \leqq p \leqq 0.0869$$
となる．

問題 8.4 帰無仮説 $H_0 : p_1 = p_2$ v.s. 対立仮説 $H_1 : p_1 \neq p_2$ を有意水準 5% で検定する．データより検定統計量の実現値は
$$\overline{p} = \frac{4+5}{300+200} = 0.018$$
だから $u_0 = \dfrac{4/300 - 5/200}{\sqrt{\overline{p}(1-\overline{p})(\frac{1}{300} + \frac{1}{200})}} = -0.961$ となる．$|u_0| < 1.96 = z_{0.025}$ だから有意水準 5% で帰無仮説 H_0 は棄却されない．いまのところ不良率に差があるとはいえない．

問題 9.1 「帰無仮説 H_0：曜日によって事故の起きる確率は変わらない v.s 対立仮説 H_1：曜日によって事故の起きる確率は変わる」を有意水準 5% で検定する．帰無仮説の下で事故の起こる確率は各曜日 $\dfrac{1}{7}$ になるから，期待度数は $98 \times \dfrac{1}{7} = 14$ である．したがって検定統計量の実現値は
$$\chi_0^2 = \frac{1}{14} \times \{(21-14)^2 + (13-14)^2 + \cdots + (18-14)^2\} = 8.429$$
である．付表 4 より $\chi^2(6; 0.05) = 12.592$ であるから，$\chi_0^2 < \chi^2(6; 0.05)$ となり有意水準 5% で帰無仮説 H_0 は棄却されない．このデータでは曜日によって違いがあるとはいえない．

問題 9.2 「帰無仮説 H_0：出現確率は $9:3:3:1$ である v.s. 対立仮説 H_1：出現確率は $9:3:3:1$ ではない」を有意水準 5% で検定する．431 に出現確率を掛けて期待度数を求めると，検定統計量の実現値は

$$\chi_0^2 = \frac{(231-242.438)^2}{242.438} + \frac{(78-80.813)^2}{80.813} + \frac{(90-80.813)^2}{80.813} + \frac{(32-26.938)^2}{26.938}$$
$$= 2.633$$

である．付表 4 より $\chi^2(3; 0.05) = 7.815$ であるから，$\chi_0^2 < \chi^2(3; 0.05)$ となり有意水準 5% で帰無仮説 H_0 は棄却されない．メンデルの法則が間違いとはいえない．

問題 9.3 「帰無仮説 H_0：二項分布にしたがう v.s. 対立仮説 H_1：二項分布にしたがわない」を有意水準 5% で検定する．二項分布 $B(n,p)$ にしたがうとして p の推定値を求める．1 個ずつ投げたと考えると全部で 5×200 個の画鋲を投げたことになるから，1000 個の中で上を向いた個数の割合が p の推定値となる．よって

$$\widehat{p} = \frac{1}{1000} \times (0 \times 0 + 1 \times 4 + 2 \times 21 + 3 \times 75 + 4 \times 61 + 5 \times 39) = 0.71$$

となる．したがって 5 個の中で上を向く個数の確率を求めることができるから，200 回繰り返したときの期待度数は

$$e_0 = 200 \times {}_5C_0 \widehat{p}^0 (1-\widehat{p})^5 = 0.410, \quad e_1 = 200 \times {}_5C_1 \widehat{p}^1 (1-\widehat{p})^4 = 5.022$$
$$e_2 = 200 \times {}_5C_2 \widehat{p}^2 (1-\widehat{p})^3 = 24.589, \quad e_3 = 200 \times {}_5C_3 \widehat{p}^3 (1-\widehat{p})^2 = 60.201$$
$$e_4 = 200 \times {}_5C_4 \widehat{p}^4 (1-\widehat{p})^1 = 73.694, \quad e_5 = 200 \times {}_5C_5 \widehat{p}^5 (1-\widehat{p})^0 = 36.085$$

となる．e_0, e_1 をプールして検定統計量の実現値を求めると

$$\chi_0^2 = \frac{(4-5.432)^2}{5.432} + \frac{(21-24.589)^2}{24.589} + \cdots + \frac{(39-36.085)^2}{36.085} = 6.961$$

である．1 個の母数を推定したから自由度は $5-1-1$ となる．$\chi^2(3; 0.05) = 7.815$ と比較すると，有意水準 5% で帰無仮説 H_0 は棄却されない．二項分布にしたがわないとはいえない．

問題 10.1 例題 5.10 より検出力を 0.9 以上にするには $\mu = 1$ だから付表 2 より

$$\sqrt{n}\mu - 1.645 \geqq 1.282, \quad \sqrt{n} - 1.645 \geqq 1.282$$

を満たせばよい．したがって $\sqrt{n} \geqq 2.927$, $n \geqq 8.567$ となるから，標本数は 9 以上であればよい．

問題 10.2 例題 5.10 と同様にすると検出力を 0.9 以上にするためには付表 2 より

$$\frac{\sqrt{n}}{2}\mu - 1.645 \geqq 1.282, \quad \frac{\sqrt{n}}{2} - 1.645 \geqq 1.282$$

を満たせばよい．したがって $\sqrt{n} \geqq 5.854$, $n \geqq 34.269$ となるから，標本数は 35 以上であればよい．

問題 10.3 付表 4 より $\chi^2(9; 0.975) = 2.7004$, $\chi^2(9; 0.025) = 19.023$ である．帰無仮説 $H_0 : \sigma^2 = 0.5$ v.s. 対立仮説 $H_1 : \sigma^2 \neq 0.5$ を有意水準 5% で検定する．データより $s = 12.6$ だから，$\frac{s}{0.5} = 25.2 \geqq \chi^2(9; 0.025)$ となり有意水準 5% で帰無仮説 H_0 は棄却される．また母分散の信頼係数 95% の信頼区間は

$$\frac{s}{\chi^2(9; 0.025)} \leqq \sigma^2 \leqq \frac{s}{\chi^2(9; 0.975)}, \quad 0.662 \leqq \sigma^2 \leqq 4.666$$

となる．この信頼区間には帰無仮説 $H_0 : \sigma^2 = 0.5$ は含まれていない．検定と信頼区間の関係を保っている．

問題 10.4 帰無仮説 $H_0 : \mu = 75.0$ v.s. 対立仮説 $H_1 : \mu \neq 75.0$ を有意水準 5% で検定する.データより

$$\bar{x} = 74.44, \quad s = 9.144, \quad v = 1.016$$

となる.したがって検定統計量の実現値は

$$t_0 = \frac{\sqrt{10} \times (74.44 - 75.0)}{\sqrt{1.016}} = -1.757$$

である.よって $|t_0| < 2.262 = t(9; 0.025)$ となり,有意水準 5% で帰無仮説 H_0 は棄却されない.また母平均の信頼係数 95% の信頼区間は

$$\bar{x} - t(9; 0.025)\sqrt{\frac{v}{10}} \leqq \mu \leqq \bar{x} + t(9; 0.025)\sqrt{\frac{v}{10}}$$

$$73.719 \leqq \mu \leqq 75.161$$

となる.この信頼区間には帰無仮説 $H_0 : \mu = 75.0$ が含まれている.検定と信頼区間の関係は保たれている.

問題 11.1 S_T の式で $\overline{X}_{i\cdot}$ を入れて変形すると

$$\begin{aligned} S_T &= \sum_{i=1}^{a}\sum_{j=1}^{n}(X_{ij} - \overline{X}_{i\cdot} + \overline{X}_{i\cdot} - \overline{X}_{\cdot\cdot})^2 \\ &= \sum_{i=1}^{a}\sum_{j=1}^{n}(X_{ij} - \overline{X}_{i\cdot})^2 + 2\sum_{i=1}^{a}\sum_{j=1}^{n}(X_{ij} - \overline{X}_{i\cdot})(\overline{X}_{i\cdot} - \overline{X}_{\cdot\cdot}) \\ &\quad + \sum_{i=1}^{a}\sum_{j=1}^{n}(\overline{X}_{i\cdot} - \overline{X}_{\cdot\cdot})^2 \end{aligned}$$

となる.ここで $n\overline{X}_{i\cdot} = \sum_{j=1}^{n} X_{ij}$ であるから

$$\begin{aligned} &2\sum_{i=1}^{a}\sum_{j=1}^{n}(X_{ij} - \overline{X}_{i\cdot})(\overline{X}_{i\cdot} - \overline{X}_{\cdot\cdot}) \\ &= 2\sum_{i=1}^{a}\left\{(\overline{X}_{i\cdot} - \overline{X}_{\cdot\cdot})\sum_{j=1}^{n}(X_{ij} - \overline{X}_{i\cdot})\right\} \\ &= 2\sum_{i=1}^{a}\left\{(\overline{X}_{i\cdot} - \overline{X}_{\cdot\cdot})\left(\sum_{j=1}^{n}X_{ij} - n\overline{X}_{i\cdot}\right)\right\} = 0 \end{aligned}$$

したがって

$$S_T = \sum_{i=1}^{a}\sum_{j=1}^{n}(X_{ij} - \overline{X}_{i\cdot})^2 + \sum_{i=1}^{a}\sum_{j=1}^{n}(\overline{X}_{i\cdot} - \overline{X}_{\cdot\cdot})^2 = S_A + S_e$$

が成り立つ.

問題 11.2 $X_{ij} = \mu + \alpha_i + \varepsilon_{ij}$ より $\overline{X}_{i\cdot} = \mu + \alpha_i + \sum_{j=1}^{n}\varepsilon_{ij}/n$ である.したがって $\bar{\varepsilon}_{i\cdot} = \sum_{j=1}^{n}\varepsilon_{ij}/n$ とおくと

$$S_e = \sum_{i=1}^{a}\sum_{j=1}^{n}(\varepsilon_{ij} - \bar{\varepsilon}_{i\cdot})^2$$

となる.期待値の線形性より $E(S_e) = anE[(\varepsilon_{ij} - \bar{\varepsilon}_{i\cdot})^2]$ である.ここで

となる．さらに $j \neq k$ のとき ε_{ij} と ε_{ik} は独立であるから

$$E[(\varepsilon_{ij} - \bar{\varepsilon}_{i.})^2] = E(\varepsilon_{ij}^2) - 2E(\varepsilon_{ij}\bar{\varepsilon}_{i.}) + E(\bar{\varepsilon}_{i.}^2)$$

$$E(\varepsilon_{ij}\bar{\varepsilon}_{i.}) = \frac{1}{n}\sum_{k=1}^{n} E(\varepsilon_{ij}\varepsilon_{ik}) = \frac{1}{n}E(\varepsilon_{ij}^2) + \sum_{j \neq k} E(\varepsilon_{ij})E(\varepsilon_{ik}) = \frac{1}{n}\sigma_e^2$$

となる．同様にして

$$E(\bar{\varepsilon}_{i.}^2) = \frac{1}{n^2}\sum_{j=1}^{n}\sum_{k=1}^{n} E(\varepsilon_{ij}\varepsilon_{ik}) = \frac{1}{n^2}\sum_{j=1}^{n} E(\varepsilon_{ij}\varepsilon_{ij}) = \frac{1}{n}\sigma_e^2$$

が得られる．以上より

$$E(S_e) = an\sigma_e^2\left(1 - \frac{2}{n} + \frac{1}{n}\right) = a(n-1)\sigma_e^2$$

となる．したがって期待値の線形性より $E(V_e) = \dfrac{1}{a(n-1)}E(S_e) = \sigma_e^2$ が成り立つ．

次に帰無仮説の下での S_A の期待値を求める．$\alpha_i = 0$ $(i = 1, 2, \cdots, a)$ であるから $\overline{X}_{i.} - \overline{X}_{..} = \bar{\varepsilon}_{i.} - \bar{\varepsilon}_{..}$ となる．ここで $\bar{\varepsilon}_{..} = \displaystyle\sum_{i=1}^{a}\sum_{j=1}^{n} \varepsilon_{ij}$ である．これを利用して

$$E[(\bar{\varepsilon}_{i.} - \bar{\varepsilon}_{..})^2] = E[(\bar{\varepsilon}_{i.})^2] - 2E(\bar{\varepsilon}_{i.}\bar{\varepsilon}_{..}) + E[(\bar{\varepsilon}_{..})^2]$$

と変形する．$\bar{\varepsilon}_{..} = \displaystyle\sum_{j=1}^{a} \bar{\varepsilon}_{j.}/a$ に注意すると $i \neq j$ のとき $\bar{\varepsilon}_{i.}$ と $\bar{\varepsilon}_{j.}$ は独立だから

$$E(\bar{\varepsilon}_{i.}\bar{\varepsilon}_{..}) = \frac{1}{a}E(\bar{\varepsilon}_{i.}^2) = \frac{1}{an}\sigma_e^2$$

が得られる．同様にして

$$E[(\bar{\varepsilon}_{..})^2] = \frac{1}{a^2}\sum_{i=1}^{a} E(\bar{\varepsilon}_{i.}^2) = \frac{1}{an}\sigma_e^2$$

となる．したがって

$$E(S_A) = anE[(\bar{\varepsilon}_{i.} - \bar{\varepsilon}_{..})^2] = an\left(\frac{1}{n}\sigma_e^2 - 2\frac{1}{an}\sigma_e^2 + \frac{1}{an}\sigma_e^2\right) = (a-1)\sigma_e^2$$

となる．よって帰無仮説 H_0 の下で $E(S_A) = (a-1)\sigma_e^2$ である．したがって

$$E(V_A) = \frac{1}{a-1}E(S_A) = \sigma_e^2$$

となる．

問題 11.3 分散分析表を作ると

要因	平方和	自由度	不偏分散	分散比
s_A	14.65	4	3.663	4.057*
s_e	13.54	15	0.903	
s_T	28.19	19		

統計的検定では肩付きの * は有意水準 5%で棄却されることを表す．

付表 5 より $F(4, 15; 0.05) = 3.056$, $F(4, 15; 0.01) = 4.893$ だから，要因 A は有意である．A の水準による違いがある．

問題 12.1 S_T に $\overline{X}_{i.}, \overline{X}_{.j}, \overline{X}_{..}$ を挟んで展開すると

$$S_T = \sum_{i=1}^{a}\sum_{j=1}^{b}(X_{ij} - \overline{X}_{..})^2$$
$$= \sum_{i=1}^{a}\sum_{j=1}^{b}\{X_{ij} - \overline{X}_{i\cdot} - \overline{X}_{\cdot j} + \overline{X}_{..} + (\overline{X}_{i\cdot} - \overline{X}_{..}) + (\overline{X}_{\cdot j} - \overline{X}_{..})\}^2$$
$$= S_e + S_A + S_B + 2\sum_{i=1}^{a}\sum_{j=1}^{b}(X_{ij} - \overline{X}_{i\cdot} - \overline{X}_{\cdot j} + \overline{X}_{..})(\overline{X}_{i\cdot} - \overline{X}_{..})$$
$$+ 2\sum_{i=1}^{a}\sum_{j=1}^{b}(X_{ij} - \overline{X}_{i\cdot} - \overline{X}_{\cdot j} + \overline{X}_{..})(\overline{X}_{\cdot j} - \overline{X}_{..})$$
$$+ 2\sum_{i=1}^{a}\sum_{j=1}^{b}(\overline{X}_{i\cdot} - \overline{X}_{..})(\overline{X}_{\cdot j} - \overline{X}_{..})$$

となる．ここで $\sum_{j=1}^{b} X_{ij} = b\overline{X}_{i\cdot}$, $\sum_{i=1}^{a}\overline{X}_{i\cdot} = a\overline{X}_{..}$ となることに注意すると

$$\sum_{i=1}^{a}\sum_{j=1}^{b}(X_{ij} - \overline{X}_{i\cdot} - \overline{X}_{\cdot j} + \overline{X}_{..})(\overline{X}_{i\cdot} - \overline{X}_{..})$$
$$= \sum_{i=1}^{a}\sum_{j=1}^{b}(X_{ij} - \overline{X}_{i\cdot})(\overline{X}_{i\cdot} - \overline{X}_{..}) - \sum_{i=1}^{a}\sum_{j=1}^{b}(\overline{X}_{\cdot j} - \overline{X}_{..})(\overline{X}_{i\cdot} - \overline{X}_{..})$$
$$= \sum_{i=1}^{a}\left\{(\overline{X}_{i\cdot} - \overline{X}_{..})\sum_{j=1}^{b}(X_{ij} - \overline{X}_{i\cdot})\right\} - \sum_{j=1}^{b}\left\{(\overline{X}_{\cdot j} - \overline{X}_{..})\sum_{i=1}^{a}(\overline{X}_{i\cdot} - \overline{X}_{..})\right\}$$
$$= 0$$

が成り立つ．同様に
$$\sum_{i=1}^{a}\sum_{j=1}^{b}(X_{ij} - \overline{X}_{i\cdot} - \overline{X}_{\cdot j} + \overline{X}_{..})(\overline{X}_{\cdot j} - \overline{X}_{..}) = 0$$
$$\sum_{i=1}^{a}\sum_{j=1}^{b}(\overline{X}_{i\cdot} - \overline{X}_{..})(\overline{X}_{\cdot j} - \overline{X}_{..}) = 0$$

となるから等式が成り立つ．

問題 12.2 S_T の定義より
$$S_T = \sum_{i=1}^{a}\sum_{j=1}^{b}(X_{ij}^2 - 2X_{ij}\overline{X}_{..} + \overline{X}_{..}^2)$$
$$= \sum_{i=1}^{a}\sum_{j=1}^{b}X_{ij}^2 - 2\overline{X}_{..}\sum_{i=1}^{a}\sum_{j=1}^{b}X_{ij} + ab\overline{X}_{..}^2$$
$$= \sum_{i=1}^{a}\sum_{j=1}^{b}X_{ij}^2 - 2ab\overline{X}_{..}^2 + ab\overline{X}_{..}^2 = \sum_{i=1}^{a}\sum_{j=1}^{b}X_{ij}^2 - ab\overline{X}_{..}^2$$

となる．ここで
$$ab\overline{X}_{..}^2 = ab\left(\frac{1}{ab}\sum_{i=1}^{a}\sum_{j=1}^{b}X_{ij}\right)^2 = \frac{1}{ab}\left(\sum_{i=1}^{a}\sum_{j=1}^{b}X_{ij}\right)^2 = CT$$

であるから，等式が成り立つ．

同様にして
$$S_A = \sum_{i=1}^{a}\sum_{j=1}^{b}(\overline{X}_{i\cdot} - \overline{X}_{..})^2 = b\sum_{i=1}^{a}\overline{X}_{i\cdot}^2 - 2b\overline{X}_{..}\sum_{i=1}^{a}\overline{X}_{i\cdot} + ab\overline{X}_{..}^2$$

と変形して $\sum_{i=1}^{a} \overline{X}_{i\cdot} = a\overline{X}_{\cdot\cdot}$ であるから

$$S_A = \frac{1}{b}\sum_{i=1}^{a}\left(\sum_{j=1}^{b} X_{ij}\right)^2 - CT$$

となる.

問題 12.3 分散分析表を作ると

要因	平方和	自由度	不偏分散	分散比
s_A	0.724	3	0.241	4.079
s_B	2.642	2	1.321	22.327**
s_e	0.355	6	0.059	
s_T	3.721	11		

付表 5 より $F(3,6;0.05) = 4.757$, $F(2,6;0.01) = 10.92$ だから，要因 A は有意ではないが要因 B は高度に有意である．原料による違いはないが方法による違いはある．

第 6 章

問題 1.1 任意の t に対して

$$k(t) = \sum_{i=1}^{n}\{t(x_i - \overline{x}) + (y_i - \overline{y})\}^2$$

を考えると

$$\begin{aligned}k(t) &= \sum_{i=1}^{n}\{t^2(x_i - \overline{x})^2 + 2t(x_i - \overline{x})(y_i - \overline{y}) + (y_i - \overline{y})^2\} \\ &= t^2 s_{xx} + 2t s_{xy} + s_{yy}\end{aligned}$$

となる．$k(t)$ を t の 2 次式としてみると，すべての t について $k(t)$ は 0 以上だから判別式は 0 以下となる．すなわち

$$s_{xy}^2 - s_{xx}s_{yy} \leq 0$$

となる．したがって移項して平方根をとれば求める不等式が成り立つ．

問題 1.2 条件より $\overline{y} = a\overline{x} + c$ だから

$$s_{xy} = \sum_{i=1}^{n}(x_i - \overline{x})(ax_i + c - a\overline{x} - c) = a s_{xx}$$

$$s_{yy} = \sum_{i=1}^{n}(ax_i + c - a\overline{x} - c)(ax_i + c - a\overline{x} - c) = a^2 s_{xx}$$

となる．したがって

$$r = \frac{a s_{xx}}{\sqrt{s_{xx} a^2 s_{xx}}} = \frac{a}{|a|}$$

が成り立つ．よって $|r| = 1$ となる．

問題 1.3 帰無仮説 $H_0: \rho = 0$ v.s. 対立仮説 $H_1: \rho \neq 0$ を有意水準 5% で検定する．それぞれの統計量の実現値より

$$r = \frac{94.76}{\sqrt{7.904 \times 1762.9}} = 0.803$$

したがって検定統計量の実現値は

$$\left| \frac{\sqrt{8}\, r}{\sqrt{1-r^2}} \right| = 3.808$$

付表 3 より $t(8; 0.025) = 2.306$ だから有意水準 5% で帰無仮説は棄却される．添加剤と抽出量には関係があるといえる．

問題 1.4 帰無仮説 $H_0 : \rho = 0$ v.s. 対立仮説 $H_1 : \rho \neq 0$ を有意水準 5% で検定する．データよりそれぞれの統計量の実現値を求めると

$$s_{xx} = 684.1, \quad s_{yy} = 13.609, \quad s_{xy} = 86.57$$

だから

$$r = \frac{86.57}{\sqrt{684.1 \times 13.609}} = 0.897$$

したがって検定統計量の実現値は

$$\left| \frac{\sqrt{8}\, r}{\sqrt{1-r^2}} \right| = 5.747$$

付表 3 より $t(8; 0.025) = 2.306$ だから有意水準 5% で帰無仮説 H_0 は棄却される．反応温度と粘度には関係があるといえる．

問題 2.1 式 (6.2) より

$$Z = \frac{1}{2} \log \frac{1+R}{1-R}, \quad 2Z = \log \frac{1+R}{1-R}$$

両辺の exp をとると

$$e^{2Z} = \frac{1+R}{1-R}, \qquad (1-R)e^{2Z} = 1+R$$

$$e^{2Z} - 1 = R(e^{2Z} + 1), \quad R = \frac{e^{2Z}-1}{e^{2Z}+1}$$

が成り立ち，逆変換が求まる．

問題 2.2 例題 6.1 より

$$r = 0.766, \quad z = \frac{1}{2} \log \frac{1+r}{1-r} = 1.011$$

となる．よって

$$z_1 = 0.357, \qquad z_2 = 1.664$$

$$\frac{e^{2z_1}-1}{e^{2z_1}+1} = 0.343, \quad \frac{e^{2z_2}-1}{e^{2z_2}+1} = 0.931$$

である．したがって信頼係数 95% の信頼区間は $0.343 \leqq \rho \leqq 0.931$ となる．

次に帰無仮説 $H_0 : \rho = 0.5$ v.s. 対立仮説 $H_1 : \rho \neq 0.5$ を有意水準 5% で検定する． $\zeta_0 = \frac{1}{2} \log \frac{1+0.5}{1-0.5} = 0.549$ だから

$$u_0 = \sqrt{9}(z - \zeta_0) = 1.384$$

よって $|u_0| \leq 1.96 = z_{0.025}$ となり,有意水準 5% で帰無仮説 H_0 は棄却されない.

問題 2.3 データより
$$s_{xx} = 700, \quad s_{yy} = 15.337, \quad s_{xy} = 71.1$$
である.したがって $r = \dfrac{s_{xy}}{\sqrt{s_{xx}s_{yy}}} = 0.686$ であるから
$$z = \frac{1}{2}\log\frac{1+r}{1-r} = 0.841, \quad z_1 = 0.187, \quad z_2 = 1.494$$
よって母相関係数 ρ の信頼係数 95% の信頼区間は $0.185 \leq \rho \leq 0.904$ である.

問題 3.1 B_1 の期待値から求める.定義と期待値の線形性より $E(Y_i) = \beta_0 + \beta_1 x_i$ であるから

$$E(B_1) = \frac{1}{s_{xx}}E(S_{xy})$$
$$= \frac{1}{s_{xx}}\left\{\sum_{i=1}^{n} x_i E(Y_i) - \frac{1}{n}\sum_{i=1}^{n} x_i \sum_{i=1}^{n} E(Y_i)\right\}$$
$$= \frac{1}{s_{xx}}\left\{\sum_{i=1}^{n} x_i(\beta_0 + \beta_1 x_i) - \frac{1}{n}\sum_{i=1}^{n} x_i \sum_{i=1}^{n}(\beta_0 + \beta_1 x_i)\right\}$$
$$= \frac{\beta_0}{s_{xx}}\sum_{i=1}^{n} x_i + \frac{\beta_1}{s_{xx}}\sum_{i=1}^{n} x_i^2 - \frac{1}{ns_{xx}}\left(\sum_{i=1}^{n} x_i\right)\sum_{i=1}^{n}\beta_0 - \frac{\beta_1}{ns_{xx}}\left(\sum_{i=1}^{n} x_i\right)\left(\sum_{i=1}^{n} x_i\right)$$
$$= \frac{\beta_1}{s_{xx}}\left\{\sum_{i=1}^{n} x_i^2 - \frac{\left(\sum_{i=1}^{n} x_i\right)\left(\sum_{i=1}^{n} x_i\right)}{n}\right\} = \beta_1$$

上述の結果から
$$E(B_0) = E(\overline{Y}) - E(B_1)\overline{x} = \frac{1}{n}\sum_{i=1}^{n}(\beta_0 + \beta_1 x_i) - \beta_1\overline{x} = \beta_0 + \beta_1\overline{x} - \beta_1\overline{x} = \beta_0$$

問題 3.2 まず式 (6.6) について示す.$B_0 = \overline{Y} - B_1\overline{x}$ であるから
$$S_e = \sum_{i=1}^{n}(Y_i - B_0 - B_1 x_i)^2 = \sum_{i=1}^{n}(Y_i - \overline{Y} + B_1\overline{x} - B_1 x_i)^2$$
$$= \sum_{i=1}^{n}(Y_i - \overline{Y})^2 - 2B_1\sum_{i=1}^{n}(Y_i - \overline{Y})(x_i - \overline{x}) + B_1^2\sum_{i=1}^{n}(x_i - \overline{x})^2$$

さらに
$$2B_1\sum_{i=1}^{n}(Y_i - \overline{Y})(x_i - \overline{x}) = 2B_1 S_{xy} = 2\frac{S_{xy}^2}{s_{xx}},$$
$$B_1^2\sum_{i=1}^{n}(x_i - \overline{x})^2 = \frac{S_{xy}^2}{s_{xx}^2}s_{xx} = \frac{S_{xy}^2}{s_{xx}}$$

となるから $S_e = \sum_{i=1}^{n}(Y_i - \overline{Y})^2 - \dfrac{S_{xy}^2}{s_{xx}}$ が成り立つ.

後半の式 (6.7) を示す.定義より

$$S_{yy} = \sum_{i=1}^{n}(Y_i - B_0 - B_1 x_i + B_0 + B_1 x_i - \overline{Y})^2$$

$$= \sum_{i=1}^{n}(Y_i - B_0 - B_1 x_i)^2 + 2\sum_{i=1}^{n}(Y_i - B_0 - B_1 x_i)(B_0 + B_1 x_i - \overline{Y})$$

$$+ \sum_{i=1}^{n}(B_0 + B_1 x_i - \overline{Y})^2$$

となる．ここで $B_0 = \overline{Y} - B_1\overline{x}$ であることに注意すると

$$\sum_{i=1}^{n}(Y_i - B_0 - B_1 x_i)(B_0 + B_1 x_i - \overline{Y})$$

$$= \sum_{i=1}^{n}(Y_i - B_0 - B_1 x_i)(\overline{Y} - B_1\overline{x} + B_1 x_i - \overline{Y})$$

$$= B_1\sum_{i=1}^{n}(Y_i - \overline{Y})(x_i - \overline{x}) - B_1^2\sum_{i=1}^{n}(x_i - \overline{x})^2$$

$$= \frac{S_{xy}}{s_{xx}}S_{xy} - \frac{S_{xy}^2}{s_{xx}^2}s_{xx} = 0$$

である．したがって式 (6.7) が成り立つ．

問題 3.3 データより $\sum_{i=1}^{n} x_i = 380$, $\sum_{i=1}^{n} y_i = 800$ で

$$\sum_{i=1}^{n} x_i^2 = 14512, \quad \sum_{i=1}^{n} y_i^2 = 64080, \quad \sum_{i=1}^{n} x_i y_i = 30473$$

となる．したがって

$$\overline{x} = 38, \quad \overline{y} = 80, \quad s_{xx} = 72, \quad s_{yy} = 80, \quad s_{xy} = 73$$

であるから

$$b_1 = \frac{s_{xy}}{s_{xx}} = \frac{73}{72} = 1.014, \quad b_0 = \overline{y} - b_1\overline{x} = 80 - \frac{73}{72} \times 38 = 41.472$$

となる．よって首回り x に対する腕の長さ y の回帰直線は $y = 41.472 + 1.014x$ となる．

次に帰無仮説 $H_0 : \beta_1 = 0$ v.s. 対立仮説 $H_1 : \beta_1 \neq 0$ を有意水準 5% で検定する．ここで

$$s_e = s_{yy} - \frac{s_{xy}^2}{s_{xx}} = 5.986, \quad v_e = 0.748$$

となる．したがって検定統計量の実現値は

$$\left|\frac{b_1}{\sqrt{v_e/s_{xx}}}\right| = 9.947$$

付表 3 より $t(8; 0.025) = 2.306$ だから有意水準 5% で帰無仮説は棄却される．したがって首回りと腕の長さは関係があるといえる．

問題 4.1 与えられた数値を代入して

$$b_0 = \overline{y} - b_1\overline{x}_1 - b_2\overline{x}_2 = -9.926$$

$$b_1 = \frac{s_{x_2 x_2}s_{x_1 y} - s_{x_1 x_2}s_{x_2 y}}{s_{x_1 x_1}s_{x_2 x_2} - s_{x_1 x_2}^2} = 0.241$$

$$b_2 = \frac{s_{x_1 x_1}s_{x_2 y} - s_{x_1 x_2}s_{x_1 y}}{s_{x_1 x_1}s_{x_2 x_2} - s_{x_1 x_2}^2} = 0.652$$

となる．したがって求める回帰関数は
$$y = -9.926 + 0.241x_1 + 0.652x_2$$
である．

問題 4.2　データより
$$\bar{y} = 20.7, \quad \bar{x}_1 = 51.6, \quad \bar{x}_2 = 66.7$$
$$s_{x_1x_1} = 24.4, \quad s_{x_2x_2} = 32.1, \quad s_{yy} = 352.1$$
$$s_{x_1x_2} = 9.8, \quad s_{x_1y} = 56.8, \quad s_{x_2y} = -34.9$$

与えられた数値を代入して
$$b_0 = \bar{y} - b_1\bar{x}_1 - b_2\bar{x}_2 = -5.206$$
$$b_1 = \frac{s_{x_2x_2}s_{x_1y} - s_{x_1x_2}s_{x_2y}}{s_{x_1x_1}s_{x_2x_2} - s_{x_1x_2}^2} = 3.151$$
$$b_2 = \frac{s_{x_1x_1}s_{x_2y} - s_{x_1x_2}s_{x_1y}}{s_{x_1x_1}s_{x_2x_2} - s_{x_1x_2}^2} = -2.049$$

となる．したがって求める回帰関数は
$$y = -5.206 + 3.151x_1 - 2.049x_2$$
である．

付 表

付表1　正規分布の上側確率 α

$\alpha : P(Z \geq z) = \alpha$

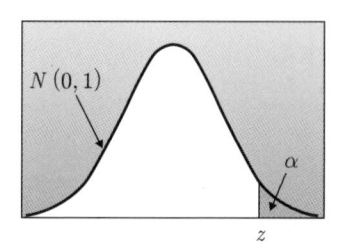

z	0.00	0.01	0.02	0.03	0.04	0.05	0.06	0.07	0.08	0.09
0.0	0.5000	0.4960	0.4920	0.4880	0.4840	0.4801	0.4761	0.4721	0.4681	0.4641
0.1	0.4602	0.4562	0.4522	0.4483	0.4443	0.4404	0.4364	0.4325	0.4286	0.4247
0.2	0.4207	0.4168	0.4129	0.4090	0.4052	0.4013	0.3974	0.3936	0.3897	0.3859
0.3	0.3821	0.3783	0.3745	0.3707	0.3669	0.3632	0.3594	0.3557	0.3520	0.3483
0.4	0.3446	0.3409	0.3372	0.3336	0.3300	0.3264	0.3228	0.3192	0.3156	0.3121
0.5	0.3085	0.3050	0.3015	0.2981	0.2946	0.2912	0.2877	0.2843	0.2810	0.2776
0.6	0.2743	0.2709	0.2676	0.2643	0.2611	0.2578	0.2546	0.2514	0.2483	0.2451
0.7	0.2420	0.2389	0.2358	0.2327	0.2296	0.2266	0.2236	0.2206	0.2177	0.2148
0.8	0.2119	0.2090	0.2061	0.2033	0.2005	0.1977	0.1949	0.1922	0.1894	0.1867
0.9	0.1841	0.1814	0.1788	0.1762	0.1736	0.1711	0.1685	0.1660	0.1635	0.1611
1.0	0.1587	0.1562	0.1539	0.1515	0.1492	0.1469	0.1446	0.1423	0.1401	0.1379
1.1	0.1357	0.1335	0.1314	0.1292	0.1271	0.1251	0.1230	0.1210	0.1190	0.1170
1.2	0.1151	0.1131	0.1112	0.1093	0.1075	0.1056	0.1038	0.1020	0.1003	0.0985
1.3	0.0968	0.0951	0.0934	0.0918	0.0901	0.0885	0.0869	0.0853	0.0838	0.0823
1.4	0.0808	0.0793	0.0778	0.0764	0.0749	0.0735	0.0721	0.0708	0.0694	0.0681
1.5	0.0668	0.0655	0.0643	0.0630	0.0618	0.0606	0.0594	0.0582	0.0571	0.0559
1.6	0.0548	0.0537	0.0526	0.0516	0.0505	0.0495	0.0485	0.0475	0.0465	0.0455
1.7	0.0446	0.0436	0.0427	0.0418	0.0409	0.0401	0.0392	0.0384	0.0375	0.0367
1.8	0.0359	0.0351	0.0344	0.0336	0.0329	0.0322	0.0314	0.0307	0.0301	0.0294
1.9	0.0287	0.0281	0.0274	0.0268	0.0262	0.0256	0.0250	0.0244	0.0239	0.0233
2.0	0.0228	0.0222	0.0217	0.0212	0.0207	0.0202	0.0197	0.0192	0.0188	0.0183
2.1	0.0179	0.0174	0.0170	0.0166	0.0162	0.0158	0.0154	0.0150	0.0146	0.0143
2.2	0.0139	0.0136	0.0132	0.0129	0.0125	0.0122	0.0119	0.0116	0.0113	0.0110
2.3	0.0107	0.0104	0.0102	0.0099	0.0096	0.0094	0.0091	0.0089	0.0087	0.0084
2.4	0.0082	0.0080	0.0078	0.0075	0.0073	0.0071	0.0069	0.0068	0.0066	0.0064
2.5	0.0062	0.0060	0.0059	0.0057	0.0055	0.0054	0.0052	0.0051	0.0049	0.0048
2.6	0.0047	0.0045	0.0044	0.0043	0.0041	0.0040	0.0039	0.0038	0.0037	0.0036
2.7	0.0035	0.0034	0.0033	0.0032	0.0031	0.0030	0.0029	0.0028	0.0027	0.0026
2.8	0.0026	0.0025	0.0024	0.0023	0.0023	0.0022	0.0021	0.0021	0.0020	0.0019
2.9	0.0019	0.0018	0.0018	0.0017	0.0016	0.0016	0.0015	0.0015	0.0014	0.0014
3.0	0.0013	0.0013	0.0013	0.0012	0.0012	0.0011	0.0011	0.0011	0.0010	0.0010
3.1	0.0010	0.0009	0.0009	0.0009	0.0008	0.0008	0.0008	0.0008	0.0007	0.0007
3.2	0.0007	0.0007	0.0006	0.0006	0.0006	0.0006	0.0006	0.0005	0.0005	0.0005
3.3	0.0005	0.0005	0.0005	0.0004	0.0004	0.0004	0.0004	0.0004	0.0004	0.0003
3.4	0.0003	0.0003	0.0003	0.0003	0.0003	0.0003	0.0003	0.0003	0.0003	0.0002
3.5	0.0002	0.0002	0.0002	0.0002	0.0002	0.0002	0.0002	0.0002	0.0002	0.0002
3.6	0.0002	0.0002	0.0001	0.0001	0.0001	0.0001	0.0001	0.0001	0.0001	0.0001
3.7	0.0001	0.0001	0.0001	0.0001	0.0001	0.0001	0.0001	0.0001	0.0001	0.0001

付表 2　正規分布の上側 α-点 z_α

$z_\alpha\ :\ P(Z \geq z_\alpha) = \alpha$

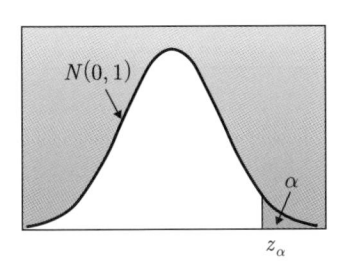

α	0.20	0.15	0.10	0.05	0.025	0.01	0.005
z_α	0.8416	1.0364	1.2816	1.6449	1.9600	2.3263	2.5758

付表 3　t-分布の上側確率 α-点 $t(n;\alpha)$

$t(n;\alpha)\ :\ P\bigl(T \geq t(n;\alpha)\bigr) = \alpha$

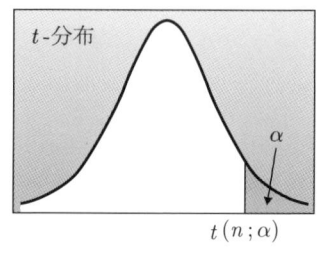

α \\ n	0.1	0.050	0.025	0.010	0.005
1	3.078	6.314	12.706	31.821	63.657
2	1.886	2.920	4.303	6.965	9.925
3	1.638	2.353	3.182	4.541	5.841
4	1.533	2.132	2.776	3.747	4.604
5	1.476	2.015	2.571	3.365	4.032
6	1.440	1.943	2.447	3.143	3.707
7	1.415	1.895	2.365	2.998	3.499
8	1.397	1.860	2.306	2.896	3.355
9	1.383	1.833	2.262	2.821	3.250
10	1.372	1.812	2.228	2.764	3.169
11	1.363	1.796	2.201	2.718	3.106
12	1.356	1.782	2.179	2.681	3.055
13	1.350	1.771	2.160	2.650	3.012
14	1.345	1.761	2.145	2.624	2.977
15	1.341	1.753	2.131	2.602	2.947
16	1.337	1.746	2.120	2.583	2.921
17	1.333	1.740	2.110	2.567	2.898
18	1.330	1.734	2.101	2.552	2.878
19	1.328	1.729	2.093	2.539	2.861
20	1.325	1.725	2.086	2.528	2.845
21	1.323	1.721	2.080	2.518	2.831
22	1.321	1.717	2.074	2.508	2.819
23	1.319	1.714	2.069	2.500	2.807
24	1.318	1.711	2.064	2.492	2.797
25	1.316	1.708	2.060	2.485	2.787
26	1.315	1.706	2.056	2.479	2.779
27	1.314	1.703	2.052	2.473	2.771
28	1.313	1.701	2.048	2.467	2.763
29	1.311	1.699	2.045	2.462	2.756
30	1.310	1.697	2.042	2.457	2.750
31	1.309	1.696	2.040	2.453	2.744
32	1.309	1.694	2.037	2.449	2.738
33	1.308	1.692	2.035	2.445	2.733
34	1.307	1.691	2.032	2.441	2.728
35	1.306	1.690	2.030	2.438	2.724
36	1.306	1.688	2.028	2.434	2.719
37	1.305	1.687	2.026	2.431	2.715
38	1.304	1.686	2.024	2.429	2.712
39	1.304	1.685	2.023	2.426	2.708
40	1.303	1.684	2.021	2.423	2.704
60	1.296	1.671	2.000	2.390	2.660
120	1.289	1.658	1.980	2.358	2.617
∞	1.282	1.645	1.960	2.326	2.576

付表 4 χ^2-分布の上側 α-点 $\chi^2(n;\alpha)$

$\chi^2(n;\alpha)$: $P\left(\chi^2 \geq \chi^2(n;\alpha)\right) = \alpha$

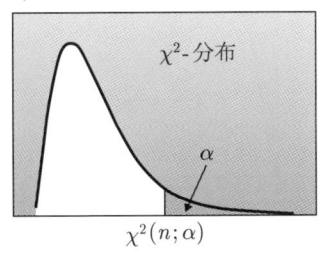

n \ α	0.995	0.99	0.975	0.95	0.05	0.025	0.01	0.005
1	$0.0^4 3927^\dagger$	$0.0^3 15709$	$0.0^3 9821$	$0.0^2 3932$	3.841	5.024	6.635	7.879
2	0.010025	0.020101	0.05064	0.10259	5.991	7.378	9.210	10.597
3	0.07172	0.11483	0.2158	0.3518	7.815	9.348	11.345	12.838
4	0.20699	0.29711	0.4844	0.7107	9.488	11.143	13.277	14.86
5	0.4117	0.5543	0.8312	1.1455	11.07	12.833	15.086	16.75
6	0.6757	0.8721	1.2373	1.6354	12.592	14.449	16.812	18.548
7	0.9893	1.239	1.6899	2.1673	14.067	16.013	18.475	20.278
8	1.3444	1.6465	2.1797	2.7326	15.507	17.535	20.09	21.955
9	1.7349	2.0879	2.7004	3.325	16.919	19.023	21.666	23.589
10	2.1559	2.5582	3.247	3.940	18.307	20.483	23.209	25.188
11	2.6032	3.0535	3.816	4.575	19.675	21.92	24.725	26.757
12	3.0738	3.571	4.404	5.226	21.026	23.337	26.217	28.300
13	3.565	4.107	5.009	5.892	22.362	24.736	27.688	29.819
14	4.075	4.660	5.629	6.571	23.685	26.119	29.141	31.319
15	4.601	5.229	6.262	7.261	24.996	27.488	30.578	32.800
16	5.142	5.812	6.908	7.962	26.296	28.845	32.00	34.27
17	5.697	6.408	7.564	8.672	27.587	30.191	33.41	35.72
18	6.265	7.015	8.231	9.390	28.869	31.526	34.81	37.16
19	6.844	7.633	8.907	10.117	30.144	32.85	36.19	38.58
20	7.434	8.260	9.591	10.851	31.41	34.17	37.57	40.00
21	8.034	8.897	10.283	11.591	32.67	35.48	38.93	41.40
22	8.643	9.542	10.982	12.338	33.92	36.78	40.29	42.80
23	9.260	10.196	11.689	13.091	35.17	38.08	41.64	44.18
24	9.886	10.856	12.401	13.848	36.42	39.36	42.98	45.56
25	10.520	11.524	13.120	14.611	37.65	40.65	44.31	46.93
26	11.160	12.198	13.844	15.379	38.89	41.92	45.64	48.29
27	11.808	12.879	14.573	16.151	40.11	43.19	46.96	49.64
28	12.461	13.565	15.308	16.928	41.34	44.46	48.28	50.99
29	13.121	14.256	16.047	17.708	42.56	45.72	49.59	52.34
30	13.787	14.953	16.791	18.493	43.77	46.98	50.89	53.67
31	14.458	15.655	17.539	19.281	44.99	48.23	52.19	55.00
32	15.134	16.362	18.291	20.072	46.19	49.48	53.49	56.33
33	15.815	17.074	19.047	20.867	47.40	50.73	54.78	57.65
34	16.501	17.789	19.806	21.664	48.60	51.97	56.06	58.96
35	17.192	18.509	20.569	22.465	49.80	53.20	57.34	60.27
36	17.887	19.233	21.336	23.269	51.00	54.44	58.62	61.58
37	18.586	19.960	22.106	24.075	52.19	55.67	59.89	62.88
38	19.289	20.691	22.878	24.884	53.38	56.9	61.16	64.18
39	19.996	21.426	23.654	25.695	54.57	58.12	62.43	65.48
40	20.707	22.164	24.433	26.509	55.76	59.34	63.69	66.77
50	27.991	29.707	32.36	34.76	67.50	71.42	76.15	79.49
60	35.53	37.48	40.48	43.19	79.08	83.30	88.38	91.95
70	43.28	45.44	48.76	51.74	90.53	95.02	100.43	104.21
80	51.17	53.54	57.15	60.39	101.88	106.63	112.33	116.32
90	59.20	61.75	65.65	69.13	113.15	118.14	124.12	128.30
100	67.33	70.06	74.22	77.93	124.34	129.56	135.81	140.17

† $0.0^4 3927$ とは 0.00003927 の意味.

付表 5　F-分布の上側 α-点　$F(m, n; \alpha)$

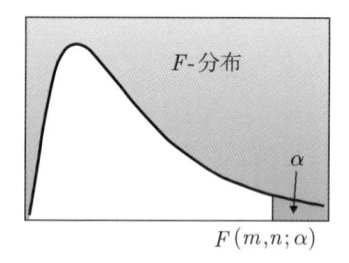

$\alpha = 0.05$

n \ m	1	2	3	4	5	6	7	8	9	10
1	161.4	199.5	215.7	224.6	230.2	234.0	236.8	238.9	240.5	241.9
2	18.51	19.00	19.16	19.25	19.30	19.33	19.35	19.37	19.38	19.40
3	10.13	9.552	9.277	9.117	9.013	8.941	8.887	8.845	8.812	8.786
4	7.709	6.944	6.591	6.388	6.256	6.163	6.094	6.041	5.999	5.964
5	6.608	5.786	5.409	5.192	5.050	4.950	4.876	4.818	4.772	4.735
6	5.987	5.143	4.757	4.534	4.387	4.284	4.207	4.147	4.099	4.060
7	5.591	4.737	4.347	4.120	3.972	3.866	3.787	3.726	3.677	3.637
8	5.318	4.459	4.066	3.838	3.687	3.581	3.500	3.438	3.388	3.347
9	5.117	4.256	3.863	3.633	3.482	3.374	3.293	3.230	3.179	3.137
10	4.965	4.103	3.708	3.478	3.326	3.217	3.135	3.072	3.020	2.978
11	4.844	3.982	3.587	3.357	3.204	3.095	3.012	2.948	2.896	2.854
12	4.747	3.885	3.490	3.259	3.106	2.996	2.913	2.849	2.796	2.753
13	4.667	3.806	3.411	3.179	3.025	2.915	2.832	2.767	2.714	2.671
14	4.600	3.739	3.344	3.112	2.958	2.848	2.764	2.699	2.646	2.602
15	4.543	3.682	3.287	3.056	2.901	2.790	2.707	2.641	2.588	2.544
16	4.494	3.634	3.239	3.007	2.852	2.741	2.657	2.591	2.538	2.494
17	4.451	3.592	3.197	2.965	2.810	2.699	2.614	2.548	2.494	2.450
18	4.414	3.555	3.160	2.928	2.773	2.661	2.577	2.510	2.456	2.412
19	4.381	3.522	3.127	2.895	2.740	2.628	2.544	2.477	2.423	2.378
20	4.351	3.493	3.098	2.866	2.711	2.599	2.514	2.447	2.393	2.348
21	4.325	3.467	3.072	2.840	2.685	2.573	2.488	2.420	2.366	2.321
22	4.301	3.443	3.049	2.817	2.661	2.549	2.464	2.397	2.342	2.297
23	4.279	3.422	3.028	2.796	2.640	2.528	2.442	2.375	2.320	2.275
24	4.260	3.403	3.009	2.776	2.621	2.508	2.423	2.355	2.300	2.255
25	4.242	3.385	2.991	2.759	2.603	2.490	2.405	2.337	2.282	2.236
26	4.225	3.369	2.975	2.743	2.587	2.474	2.388	2.321	2.265	2.220
27	4.210	3.354	2.960	2.728	2.572	2.459	2.373	2.305	2.250	2.204
28	4.196	3.340	2.947	2.714	2.558	2.445	2.359	2.291	2.236	2.190
29	4.183	3.328	2.934	2.701	2.545	2.432	2.346	2.278	2.223	2.177
30	4.171	3.316	2.922	2.690	2.534	2.421	2.334	2.266	2.211	2.165
40	4.085	3.232	2.839	2.606	2.449	2.336	2.249	2.180	2.124	2.077
60	4.001	3.150	2.758	2.525	2.368	2.254	2.167	2.097	2.040	1.993
120	3.920	3.072	2.680	2.447	2.290	2.175	2.087	2.016	1.959	1.910
∞	3.841	2.996	2.605	2.372	2.214	2.099	2.010	1.938	1.880	1.831

12	14	16	18	20	25	30	40	60	120	∞
243.9	245.4	246.5	247.3	248.0	249.3	250.1	251.1	252.2	253.3	254.3
19.41	19.42	19.43	19.44	19.45	19.46	19.46	19.47	19.48	19.49	19.50
8.745	8.715	8.692	8.675	8.660	8.634	8.617	8.594	8.572	8.549	8.526
5.912	5.873	5.844	5.821	5.803	5.769	5.746	5.717	5.688	5.658	5.628
4.678	4.636	4.604	4.579	4.558	4.521	4.496	4.464	4.431	4.398	4.365
4.000	3.956	3.922	3.896	3.874	3.835	3.808	3.774	3.740	3.705	3.669
3.575	3.529	3.494	3.467	3.445	3.404	3.376	3.340	3.304	3.267	3.230
3.284	3.237	3.202	3.173	3.150	3.108	3.079	3.043	3.005	2.967	2.928
3.073	3.025	2.989	2.960	2.936	2.893	2.864	2.826	2.787	2.748	2.707
2.913	2.865	2.828	2.798	2.774	2.730	2.700	2.661	2.621	2.580	2.538
2.788	2.739	2.701	2.671	2.646	2.601	2.570	2.531	2.490	2.448	2.404
2.687	2.637	2.599	2.568	2.544	2.498	2.466	2.426	2.384	2.341	2.296
2.604	2.554	2.515	2.484	2.459	2.412	2.380	2.339	2.297	2.252	2.206
2.534	2.484	2.445	2.413	2.388	2.341	2.308	2.266	2.223	2.178	2.131
2.475	2.424	2.385	2.353	2.328	2.280	2.247	2.204	2.160	2.114	2.066
2.425	2.373	2.333	2.302	2.276	2.227	2.194	2.151	2.106	2.059	2.010
2.381	2.329	2.289	2.257	2.230	2.181	2.148	2.104	2.058	2.011	1.960
2.342	2.290	2.250	2.217	2.191	2.141	2.107	2.063	2.017	1.968	1.917
2.308	2.256	2.215	2.182	2.155	2.106	2.071	2.026	1.980	1.930	1.878
2.278	2.225	2.184	2.151	2.124	2.074	2.039	1.994	1.946	1.896	1.843
2.250	2.197	2.156	2.123	2.096	2.045	2.010	1.965	1.916	1.866	1.812
2.226	2.173	2.131	2.098	2.071	2.020	1.984	1.938	1.889	1.838	1.783
2.204	2.150	2.109	2.075	2.048	1.996	1.961	1.914	1.865	1.813	1.757
2.183	2.130	2.088	2.054	2.027	1.975	1.939	1.892	1.842	1.790	1.733
2.165	2.111	2.069	2.035	2.007	1.955	1.919	1.872	1.822	1.768	1.711
2.148	2.094	2.052	2.018	1.990	1.938	1.901	1.853	1.803	1.749	1.691
2.132	2.078	2.036	2.002	1.974	1.921	1.884	1.836	1.785	1.731	1.672
2.118	2.064	2.021	1.987	1.959	1.906	1.869	1.820	1.769	1.714	1.654
2.104	2.050	2.007	1.973	1.945	1.891	1.854	1.806	1.754	1.698	1.638
2.092	2.037	1.995	1.960	1.932	1.878	1.841	1.792	1.740	1.683	1.622
2.003	1.948	1.904	1.868	1.839	1.783	1.744	1.693	1.637	1.577	1.509
1.917	1.860	1.815	1.778	1.748	1.690	1.649	1.594	1.534	1.467	1.389
1.834	1.775	1.728	1.690	1.659	1.598	1.554	1.495	1.429	1.352	1.254
1.752	1.692	1.644	1.604	1.571	1.506	1.459	1.394	1.318	1.221	1.000

$\alpha = 0.025$

m\n	1	2	3	4	5	6	7	8	9	10
1	647.8	799.5	864.2	899.6	921.8	937.1	948.2	956.7	963.3	968.6
2	38.51	39.00	39.17	39.25	39.30	39.33	39.36	39.37	39.39	39.40
3	17.44	16.04	15.44	15.10	14.88	14.73	14.62	14.54	14.47	14.42
4	12.22	10.65	9.979	9.605	9.364	9.197	9.074	8.980	8.905	8.844
5	10.01	8.434	7.764	7.388	7.146	6.978	6.853	6.757	6.681	6.619
6	8.813	7.260	6.599	6.227	5.988	5.820	5.695	5.600	5.523	5.461
7	8.073	6.542	5.890	5.523	5.285	5.119	4.995	4.899	4.823	4.761
8	7.571	6.059	5.416	5.053	4.817	4.652	4.529	4.433	4.357	4.295
9	7.209	5.715	5.078	4.718	4.484	4.320	4.197	4.102	4.026	3.964
10	6.937	5.456	4.826	4.468	4.236	4.072	3.950	3.855	3.779	3.717
11	6.724	5.256	4.630	4.275	4.044	3.881	3.759	3.664	3.588	3.526
12	6.554	5.096	4.474	4.121	3.891	3.728	3.607	3.512	3.436	3.374
13	6.414	4.965	4.347	3.996	3.767	3.604	3.483	3.388	3.312	3.250
14	6.298	4.857	4.242	3.892	3.663	3.501	3.380	3.285	3.209	3.147
15	6.200	4.765	4.153	3.804	3.576	3.415	3.293	3.199	3.123	3.060
16	6.115	4.687	4.077	3.729	3.502	3.341	3.219	3.125	3.049	2.986
17	6.042	4.619	4.011	3.665	3.438	3.277	3.156	3.061	2.985	2.922
18	5.978	4.560	3.954	3.608	3.382	3.221	3.100	3.005	2.929	2.866
19	5.922	4.508	3.903	3.559	3.333	3.172	3.051	2.956	2.880	2.817
20	5.871	4.461	3.859	3.515	3.289	3.128	3.007	2.913	2.837	2.774
21	5.827	4.420	3.819	3.475	3.250	3.090	2.969	2.874	2.798	2.735
22	5.786	4.383	3.783	3.440	3.215	3.055	2.934	2.839	2.763	2.700
23	5.750	4.349	3.750	3.408	3.183	3.023	2.902	2.808	2.731	2.668
24	5.717	4.319	3.721	3.379	3.155	2.995	2.874	2.779	2.703	2.640
25	5.686	4.291	3.694	3.353	3.129	2.969	2.848	2.753	2.677	2.613
26	5.659	4.265	3.670	3.329	3.105	2.945	2.824	2.729	2.653	2.590
27	5.633	4.242	3.647	3.307	3.083	2.923	2.802	2.707	2.631	2.568
28	5.610	4.221	3.626	3.286	3.063	2.903	2.782	2.687	2.611	2.547
29	5.588	4.201	3.607	3.267	3.044	2.884	2.763	2.669	2.592	2.529
30	5.568	4.182	3.589	3.250	3.026	2.867	2.746	2.651	2.575	2.511
40	5.424	4.051	3.463	3.126	2.904	2.744	2.624	2.529	2.452	2.388
60	5.286	3.925	3.343	3.008	2.786	2.627	2.507	2.412	2.334	2.270
120	5.152	3.805	3.227	2.894	2.674	2.515	2.395	2.299	2.222	2.157
∞	5.024	3.689	3.116	2.786	2.567	2.408	2.288	2.192	2.114	2.048

付　表

12	14	16	18	20	25	30	40	60	120	∞
976.7	982.5	986.9	990.3	993.1	998.1	1001	1006	1010	1014	1018
39.41	39.43	39.44	39.44	39.45	39.46	39.46	39.47	39.48	39.49	39.50
14.34	14.28	14.23	14.20	14.17	14.12	14.08	14.04	13.99	13.95	13.90
8.751	8.684	8.633	8.592	8.560	8.501	8.461	8.411	8.360	8.309	8.257
6.525	6.456	6.403	6.362	6.329	6.268	6.227	6.175	6.123	6.069	6.015
5.366	5.297	5.244	5.202	5.168	5.107	5.065	5.012	4.959	4.904	4.849
4.666	4.596	4.543	4.501	4.467	4.405	4.362	4.309	4.254	4.199	4.142
4.200	4.130	4.076	4.034	3.999	3.937	3.894	3.840	3.784	3.728	3.670
3.868	3.798	3.744	3.701	3.667	3.604	3.560	3.505	3.449	3.392	3.333
3.621	3.550	3.496	3.453	3.419	3.355	3.311	3.255	3.198	3.140	3.080
3.430	3.359	3.304	3.261	3.226	3.162	3.118	3.061	3.004	2.944	2.883
3.277	3.206	3.152	3.109	3.073	3.008	2.963	2.906	2.848	2.787	2.725
3.153	3.082	3.027	2.983	2.948	2.882	2.837	2.780	2.720	2.659	2.595
3.050	2.979	2.923	2.879	2.844	2.778	2.732	2.674	2.614	2.552	2.487
2.963	2.891	2.836	2.792	2.756	2.690	2.644	2.585	2.524	2.461	2.395
2.889	2.817	2.761	2.717	2.681	2.614	2.568	2.509	2.447	2.383	2.316
2.825	2.753	2.697	2.652	2.616	2.548	2.502	2.442	2.380	2.315	2.247
2.769	2.696	2.640	2.596	2.559	2.491	2.445	2.384	2.321	2.256	2.187
2.720	2.647	2.591	2.546	2.509	2.441	2.394	2.333	2.270	2.203	2.133
2.676	2.603	2.547	2.501	2.464	2.396	2.349	2.287	2.223	2.156	2.085
2.637	2.564	2.507	2.462	2.425	2.356	2.308	2.246	2.182	2.114	2.042
2.602	2.528	2.472	2.426	2.389	2.320	2.272	2.210	2.145	2.076	2.003
2.570	2.497	2.440	2.394	2.357	2.287	2.239	2.176	2.111	2.041	1.968
2.541	2.468	2.411	2.365	2.327	2.257	2.209	2.146	2.080	2.010	1.935
2.515	2.441	2.384	2.338	2.300	2.230	2.182	2.118	2.052	1.981	1.906
2.491	2.417	2.360	2.314	2.276	2.205	2.157	2.093	2.026	1.954	1.878
2.469	2.395	2.337	2.291	2.253	2.183	2.133	2.069	2.002	1.930	1.853
2.448	2.374	2.317	2.270	2.232	2.161	2.112	2.048	1.980	1.907	1.829
2.430	2.355	2.298	2.251	2.213	2.142	2.092	2.028	1.959	1.886	1.807
2.412	2.338	2.280	2.233	2.195	2.124	2.074	2.009	1.940	1.866	1.787
2.288	2.213	2.154	2.107	2.068	1.994	1.943	1.875	1.803	1.724	1.637
2.169	2.093	2.033	1.985	1.944	1.869	1.815	1.744	1.667	1.581	1.482
2.055	1.977	1.916	1.866	1.825	1.746	1.690	1.614	1.530	1.433	1.310
1.945	1.866	1.803	1.751	1.708	1.626	1.566	1.484	1.388	1.268	1.000

$\alpha = 0.01$

n \ m	1	2	3	4	5	6	7	8	9	10
1	4052	5000	5403	5625	5764	5859	5928	5981	6022	6056
2	98.50	99.00	99.17	99.25	99.30	99.33	99.36	99.37	99.39	99.40
3	34.12	30.82	29.46	28.71	28.24	27.91	27.67	27.49	27.35	27.23
4	21.20	18.00	16.69	15.98	15.52	15.21	14.98	14.80	14.66	14.55
5	16.26	13.27	12.06	11.39	10.97	10.67	10.46	10.29	10.16	10.05
6	13.75	10.92	9.780	9.148	8.746	8.466	8.260	8.102	7.976	7.874
7	12.25	9.547	8.451	7.847	7.460	7.191	6.993	6.840	6.719	6.620
8	11.26	8.649	7.591	7.006	6.632	6.371	6.178	6.029	5.911	5.814
9	10.56	8.022	6.992	6.422	6.057	5.802	5.613	5.467	5.351	5.257
10	10.04	7.559	6.552	5.994	5.636	5.386	5.200	5.057	4.942	4.849
11	9.646	7.206	6.217	5.668	5.316	5.069	4.886	4.744	4.632	4.539
12	9.330	6.927	5.953	5.412	5.064	4.821	4.640	4.499	4.388	4.296
13	9.074	6.701	5.739	5.205	4.862	4.620	4.441	4.302	4.191	4.100
14	8.862	6.515	5.564	5.035	4.695	4.456	4.278	4.140	4.030	3.939
15	8.683	6.359	5.417	4.893	4.556	4.318	4.142	4.004	3.895	3.805
16	8.531	6.226	5.292	4.773	4.437	4.202	4.026	3.890	3.780	3.691
17	8.400	6.112	5.185	4.669	4.336	4.102	3.927	3.791	3.682	3.593
18	8.285	6.013	5.092	4.579	4.248	4.015	3.841	3.705	3.597	3.508
19	8.185	5.926	5.010	4.500	4.171	3.939	3.765	3.631	3.523	3.434
20	8.096	5.849	4.938	4.431	4.103	3.871	3.699	3.564	3.457	3.368
21	8.017	5.780	4.874	4.369	4.042	3.812	3.640	3.506	3.398	3.310
22	7.945	5.719	4.817	4.313	3.988	3.758	3.587	3.453	3.346	3.258
23	7.881	5.664	4.765	4.264	3.939	3.710	3.539	3.406	3.299	3.211
24	7.823	5.614	4.718	4.218	3.895	3.667	3.496	3.363	3.256	3.168
25	7.770	5.568	4.675	4.177	3.855	3.627	3.457	3.324	3.217	3.129
26	7.721	5.526	4.637	4.140	3.818	3.591	3.421	3.288	3.182	3.094
27	7.677	5.488	4.601	4.106	3.785	3.558	3.388	3.256	3.149	3.062
28	7.636	5.453	4.568	4.074	3.754	3.528	3.358	3.226	3.120	3.032
29	7.598	5.420	4.538	4.045	3.725	3.499	3.330	3.198	3.092	3.005
30	7.562	5.390	4.510	4.018	3.699	3.473	3.304	3.173	3.067	2.979
40	7.314	5.179	4.313	3.828	3.514	3.291	3.124	2.993	2.888	2.801
60	7.077	4.977	4.126	3.649	3.339	3.119	2.953	2.823	2.718	2.632
120	6.851	4.787	3.949	3.480	3.174	2.956	2.792	2.663	2.559	2.472
∞	6.635	4.605	3.782	3.319	3.017	2.802	2.639	2.511	2.407	2.321

12	14	16	18	20	25	30	40	60	120	∞
6106	6143	6170	6192	6209	6240	6261	6287	6313	6339	6366
99.42	99.43	99.44	99.44	99.45	99.46	99.47	99.47	99.48	99.49	99.50
27.05	26.92	26.83	26.75	26.69	26.58	26.50	26.41	26.32	26.22	26.13
14.37	14.25	14.15	14.08	14.02	13.91	13.84	13.75	13.65	13.56	13.46
9.888	9.770	9.680	9.610	9.553	9.449	9.379	9.291	9.202	9.112	9.020
7.718	7.605	7.519	7.451	7.396	7.296	7.229	7.143	7.057	6.969	6.880
6.469	6.359	6.275	6.209	6.155	6.058	5.992	5.908	5.824	5.737	5.650
5.667	5.559	5.477	5.412	5.359	5.263	5.198	5.116	5.032	4.946	4.859
5.111	5.005	4.924	4.860	4.808	4.713	4.649	4.567	4.483	4.398	4.311
4.706	4.601	4.520	4.457	4.405	4.311	4.247	4.165	4.082	3.996	3.909
4.397	4.293	4.213	4.150	4.099	4.005	3.941	3.860	3.776	3.690	3.602
4.155	4.052	3.972	3.909	3.858	3.765	3.701	3.619	3.535	3.449	3.361
3.960	3.857	3.778	3.716	3.665	3.571	3.507	3.425	3.341	3.255	3.165
3.800	3.698	3.619	3.556	3.505	3.412	3.348	3.266	3.181	3.094	3.004
3.666	3.564	3.485	3.423	3.372	3.278	3.214	3.132	3.047	2.959	2.868
3.553	3.451	3.372	3.310	3.259	3.165	3.101	3.018	2.933	2.845	2.753
3.455	3.353	3.275	3.212	3.162	3.068	3.003	2.920	2.835	2.746	2.653
3.371	3.269	3.190	3.128	3.077	2.983	2.919	2.835	2.749	2.660	2.566
3.297	3.195	3.116	3.054	3.003	2.909	2.844	2.761	2.674	2.584	2.489
3.231	3.130	3.051	2.989	2.938	2.843	2.778	2.695	2.608	2.517	2.421
3.173	3.072	2.993	2.931	2.880	2.785	2.720	2.636	2.548	2.457	2.360
3.121	3.019	2.941	2.879	2.827	2.733	2.667	2.583	2.495	2.403	2.305
3.074	2.973	2.894	2.832	2.781	2.686	2.620	2.535	2.447	2.354	2.256
3.032	2.930	2.852	2.789	2.738	2.643	2.577	2.492	2.403	2.310	2.211
2.993	2.892	2.813	2.751	2.699	2.604	2.538	2.453	2.364	2.270	2.169
2.958	2.857	2.778	2.715	2.664	2.569	2.503	2.417	2.327	2.233	2.131
2.926	2.824	2.746	2.683	2.632	2.536	2.470	2.384	2.294	2.198	2.097
2.896	2.795	2.716	2.653	2.602	2.506	2.440	2.354	2.263	2.167	2.064
2.868	2.767	2.689	2.626	2.574	2.478	2.412	2.325	2.234	2.138	2.034
2.843	2.742	2.663	2.600	2.549	2.453	2.386	2.299	2.208	2.111	2.006
2.665	2.563	2.484	2.421	2.369	2.271	2.203	2.114	2.019	1.917	1.805
2.496	2.394	2.315	2.251	2.198	2.098	2.028	1.936	1.836	1.726	1.601
2.336	2.234	2.154	2.089	2.035	1.932	1.860	1.763	1.656	1.533	1.381
2.185	2.082	2.000	1.934	1.878	1.773	1.696	1.592	1.473	1.325	1.000

参 考 書

　確率，統計については非常にたくさんの本があるが，本書を書くときに参考にしたものを以下に挙げておく．

　統計の入門書としては

[1] 前園宜彦著「概説確率統計［第2版］」（サイエンス社）
[2] 押川元重，阪口紘治共著「基礎統計学」（培風館）
[3] 篠崎信雄，竹内秀一共著「統計解析入門［第2版］」（サイエンス社）

がある．[1] は本書の姉妹本で，入門書としてコンパクトにまとまっている．[2] および [3] は大学の学部レベルの内容をほとんど含んでおり，時間に余裕のある方にお勧めである．

　確率論の本としては

[4] 国沢清典，羽鳥裕久共著「初等確率論」（培風館）
[5] 本間鶴千代著「確率」（筑摩書房）
[6] 伊藤清著「確率論」（岩波書店）

がある．これらは理論的に丁寧に書かれている．

　また数理統計として理論的にきっちりと書かれた本として

[7] 柳川堯著「統計数学」（近代科学社）
[8] 稲垣宣生著「数理統計学」（裳華房）
[9] 野田一雄，宮岡悦良共著「数理統計学の基礎」（共立出版）

がある．これらはかなり数学的に書かれており，理系の学生向きである．

　コンピュータを使ったグラフ処理の本としては

[10] 脇本和昌，垂水共之，田中豊共編著「パソコン統計解析ハンドブック・グラフィックス編」（共立出版）

がある．

索　引

あ　行

一元配置分散分析　125
位置母数　53
一致推定量　69

上側 α-点　44
上側 α-点　33
上側信頼限界　82
ウェルチの方法　92

か　行

回帰関数　138
回帰直線　138
回帰分析　138
階乗　14
確率の基本性質　6
確率分布　20
確率分布関数　32
確率変数　20
確率密度関数　24
片側検定　98
片側信頼区間　96
ガンマ分布　49

幾何分布　49
期待値　52
帰無仮説　98
共分散　63

空事象　2
区間推定　68, 82

組合せ　14

決定係数　139
検出力　122
検定　98
検定統計量　98

高度に有意　98
コーシー分布　49
根元事象　2

さ　行

最小2乗法　138
最尤推定値　77
最尤推定量　77
最尤法　77

試行　2
事象　2
指数分布　25
下側信頼限界　82
実現値　68
重回帰分析　142
周辺確率密度関数　36
順序統計量　69
順列　14
条件付き確率　9
乗法定理　9
信頼区間　82
信頼係数　82

水準　125

推定 68
推定値 68
推定量 68

正規分布 28
正規分布の再生性 44
積事象 2
線形単回帰 138
全事象 2

相関係数 64, 132
相関分析 132

た 行

第 1 種の誤り 122
大数の法則 70
対数尤度関数 77
第 2 種の誤り 122
対立仮説 98
多項分布 35
多次元正規分布 49
多次元分布 35

チェビシェフの不等式 70
中心極限定理 28, 66
超幾何分布 49

適合度検定 119
適合度の χ^2 検定 119
点推定 68

統計的仮説検定 98
統計量 82
同時確率密度関数 36
同時分散推定量 90
同時分布 35
独立 9, 39

ド・モアブル-ラプラスの定理 66
ド・モルガンの法則 4

な 行

二元配置実験 128
二元配置分散分析 128
二項分布 21

は 行

排反事象 2
パラメータ 68

標準化 28
標準正規分布 28
標準偏差 60
標本相関係数 132
標本中央量 69
標本不偏共分散 74
標本不偏分散 74
標本平均 63, 68
比率 94

不偏推定量 72
分散 60
分配法則 4
分布 20
分布関数 32

平均 52
ベイズ統計 17
ベイズの定理 17
平方和 69
ベータ分布 49
ベルヌーイ試行 39
ベルヌーイ分布 39

ポアソン分布 21

索 引

母集団分布　68
母数　68
母相関係数　68, 132
母不良率　94
母分散　68
母平均　68

ま 行

密度関数　24

無作為標本　68

や 行

有意　98
有意確率　98
有意水準　98
尤度関数　77

要因　125
余事象　2

ら 行

離散型一様分布　20
離散型確率変数　20
両側検定　98
両側信頼区間　96

連続確率変数　24
連続型一様分布　24

わ 行

和事象　2

数字・欧字

2次元正規分布　36

F-分布　46

χ^2-分布　44

t-統計量　101
t-分布　45

著者略歴

前 園 宜 彦
まえ　その　よし　ひこ

1979 年　九州大学理学部数学科卒業
1984 年　九州大学理学研究科博士課程単位取得退学
現　在　九州大学名誉教授　理学博士
　　　　中央大学理工学部教授

主要著書
概説 確率統計 [第 2 版]　　（サイエンス社）
統計的推測の漸近理論　　（九州大学出版会）
ノンパラメトリック統計　　（共立出版）

詳解演習ライブラリ＝6
詳解演習 確率統計

| 2010 年 11 月 10 日 Ⓒ | 初 版 発 行 |
| 2022 年　3 月 10 日 | 初版第 5 刷発行 |

著　者　　前園宜彦　　　　　発行者　森平敏孝
　　　　　　　　　　　　　　印刷者　篠倉奈緒美
　　　　　　　　　　　　　　製本者　松島克幸

発行所　　株式会社　サイエンス社

〒 151-0051　東京都渋谷区千駄ヶ谷 1 丁目 3 番 25 号
営業 ☎ (03) 5474-8500　(代)　振替 00170-7-2387
編集 ☎ (03) 5474-8600　(代)
FAX ☎ (03) 5474-8900

印刷　　（株）ディグ　　　　　　　　製本　松島製本

《検印省略》

本書の内容を無断で複写複製することは，著作者および
出版者の権利を侵害することがありますので，その場合
にはあらかじめ小社あて許諾をお求め下さい．

サイエンス社のホームページのご案内
http://www.saiensu.co.jp
ご意見・ご要望は
rikei@saiensu.co.jp　まで．

ISBN978-4-7819-1265-3

PRINTED IN JAPAN

概説 確率統計 [第2版]
前園宜彦著　2色刷・本体1400円

ガイダンス 確率統計
基礎から学び本質の理解へ
石谷謙介著　Ａ5・本体2000円

コア・テキスト 確率統計
河東監修・西川著　2色刷・Ａ5・本体1800円

理工基礎 確率とその応用
逆瀬川浩孝著　2色刷・Ａ5・本体1800円

統計的データ解析の基本
山田・松浦共著　2色刷・Ａ5・本体2550円

統計解析入門 [第3版]
篠崎・竹内共著　2色刷・Ａ5・本体2300円

多変量解析法入門
永田　靖・棟近雅彦共著　2色刷・Ａ5・本体2200円

実習 Ｒ言語による統計学
内田・笹木・佐野共著　2色刷・Ｂ5・本体1800円

＊表示価格は全て税抜きです．

サイエンス社